现代稻田生态渔业理论与技术

李荣福　陈焕根　等 编著

海洋出版社

2020年·北京

图书在版编目（CIP）数据

现代稻田生态渔业理论与技术 / 李荣福等编著. —
北京 : 海洋出版社, 2020.12
ISBN 978-7-5210-0674-2

Ⅰ. ①现… Ⅱ. ①李… Ⅲ. ①稻田养鱼－研究 Ⅳ.
①S964.2

中国版本图书馆CIP数据核字(2020)第215543号

责任编辑：杨　明
责任印制：赵麟苏

海洋出版社 出版发行
http://www.oceanpress.com.cn
北京市海淀区大慧寺路 8 号　邮编：100081
北京朝阳印刷厂有限责任公司印刷　新华书店北京发行所经销
2020年12月第1版　2020年12月第1次印刷
开本：787mm × 1092mm　1 / 16　印张：21.5
字数：337千字　定价：80.00元
发行部：62132549　邮购部：68038093　总编室：62114335

前 言

20世纪80年代初，笔者曾多次参与并主持稻田渔业技术研究和推广项目，积累和收集了大量稻田渔业生产典型和科研资料，发表了系列稻田渔业理论与技术研究论文。笔者发现，40年来我国出版了大量稻田渔业书籍，但从生态学、生态经济和技术原理上系统阐述稻田渔业理论与技术的专著较少。2015年，笔者应扬州职业大学之邀，参加了该校组织的系列职业农民培训工作。而稻田渔业解决了稳定粮食和农民增收的问题，实现了粮食安全、食品安全和生态安全的统一。本书是应广大学员要求，笔者在授课培训资料基础上，收集整理国内高等院校和科研单位稻田渔业研究成果，深入总结广大渔（农）民丰富的稻田渔业实践经验，不断修改、补充与完善形成的。

中国是水稻的故乡，水稻栽培已有上万年历史，是水稻栽培历史最为悠久的国家之一。水稻是我国主要粮食作物，占我国人民口粮一半以上。我国也是开展稻田渔业最早的国家，已有2000多年发展史。稻田渔业是我国传统生态农业的杰出代表，在我国被联合国有关机构认定的15个全球重要农业文化遗产中，浙江青田稻鱼共生系统、云南红河哈尼稻作梯田系统和贵州从江侗乡稻鱼鸭系统等3处是传统稻田渔业遗产基地。

中华人民共和国成立后，尤其是改革开放以来，我国稻田渔业规模由小到大、经验由浅入深、技术由粗到精、品种由少到多、水平由低到高、效益由差到好，逐步形成了具有中国特色的现代稻田生态渔业理论和技术体系。从实践上看，稻田渔业从南方丘陵山区等局部地区，扩展到全国大部分地区，形成了多品种、多形式、多功能、高效益的生产模式，为现代稻田生态渔业理论与技术体系建立积累了丰富的实践素材。从理论上看，20世纪80年代初，中国科学院水生生物研究所倪达书先生首先提出了“稻鱼共生”理论后，浙江大学、上海海洋大学、扬州大学、华中农业大学、华南农业大学、湖南农业大学、全国水产技术推广总站和全国农业技术推广服务中心以及湖北、浙江和安徽等省水产技术推广机构等高等院校和科研院所，以及水产与农业技术推广机构对稻田渔业改土增肥增产增收原理、灭虫抑草控病机理和水稻与水产种养结合协调方式等诸多方面进行了广泛深入的研究，积累了丰富的研究材料。以党的十八大召开为标志，党中央提出了包括生态文明建设的“五位一体”总体布局和“创新、协调、绿色、开放、共享”新发展理念，稻田渔业走入了生态文明新时代。本书以习近平生态文明思想为指导，初步探索了中国特色的现代稻田生态渔业理论与技术体系。

本书分为10章。

第一章为总论部分，揭示稻田渔业的本质属性和基本规律，对现代稻田生态渔业理论和技术问题进行了大胆探索和总结，分析了现代稻田渔业的生态可行性和生态功能、经济功能、社会功能的广泛性，全面阐述了现代稻田生态渔业的基本特征、发展原则、目标体系、分类体系和研究内容，论述了现代稻田生态渔业在现代农业发展、乡村振兴和生态文明建设的战略地位、作用和未来发展趋势。

第二章系统分析了稻田渔业田间工程的重要性、必要性和操作性，提出了现代稻田生态渔业各类工程设施的田间布局、设计要求、建设标准和建设方法，并吸收池塘生态渔业先进理念和经验，介绍了稻田渔业生态环境设置方案。

第三章论述了稻田渔业种养生态组合的理论基础和共作、轮作、连作等稻渔生态组合方式，系统介绍了稻田渔业水稻品种选择要求、育秧技术、栽插方式和规格标准，特别介绍了再生稻栽培技术。

第四章就各地稻田渔业实践中代表性、特色性的16个主养品种的苗种放养成功模式进行了解剖分析、系统介绍和精简点评，并就水产苗种质量、放养结构、清理消毒、放养注意事项进行了阐述。

第五章介绍了适宜在稻田繁殖的10个种（类）水产苗种生态繁育技术，包括就地选种、就地繁苗、就地育种、就地养殖，具有投资节省、方法简便、成本低廉的特点。

第六章介绍了稻田渔业主要水产品种的营养要求、稻田田间天然饵料资源及其开发利用技术和活饵料培育技术；饵料投喂原则、方法、注意事项和驯食方法；农家饵料利用方法和微生态饵料添加剂使用方法。同时，介绍了稻田渔业肥料施用技术，还特别介绍了最新的稻田沼肥施用、生物肥料施用和秸秆还田技术。

第七章根据水稻和水产动物需水特点，介绍稻田水位水质综合调控技术和渔业稻田搁田原理和方法。特别介绍了微生态制剂在现代稻田生态渔业中饲料添加、水质改良、生物肥料和秸秆还田中的应用方法，以及使用与储存过程的注意事项。

第八章介绍了利用稻田养殖的鱼类、虾蟹类、蛙类和龟鳖类等防控水稻病、虫、草等方法、效果和注意事项；特别介绍了改造农业生态景观，建设稻田生态经济带，利用生物多样性防控稻田渔业病虫害技术；介绍了稻田渔业防控病虫草害的安全药物品种、安全浓度和安全用药方法；稻田渔业水产病害的防控方法。

第九章介绍了稻田渔业的各项日常管理措施。同时介绍了稻田渔业生态越冬技术和冬闲田渔业技术，特别介绍了稻虾轮作和水稻秸秆利用技术。

第十章介绍了稻田渔业中稻谷收割和水产品多样化起捕技术。特别介绍了小龙虾等特殊水产品和高寒山区等特殊地区稻田渔业水产品起捕上市时间把握方法。并根据水产品鲜活消费特点，详细介绍了水产品多样化活运技术。

本书追求创新又力求普及。一是追求“高度”，力求从生态文明建设和新发展理念高度，深刻阐述稻田生态渔业在粮食安全、食品安全、生态安全、文化复兴、乡村振兴诸方面的作用，突出宏观战略性；二是追求“广度”，力求充分吸收学术研究机构稻田渔业全方位的研究材料，阐述稻田渔业全方位、全环节生态原理和操作方法，能够全面指导稻田渔业生产经营，力求“言之有据”，达到实用性；三是追求“深度”，力求对改革开放以来稻田生态渔业研究成果深入进行生态、经济和技术分析，阐述稻田渔业的生态经济原理，力求“言之有理”，反映生态经济规律性；四是追求“精度”，力求对“现代稻田生态渔业”每个环节、每项技术都能细化和量化，给出精确技术参数和具体操作方法，表达精练准确、通俗易懂、生动有趣，力求“言之有用”，达到精准性。本书既是稻田渔业理论与技术应用书籍，也是一部稻田渔业的应用生态著作。

笔者是本书主要责任者。本书编写工作始终在扬州职业大学乡土人才研修学院支持下进行。特别邀请了江苏省渔业推广中心副主任陈焕根研究员、扬州大学动科学院水产系主任孙龙生教授和安振华博士参加编写。仪征市农业农村局高稚柳和陈礼朝同志，宿迁市大江饲料公司张玉斌同志，泗洪县大楼街道农业中心李小平同志也编写了部分内容。本书出版得到了扬州大学主持参加的国家重点课题——“稻田综合种养绿色高效技术集成与示范”（2018YFD0300804）和江苏（宁淮）乡村振兴研究院重点项目——“盱眙县生态虾稻产业融合发展研究”〔NH（19）0411〕的支持，陆建飞教授审阅修改了部分内容。

在此，谨对陈焕根、黄瑞、谈永祥、孙龙生、高稚柳、陈礼朝、安振华、张玉斌、李小平等所有编著者的辛勤劳动，表示衷心感谢！

书中难免疏漏之处，欢迎读者批评指正。

李荣福

2020年10月于扬州

目 录

第一章
现代稻田生态渔业基本理论

生态农业和精耕细作是中国传统农业的主要特色。稻田渔业是中国古老的生态农业技术。稻田渔业从发现“稻田有鱼”到开展“稻田养鱼”，我国劳动人民“顺应自然、师法自然、改造自然”形成了具有中国特色生态农业模式，从而使稻田渔业（主要是稻田养鱼）成为传统农业的典型代表。稻田渔业体现了中国传统哲学顺应自然、天人合一的思维特色，是古代中国先民科学认识自然规律的理论精华与实践成果。随着工业化、城市化的快速推进，生态环境问题已成为当今世界关注的焦点问题。水稻是世界主要农作物，在中国及亚太地区种植面积大，单位面积产量高，对世界食物安全和局势安定具有重要意义。现代稻田生态渔业是建立在现代科学技术和市场经济发展基础上，继承我国古代生态文化，建设现代生态文明在现代农业建设中的重要成果。随着稻田渔业研究的深入，稻田已由单一食物功能，发展出多方面生态功能。同时，由于稻田分布范围广，产业规模大，因此，发展稻田渔业不仅有利于解决中国的粮食问题和食品安全，而且对解决中国和亚太地区生态环境问题，同样具有广泛的社会意义。

第一节　现代稻田生态渔业的科学内涵与研究方法

农业是国民经济的基础，是农民赖以生存的经济活动。稻田渔业是以稻田为载体、以水稻和水产动物为主体进行的生产经营活动。传统农业是农民作为小生产者，为维持基本生活进行的简单再生产，生产水平低，交换不发达，是自给自足的自然经济。现代稻田渔业是在市场经济条件下以市场为导向的商品经济活动，它是以交换为主要目的的社会化生产，与交换、分配、消费等诸环节紧密结合，以实现农业（渔业）商品价值与服务价值为目标，得以维持或扩大稻田再生产。

现代稻田生态渔业是现代农业、现代渔业和生态科学相结合的统一体。融合了遵循自然规律的水稻、水产动物的生物过程和遵循价值规律的社会经济生产过程，本质上是市场经济条件下生物过程和生产活动相结合的自然经济过程。其基本特征是以稻田及其田间水体为载体，以水稻、水产动物为核心主体，以生态规律为其遵循的基本规律；同时，经济规律作为一切经济活动都必须遵循的基本规律，稻田生态渔业作为复合型农业经济活动也不例外。因此，现代稻田生态渔业应该是从系统观念出发，遵循生态规律和经济规律，按照“整体、协调、循环、再生”的生态工程原理科学设计，运用现代科技及其装备和现代管理方法，以市场为导向，以经济效益为中心，运用现代科学理论、技术成果及设施装备，生产出尽可能多的安全优质稻米和水产品；并挖掘稻田生态潜能，稳定或改善当地生态环境，实现经济效益、生态效益和社会效益相统一的农业方式。为了提升稻田渔业发展水平，一方面，必须尊重自然规律（即生态规律），保护自然资源，维护生态环境；另一方面，现代稻田生态渔业生产经营者作为一类市场主体，讲究经济效益是其维持简单再生产或扩大再生产的基本保证，经济规律在稻田渔业经济活动中起着关键的作用。

“以稻田及其田间水体为载体，以水稻和水产动物为主体”的稻田渔业生态系统是两类主体生物与稻田环境的矛盾统一体，研究现代稻田生态渔业必须遵循系统理念并运用矛盾方法。在稻田渔业生态系统这个矛盾统一体中，种子（苗种）、肥料和饵料是稻田渔业赖以运行的物质基础，稻田环境是矛盾的主要方面，环境恶化是现代稻田渔业的主要风险所在。现代稻田渔业生态系统作为人工生态系统，以生产或提供符合社会需要的产品或服务为目标才能实现农业（渔业）劳动的价值。稻田渔业与传统种植业和畜牧业的显著区别或根本特点是：每个单独的稻田渔业田块（及其所属水体）都是独立的生态系统，都应该明确主导品种，应用危害分析与关键控制（HACCP）方法：以主导品种为核心，进行系统风险分析，设计符合该品种生活的生态环境和生物结构群落，并采取针对性的技术措施进行关键点控制，最大限度降低或排除生产经营过程中的各类风险。

综上所述，现代稻田生态渔业的本质是人类依托稻田及其所属水体，依靠水稻和水产动物，借助现代科学技术和装备，改善生态环境条件，合理利用渔业资源、获取稻谷和水产品及其服务的自然生态过程和社会经济过程。现代稻田生态渔业要求水稻和水产生产过程符合生态规律，又必须按经济规律办事，在保护生态环境和自然资源的前提下，获取较多符合社会需要的农业（渔业）产品和服务，取得良好的经济效益，实现人与自然协调发展。

第二节　稻田渔业可行性与生态功能分析

一、稻田渔业可行性分析

稻田渔业是依托稻田，发展渔业的生态杰作。我国先民在种稻过程中，发现鱼虾蟹等水产动物进入稻田后健康成长，收稻时收获水产品改善了生活。于是，由自然到自发，由自发到自觉，创造了符合生态规律的稻田渔业技术，成为全球重要农业文化遗产。中华人民共和国成立以来，稻田渔业改造设施、改良品种、改进工艺，实现了产业生态化、生态产业化和农业现代化高度统一。

1. 稻田具备水产动物生存环境

稻田一般是季节性浅水水体，为人工湿地，单一稻田为平底型浅水湿地。水稻种植期水深7～15厘米，水稻封行后，水层较深，因搁田而干湿相间。但冬季囤水稻田蓄水深度取决于田埂高度，水深可达1米以上。由于水稻遮阴，稻田水温稳定，日变化较小。稻田田面开阔，与渔业水域相比，空气中氧气溶解于水相对较多，加上水中植物光合作用产氧，稻田溶氧比较充足，一般不会发生缺氧。稻田pH值也比较稳定，大多在6～8。上述各项非生物环境指标均满足底栖中小型水产动物生活要求。

水稻为水生或湿生植物，是稻田优势生物。大部分稻田，尤其是山区梯田类稻田，具有缓慢的水流，较高的水温，丰富的溶氧，适中的酸碱度，较高的透明度，较为丰富的氮、磷、钾等营养盐，加上水稻植株净化功能，水质状况良好，无有毒有害物质或含量极低，是底栖中小型水产动物的良好生活环境。如青虾、小龙虾和罗氏沼虾等虾类，河蟹，龟鳖类，以及泥鳅、黄鳝、黄颡鱼、鲶鱼类、鲤鱼（及其变异种）、鲫鱼（及其地方品种）等中小型底栖鱼类，都能较好的在稻田环境中生活，即便体型较大的淡水鱼类苗种阶段也能在稻田中生活。

2. 稻田具有水产动物天然饵料

稻田具有天然湿地生物多样性特征。生物群落也包括生产者、消费者和分解者。生产者有三类，即水稻植株、杂草和藻类，包括：水稻、挺水植物、浮叶植物、沉水植物和漂浮植物等各类植物。除水稻外，都是草食性（如草鱼等）和杂食性（如鲤鱼、鲫鱼和虾蟹等）水产动物的饵料来源。消费者种类和数量也较多。包括：浮游动物（原生动物、轮虫、甲壳类）、底栖动物（线虫、软体动物、环节动物、水生昆虫、螺蛳等），及部分水产动物（包括鲤鱼、鲫鱼、黄鳝、泥鳅、河蟹、青虾、小龙虾、青蛙等）和水稻害虫及其天敌（蜘蛛和寄生蜂），还有水产动物幼苗敌害，如水蜈蚣、水斧虫、红娘华、蜻蜓幼虫等。许多动物既是初级消费者，又是次级消费者或三级消费者，如水产动物幼苗摄食浮游生物；青蛙捕食害虫，也吞食水产动物幼苗；黄鳝捕食青蛙。稻田中有些动物对水稻和水产动物既有害又有利，如青蛙虽危害小龙虾、河蟹等水产动物的苗种，又能消灭水稻害虫，河蟹和小龙虾也会捕食青蛙蝌蚪；而害虫对水稻有害，但又是小龙虾、河蟹、鱼类等水产动物的上佳饵料，从而构成了多样性生物群落和错综复杂的食物网（链）。

3. 水稻与水产动物生态需求对立统一性

常规稻田是以种植水稻为主，以稻谷丰产为目的。为了稻谷高产，要求稻田土质肥沃，氮、磷、钾等和土壤有机质含量高。同时，又要求土壤通气性好，尽管稻田水浅，在风力、阳光及稻田动植物作用下，一部分氧气可以送达土壤表层，但难以解决水稻根部土质氧化问题。所以，水稻种植往往须进行搁田，一是抑制秧苗无效分蘖，二是促进土壤中有毒有害物质氧化，避免累积毒害水稻。同时，为了稻谷高产还须追施化肥，使用杀虫剂、除草剂和杀菌药等化学药物。这些耕作措施和化学药物都对水产动物不利。

“鱼儿离不开水”，水产动物养殖要求水位较深，稻田过浅的水深显然对水产动物不利；在搁田时如按水稻要求长时间全面断水，对水产养殖动物则是致命性的。尤其是插秧时稻田水温受气温、光照和风力影响，日温差较大，表层水温最高可达40℃，水产动物难以承受。同时，水产动物大多为低等动物，铵类化肥对其毒性较强，尤其是铵类化肥形成的氨分子毒性更强，会毒害水产动物。还有，多数农药对水产动物有毒，尤其是虾蟹类水产动物与稻田害虫同属节肢动物，对农药极其敏感，用药过量或不当用药，可能使水产动物大量死亡，造成经济损失。

水稻与渔业的矛盾性决定了传统稻田渔业生产力水平低，效益差。现代稻田渔业以实现高产优质生态安全高效为目标，必须改建田间工程，改革养殖水产动物品种结构，改进生产工艺，以实现水稻与水产互利共存，共生共荣。

二、稻田渔业的基本生态功能

自然湿地是介于陆地和水域之间的生态系统，是地球三大生态系统之一。自然湿地大都分布于陆地和水域（包括海洋、江河、水库、湖泊及池塘等）之间的过渡区域，或为常年有浅层积水的沼泽。因此，自然湿地既有陆生生物，又有水生生物，还有湿生生物及微生物，具有最为多样性的生物组成；自然湿地兼有陆地、水域两大生态系统物质循环和能量转化的生态功能，生态效率高，抗干扰能力强，稳定性强，在地球生态循环中具有不可替代的作用。自然湿地作为高效健全的自然生态系统，具有完整的生态系统结构，包括多样化生物组成的物种结构，不同物种在不同空间的合理分布和不同时间上镶嵌、连接与演替等形成的时空结构，以及系统内不同物种组成的生产者、消费者和分解者三大功能类群和食物营养关系组成的食物链、食物网状的营养结构，最终形成物质循环、能量转换和信息传递的复合型系统结构，从而使系统内光、热、水、气、土等各类自然资源都得到充分利用，系统内各类生物产生的废弃物都得到及时利用或转化，成为有关生物可以利用的有用物质，而在系统内实现循环利用，实现无死角生产，无废物循环。

稻田作为人工湿地，一般是不完整的湿地生态系统。水稻是稻田湿地主体生物，常规稻田生态系统主要是水稻与稻田环境之间的关系。尤其是高产稻田，杂草大都用除草剂扑杀或人工拔除，水稻病虫害则完全靠农药控制。正因于此，稻田里除水稻外，杂草、害虫以及浮游生物、底栖生物、两栖动物及虾蟹等水产动物基本绝迹，造成常规稻田生物多样性极低，其他生物量极小，系统稳定性差。一旦发生病虫害，不可能受到其他生物的利用或节制，而呈现爆炸性扩散，只能依靠大量使用农药来控制，带来农药污染和生态系统的破坏。

稻田渔业引入水产动物，配套养殖措施，具备了自然湿地系统的完整生物组成和完全生态功能。新型稻田渔业，配套建设了与水产动物生态习性相适应的基础设施和生产设备，其生物组成和生态功能趋于完整湿地系统，实现了水产动物和水稻之间共生互利，协调了水产养殖和水稻种植之间的矛盾，成为高效健全的人工湿地系统。

1. 稻田渔业具有森林“地球之肺”（净化空气）功能

水稻是稻田系统主要生产者。稻田作为人工湿地，是高效率生态系统，仅水稻初级生产力高达3～4千克/米^{2}以上，高出热带雨林生态效率一半以上。稻田在为社会提供粮食（或水生经济植物）的同时，还有提高大气质量和调节区域气候的生态功能。

一是固碳释氧功能。水稻作为高产作物，在其光合作用过程中，大量吸收温室气体二氧化碳，并将大气中碳固定下来，在生产有机质同时，释放氧气和负离子，有利于人体健康。氧气增加提高了空气质量，也有利于地球生态系统大气平衡。

二是调节气候功能。烈日下稻田水体及土壤中水分蒸发和水稻叶面水分的蒸腾作用，在吸收带走了地面和空气中大量热量后上升到高空，降低了气温，调节了湿度，改善了稻区周边人居气候环境。据有关科研机构测算，每亩稻田降温效果相当于100台4千瓦空调的功效。特别是城市周边稻田可明显改善日益严重的城市“热岛效应”。

三是净化空气功能。水稻作为水生（或湿生）植物类的高产水生植物，其植物体主要生长于空气中，在其生长过程中大量吸附空气中浮尘微粒（灰尘和雾霾）而净化空气，提高空气质量。因此，稻田具有森林系统净化空气、调节气候和提供产品等“地球之肺”的生态功能。

2. 稻田渔业具有湿地“地球之肾”（净化污水）功能

稻田渔业具有净化功能。水稻是湿生挺水植物，适合在有机质和氮、磷、钾等含量丰富的环境中生长，具有净化富营养化水质的功能。稻田渔业作为人工湿地系统，水产动物可以部分利用畜禽生产和居民生活产生的有机废物，微生物还能分解，降解废水中有机质，稻田渔业完全可以在净化城乡居民生活污染和畜牧业污染中发挥作用。

聪明的云南哈尼人利用自然水能创造了一项梯田农业特技——冲肥。他们创造的“森林—村寨—梯田”系统在不同海拔高度错落分布，借助自然水流进行“冲肥”。一是冲村寨肥塘。在哈尼族村寨都有肥（水）塘，平时全村家禽牲畜粪便、垃圾灶灰等生产生活废弃物集聚其中。春耕时，利用雨水搅拌肥（水）塘，并将其中长期沤制的肥料冲入沟渠，顺势流入梯田。二是冲山水肥。每年雨季初临，正是水稻拔节抽穗、需要追肥之时，哈尼人动员全村寨男女老少一起“赶沟”，疏导沟渠将高处森林中积聚浸沤了一年的枯叶和牛马动物粪便随雨水冲入沟渠，引入梯田。从而将自然肥料和生活垃圾及废水全数归入梯田，不仅提高梯田地力，为稻田水产动物提供饵料，还减少了人类生活对环境的污染，造就了具有自净作用的高山人工湿地。

在湖南通道县阳烂村梯田稻田渔业系统中，做法与哈尼人极为相似。当地侗族将厕所修建在梯田上方，村寨人畜粪便可以随山水冲入稻田，为水稻施肥。上述肥料或被鱼类采食，或由稻田微生物分解、培育稻田其他生物为鱼类利用，另外鱼类粪便也增加了有机肥，促进水稻增产。

王波等（2008）在江苏省南京市开展了利用水稻等水生、湿生植物处理居民生活污水与畜禽养殖污水试验，这是一种低成本污水处理方法，效果显著，发挥稻田湿地净化污水的“地球之肾”功能。

大部分水生经济植物新陈代谢水平和产量水平远高于水稻，所以水生经济植物田净化水质的作用也远高于稻田。

3. 稻田渔业还有水土保持功能

稻田渔业有保持水土功能。一是土壤保持。土壤是一种不易再生资源，自然界每生成1厘米土壤层需要百年以上时间。在自然状态下，保护土壤资源主要靠植物。在山区种植水稻可以有效保持土壤。山区种稻必须筑坝建设梯田，水稻与其他植被形成了对土层的保护，同时梯田低坝拦截了水流，减轻了对土壤的直接冲刷，从而起到保护作用。据报道，菲律宾伊富高山区梯田种植水稻，对保持土壤、防止山体滑坡发挥了重要作用。云南红河哈尼梯田、贵州从江侗乡梯田和浙江青田梯田均为我国山区梯田稻田渔业的代表，这些地区历经千年的实践，也证明了梯田稻渔系统可有效保持土壤，防止山体滑坡。二是涵养水源。稻渔系统水循环是自然界水文循环的一部分。在自然和人类因素作用下，稻田能存储降雨径流或灌溉水，多余水量还可渗漏补充地下水，也可汇入地表径流流往下游。稻田渔业优化了生态环境，增强了抵御自然灾害能力。在一些丘陵地区，稻田渔业通过加高、加固田埂，开挖鱼沟等稻田田间工程，稻田渔业田块每亩可多蓄水200余立方米。这既节约了水利投资成本又增加了蓄水量，实现了“蓄水保水、抗旱减灾、减少污染、气候调节”的生态效益，对一些干旱缺水及不保水地区也显得更加重要。另外，部分水分通过稻田土壤与水面蒸发，及水稻叶面蒸腾返回大气形成降雨，实现循环。Mitsuno（1982）的研究证明了水稻灌溉对日本Nobi平原的地下水补给的重要性。三是防洪功能。稻田四周田埂像水库、塘坝的堤防，具有蓄积洪水、调节洪峰的作用。Shimura（1982）根据稻田对洪水的调节作用，首度提出了稻田的防洪功能。如稻田水深以10厘米计，每亩稻田可蓄水66.7立方米。而新型稻田渔业还须另行建设沟、溜等稻田工程，每亩稻田蓄水可达133.3立方米。

第三节　稻田渔业生态功能扩展与提升

稻田渔业系统中水稻与杂草（水稻外其他植物）均为生产者。如是虾蟹养殖稻田，还须种植沉水植物或漂浮植物作为虾蟹栖息环境与补充饵料，也为稻田生产者。而随着水产动物加入，原先稻田中杂草、害虫及浮游生物、底栖生物都可能成为水产动物饵料，便使稻田杂草从水稻的争肥者，转变为稻田的增肥者；同时，浮游生物、底栖生物等也由原先争夺肥料和空间的水稻竞争者，化为对水稻有益的合作者。稻田渔业肥料也由一般稻田以化肥、追肥为主，变为以有机肥、基肥为主和稻渔系统水产动物排泄物——有机肥补充的新肥源结构。同时，水产动物减轻或消除了稻田病虫危害，又增加了肥料来源。稻田有益微生物繁衍为水稻和水产动物补充了营养来源，促进了物质循环和能量转化。

一、稻田渔业具有除草增肥作用，抑制了化肥污染

水产动物具有清除稻田杂草的作用。稻田中大量杂草和浮游植物以及光合

细菌等和水稻一样进行光合作用，起着固定和储存能量的作用。但其并不给人类提供有益产品，还与水稻争夺肥料、空间和阳光，有些杂草还是水稻病虫害的中间宿主。据报道，稻田杂草有100多种，挺水、漂浮、沉水、浮叶等各类植物都有，稻田杂草因与水稻争夺肥料，会使稻谷减产10%左右，最高达30%以上。稻田渔业对稻田杂草有明显控制效果。试验表明，杂草和籽实都是草食性及杂食性鱼类、河蟹、小龙虾及青虾等水产动物的适口饲料。草鱼及鲤鱼等可以有效防除稻田稗草、慈姑、眼子菜、水马齿、莎草等多种杂草。稻田养蟹也能清除杂草。据吕东锋等（2010）研究，当稻田放养幼蟹1万～3万只/亩[①]时，灭草率可达92.6%～96.7%。朱清海等（1994）研究表明，单作稻田杂草量为13.2千克/亩，养蟹稻田为5.4千克/亩，降低2/3。徐世坤报道，小龙虾常食杂草有10种以上，未养小龙虾稻田虽经三次中耕除草，杂草量仍达30～435千克/亩，养虾稻田为2.2～29千克/亩，未养虾稻田杂草量是养虾稻田的13～15倍。通过稻虾共作与化学除草协同配合使用，36%苄嘧磺隆·二氯喹啉酸WP对稗、异型莎草的防治效果可达95%以上，对鸭舌草、陌上菜和水苋菜的防治效果达85%以上。稻田杂草综合防治效果达90%以上，有效控制了稻虾共作田杂草的发生危害。利用稻田杂草养殖草鱼，单产可达10千克/亩以上，可养殖小龙虾8.3千克/亩左右，这与传统不投饵稻田水产品产量基本一致。在高产稻渔共作稻田，补充投喂大量饵料，饵料中1/3被利用转化成水产品，其余2/3成为水产动物粪便排入稻田，为稻田补充肥料来源。与常规水稻单作模式相比，稻田养鱼可减少1/4以上的化肥施用量。安徽省稻虾连作在水稻稳产增产情况下，化肥使用量每亩减少30.46千克，降低48.46%；每亩节约成本57.93元，降低38.9%。

二、稻田渔业具有除虫防病作用，控制了农药污染

稻田中水产动物觅食活动常碰撞水稻茎叶，会将稻飞虱等害虫碰落水中，成为饵料。长期条件反射可形成觅食习惯，稻田鱼对泥苞虫、稻飞虱、叶蝉虫等害虫都可觅食，从而降低害虫危害。有关机构通过录像和实验控制发现了上述过程。据田间试验测定，稻田养鱼能减少稻田害虫的50%以上。二化螟、稻象鼻虫

① 非法定计量单位，1亩≈667平方米。

及食根金花虫等水稻害虫幼体都是在水中发育，成为水产动物的天然饵料。据江苏如皋邓元农科所对养鱼和不养鱼稻田虫害的比较分析，养鱼稻田三化螟三代卵块减少30%、白穗率降低50%、稻飞虱减少50%以上，纵卷叶虫百株束叶数减少30%、白叶率降低70%、稻叶蝉减少30%。

稻田渔业能抑制水稻病害。清晨水产动物活动会撞落稻叶上露水，减少稻瘟病原孢子产生和菌丝体生长，降低水稻纹枯病和稻瘟病危害。以纹枯病为例，该病大多从水稻基部叶鞘开始。肖筱成等（2001）发现，鱼类喜欢摄食带有纹枯病菌核与菌丝病斑的水稻基部腐烂叶鞘，而截断病源。据杨勇研究，养蟹稻田纹枯病发生迟、扩展慢、病期短、危害轻。其试验证明，养蟹稻田7月16日出现纹枯病病斑，8月中旬病情趋于稳定，病期比一般稻田短25天左右。养蟹稻田病株率最高为2.2%，比一般稻田低2.1%；病穴率最高为21.5%，比一般稻田低13.5%。另外，虾蟹甲壳含有天然聚合物甲壳质及壳聚糖，能诱导水稻迅速产生多种抗生物质，提高免疫力；即便是被病菌侵染的水稻，也因这些抗性物质可以从多方面抑制病菌。此外，甲壳质进入土壤可促进纤维分解菌、固氮菌、放线菌、乳酸菌等有益菌增殖，抑制丝状菌、霉菌等有害菌繁衍。

水稻和水产动物之间互利作用，减少了农药和化肥使用。与常规稻田相比，稻田渔业可降低2/3的杀虫剂使用量。安徽省稻虾连作试验区，每亩稻田减少农药使用715.71克，节省成本116.5元，并且不使用除草剂。

三、稻田渔业优化了生物构成，提升了生态性能

1. 稻田渔业加速系统物质循环

稻田渔业通过水产动物取食稻田中杂草、害虫、昆虫虫卵、水稻枯枝落叶及稻田水体中其他浮游生物、底栖生物等田间“废物”，形成对人类社会具有较高价值的优质水产品。水产动物引入稻田，一方面减少了杂草对稻田肥料的争夺，将稻田杂草截留和害虫及其他生物抢占外溢的物质能量转化为优质水产品与有机肥。稻田水产动物粪便一部分经微生物分解成对水稻有用的营养物质，为水稻及其他植物光合作用提供氮、磷、钾和二氧化碳等营养成分，进入了下一轮物质能量循环；另一部分有机物及其他营养滞留在土壤中，改善稻田土壤生产性能。

2. 稻田渔业提升稻田土壤肥力

水稻一生吸收养分的2/3来自土壤（或水体）自生肥力，只有1/3来自人工施肥，土壤肥力是水稻优质高产的基础条件。稻田渔业必须投喂饵料，水产动物摄食产生的排泄物成为稻田有机肥来源，有利于培育土壤肥力。据报道，养鱼稻田与未养鱼稻田相比，土壤有机质可增加0.4倍，全氮增加0.5倍，速效钾增加0.6倍，速效磷增加1.3倍。在湖北、安徽等地稻虾轮作或连作稻田，1.5 ~ 2千克/米^{2}水稻秸秆全部留田浸沤，部分转化为小龙虾饵料，部分分解成有机物滞留土壤中，改善土壤结构，提高稻田肥力。安徽省水产推广站在7月和9月对稻虾连作稻田和一般水稻单作稻田土壤有机质进行了对比检测。7月稻虾连作2年试验稻田、3年试验稻田和4年试验稻田等三类稻田土壤有机质分别比单作稻田增加3.2克/千克、17.53%，10.31克/千克、56.49%和12克/千克、65.75%；9月稻虾连作2年试验稻田、3年试验稻田、4年试验稻田有机质分别比水稻单作稻田增加有机质4.49克/千克、24.88%，11.37克/千克、62.99%，13.5克/千克、74.79%。结果表明，稻虾连作对增加土壤有机质，提高土壤质量有显著效果，一是连作稻田生产后期的9月显著高于生产中期的7月；二是稻虾连作年份越长，有机质含量越高，稻虾连作是提高土地生产性能的重要途径。

3. 稻田渔业促进生物共生互利

水稻植株利用了水土营养，改善了稻田水质和土质。水产动物都怕高温，虾蟹更为怕光怕热。当水温超过30℃时，河蟹和小龙虾便会寻找阴凉处避暑“歇伏”，停食停长。水稻封行时正当酷暑，密集的水稻植株遮阴降温，减少了虾蟹相互残杀，也防止了强烈阳光直射田面，避免了高温对水产动物生长的抑制。另外，水稻根须易聚生微生物絮团，增加了水产动物饵料来源；尤其是水稻抽穗时稻（禾）花漂落水中，增加了活性饵料，使稻田水产品别具风味，历史上广西全州禾花鱼曾为贡品。

稻田渔业对水稻有增产作用。水产动物觅食时翻土松土，虾蟹步足更是既尖又硬，它们在稻田田间爬行，打破了表面胶泥层对土壤的封闭，加大了土壤空隙，促进了氧气和肥料向土层渗透，带动土壤增氧和升温，促进肥料分解，实现“活水养根，活根养苗”。据调查，稻田渔业田块耕作层10厘米内土质疏松呈海绵状，有利于水稻根系发育：水稻根冠大，褐色老根少，新生白色根须多；部分根须裸露于水中，有利于吸收水中营养，促进水稻高产。同时，水产动物活动形成的水流，促进氧气溶解和均匀分布。据朱清海等（1994）研究，养蟹稻田平均溶氧量为5.58毫克/升，比单一稻田高2.07毫克/升，高溶氧对水稻和水产动物都有促进生长的作用。

4. 稻田渔业减少田间温室气体排放

在稻田渔业田块稻田溶氧水平明显提高，并且分布均匀。据曹志强等（2001）对养鱼稻田和未养鱼稻田溶氧检测分析，两块养鱼稻田上层溶氧分别为7.11毫克/升和7.03毫克/升，分别比未养鱼稻田的5.86毫克/升高21.3%和20.0%；两块养鱼稻田的底层溶氧分别为6.17毫克/升和6.10毫克/升，分别比未养鱼稻田的3.72毫克/升高65.9%和64.0%；两块养鱼稻田下层溶氧都是仅比上层低13.2%；而未养鱼稻田下层溶氧比上层低36.5%，溶氧差是养鱼稻田的2.77倍。养鱼稻田溶氧分布均匀度比未养鱼稻田好得多。稻田渔业能生物除草灭虫防病，省肥省药，节能降耗。同时，稻田水体底层和土壤中溶氧量的增加，促进了二氧化碳、一氧化二氮、甲烷等温室气体降解。据华中农业大学作物生理生态与栽培研究中心研究，水稻生育期养鱼稻田甲烷排放量为25.01克/米^2，不养鱼稻田为26.71克/米^2，养鱼稻田甲烷排放量减少6.4%。

第四节　稻田渔业经济效益与文化旅游价值

一、稻田渔业经济效益

稻田渔业的经济取向：从自给自足到商品生产，从节本增效到提质增产增效，从单家独户小农经济到区域化、产业化经营，以获取规模效益和品牌效益。

稻田渔业是以稻田及其水体为载体，以水稻和水产动物为主体，以获得经济效益为宗旨的复合性农业系统。稳定而良好的效益是稻田渔业持续健康发展的基本保证。

1. 稻田渔业是资源节约型农业，有利于节能降耗，实现节本增效

从经济方面而言，稻田渔业是资源节约型农业，既不需要占用养殖水面改

田种稻，也不需要占用农田开塘养殖水产品，节水、节地。同时，稻田渔业有利减少肥料施用和农药使用，既节约了上述两项直接成本，也节约了用工成本。在稻田渔业系统中，水产动物在稻田中觅食松土，不需（或减少）耘田除草，节省劳力。根据四川省有关资料报道，稻田养鱼后可减少农药使用1～2次，节省药费10～15元/亩，可节省用工1～2个/亩。另据调查分析，稻田养鱼后平均每亩可降低肥料、农药成本8～12元，若加上省工在内，稻田养鱼可使稻田节省成本15～20元/亩。

2. 稻田渔业稳定水稻产量，增加水产品产量，提升了综合效益

稻田渔业由单一追求水稻产量，变为追求水稻和水产品两类产品双丰收。如辽宁的稻田养蟹，湖北、安徽、江西、江苏的稻田养淡水小龙虾、泥鳅等，浙江的稻田养田鱼、甲鱼、青虾等，四川、贵州稻田的养鲤鱼等。稻田渔业既有水稻与渔业共作，又有水稻与渔业连作，还有水稻与渔业轮作，其共同特点是都建有适应水产动物生活习性的稻田渔业工程，使水产养殖具有稳定性和连续性，有利于水产养殖稳产高效。据调查分析，稻田渔业每亩可收获水产品30～100千克，革胡子鲶等耐缺氧品种亩产可达500千克以上。稻田渔业比一般稻田每亩可增收1 000～2 000元，最高可达10 000元以上。如浙江清溪鳖业股份有限公司探索了“养一年甲鱼、种一年水稻，再养一年甲鱼、种一年水稻”的稻鳖轮作模式，并在全国设立连锁店。通过选用最优水稻品种，种出香糯大米，主打生态品牌，获得了全国稻米博览会金奖，平均售价32元/千克，最贵98元/千克，最低18元/千克。该公司稻田亩养甲鱼600～800只，销售额14 400元；稻田亩产大米275千克，销售额8 800元。二者合计23 200元/亩，去除成本后，每亩获纯利10 300元。

3. 稻田渔业少用或不用化肥农药，提升产品风味品位，实现提质增值增效

稻田渔业系统，水产动物对化肥、农药较为敏感，尤其是虾、蟹等甲壳动物，与水稻害虫同属节肢动物，如按常规稻田化肥施肥量和正常防治害虫的农药用药量，就可能造成水产动物中毒甚至死亡，更不用说高毒农药。所以，稻田渔业必须严格控制或尽量杜绝化肥、农药与兽药的使用。因此，稻田渔业产品是安全食品。如能选择优质环境，加强质量管理，稻田渔业水稻和水产品完全可以达

到有机食品标准。同时，稻田渔业力求水稻和水产品产量水平与稻田生态条件及其设施设备配套水平相适应，合理密植水稻，科学选择和搭配水产品种，控制放养密度，提高规格质量，特别注重提高稻田渔业产品营养保健功能、口感风味和质量安全水平，将稻田渔业产品由面向大众的低附加值、低水平重复竞争，转为面向中等收入以上的消费阶层服务，实现稻田渔业产品提档升级，提高稻田综合效益。

4. 新型稻田渔业集中连片开发，有利于吸引新型农业经营主体投资，实现规模效益

传统稻田渔业因改善生活的直接需求而兴，是自给自足的自然小农经济。在现代市场经济条件下，要求经济活动专业化生产、规模化经营，并建立与之相配套的社会化服务体系。中华人民共和国成立以后，稻田渔业在传统地区逐步衰落，部分地区只能作为全球农业文化遗产或非物质文化遗产留存，在过去一些稻田渔业规模较大的地区也几起几落。究其原因，一方面稻田渔业相对于工业和传统服务业来说，劳动艰辛，收入低微；另一方面，社会对水产品需求结构的变化，水产品价格涨跌直接影响稻田渔业效益。要改变这种状况，提高稻田渔业在社会分工中的吸引力，除政策扶持外，重要的是降低农业劳动强度，提高单位时间和单位劳动力收入水平。另外，新型稻田渔业所需工程设施和机械设备配套，都需在较大规模的连片稻田中建设，并且只有达到一定规模才能有效降低成本，以实现规模效益。因此，发展稻田渔业必须在规模化前提下实现机械化，提高稻田渔业收益在农民家庭收入中的比重。另外，稻田渔业实现规模化，才能实现产业化经营，集中打造品牌，开展市场营销，提高产业竞争力。对企业而言，只有稻田渔业投入产出效益和规模效益都较高，才能产生吸引力。因此，实现稻田使用权有效流转对于发展稻田渔业具有十分重要的意义。

二、稻田渔业文化旅游开发价值

稻田渔业还具有多样化的文化传承功能和观光价值：从生活需求到传统民俗，从纯农业作业到生态观光，实现文化产业化，促进传统农业文化与现代生态文明交相辉映。

1. 稻田渔业的民俗文化价值

在浙江青田、贵州从江和云南红河等最早开展稻田渔业地区的先民，原本都是生活在海边或湖滨，本就有“饭稻羹鱼”的生活习惯，由于民族矛盾及战乱而迁移到这些地方，在失去采捕天然渔业资源的便利条件后，便利用新迁居地山水条件开展稻田渔业。房前屋后、田间地头，有塘就有水，有水则有鱼，稻田、水渠、水沟、水池、水潭等随处可见田鱼；这些神奇村寨，田鱼当家禽，家家都养殖，整个村寨成为田鱼乐园。田鱼也成为村民的主要食材。许多祖籍浙江青田龙现村的人都有捞田鱼加餐的共同记忆：最美好的季节是9—10月，水稻丰收，田鱼长大，父亲抓田鱼，母亲煮新米饭，家家户户都要举行“尝新饭”仪式。第一碗，首先要祭祀田公、田婆，保佑来年风调雨顺。直到现在，当地农家在嫁女时，仍有田鱼（鱼种）做嫁妆的习俗；当地艺人还将田鱼融合到民间艺术之中，创作了独特习俗表演——青田鱼灯舞。捕（捉）鱼、烤鱼、烧鱼，已成为青田农业旅游的重要内容。又如，在贵州省苗村侗寨，儿童皆戴鱼尾帽，襁褓用品多缀鱼鳞，希望借助祥瑞之神力来守护孩子的灵魂。妇女们佩戴的银梳、木梳，也多制成鲤鱼状，则是期冀自己能如愿以偿地生下健康的孩子。各家橱柜的木门和桌子的抽屉，都安有各式各样的鱼形门环或拉手。在当地，凡是逢年过节，即便鸡、鸭再多，也绝对不能没有鱼，逢红白喜事（包括结婚、立新房、办丧事）要用鲤鱼祭祖，粮食丰收和尝新节等重大节日更要用鲤鱼祭天，以祈求来年风调雨顺等。再如，生活在贵州省南部以梯田稻作农耕为业的水族人民，在秋收之际，家家户户都要举行神秘而隆重的“祭谷魂”仪式，祭谷魂一定要用当年收获的肥鱼和禾糯作为主祭品，取“饭稻羹鱼”之意。

2. 稻田渔业的生态文化价值

稻田渔业具有多种生态功能，能调节气候、涵养水源、抑制有害生物、防止水土流失、提高土壤肥力、提高资源利用效率、减少温室气体排放、维持生态系统稳定等，也改善了人们生活环境，成为发展特色生态农产品的环境优势。同时，稻田渔业蕴藏着许多生态秘密，生物种群间作用机制，物种资源的遗传信息，生态系统环境功能，对现代农业可持续发展有重要启示。另外，稻田渔业基地也可作为重要生态、文化、传统教育基地，可向游客展示先民的勤劳、勇敢与智慧。稻田渔业系统不单是一种农业生产方式，更是一种人类文明方式，是中国文化的独特体现，体现着人与人、人与自然的和谐相处。

3. 稻田渔业的观光文化价值

随着社会经济发展和人们生活水平的提高，闲暇生活有了新追求，休闲农业也应运而生。稻田渔业作为中国传统特色农业的重要内容，已成为休闲观光农业的重要物质文化载体。“远山滴翠，清水稻田，鱼群游弋，蝶飞鸟鸣”，这一派田园风光对长期远离自然的都市人来说当然会耳目一新。江西婺源是全国首批生态农业示范县，被认定为“中国最美乡村”，每年接待的大量海内外游客，都特别喜欢参与其中稻田渔业的农事活动，如垂钓、饲鱼、赏鱼、品鱼等内容，稻田渔业让游客流连忘返。浙江青田稻鱼共生系统已成为“全球重要农业文化遗产”，是由主体要素和辅助要素所构成的复杂系统。其中主体要素是指农业文化遗产系统本身，而农业文化遗产所衍生出的自然、人文景观和各类文化现象和资源则构成了辅助要素。青田县人民政府将农业文化遗产资源分为山水景观资源、农耕文化资源、田鱼文化资源、华侨文化资源、民俗文化资源和传统村落资源等。游客在这里可以体验传统特色农业的“美”“妙”“安”“乐”：美在溪流流淌后的绿水环绕，妙在稻鱼共生中的生态和谐，安在袅袅炊烟中的天人合一，乐在田园风光下的安逸生活。这种悠扬静谧的原始生态，孕育了人类生活起源之理，造就了中华文明发祥之魂，使人们远离城市喧嚣后精神得以安逸恬息。

4. 稻田渔业的宗法文化价值

稻田渔业是少数民族传统特色农耕文化。在世代传承中，贵州从江稻田渔业形成了独特的农业文明：既有物质形态的文化遗存，又有非物质的文化遗存。其宗教礼仪、风俗习惯及饮食文化等社会生活各方面，也处处体现着“鱼稻共存”的文化特点。如青田龙现村至今仍遵循着一种古老的分配水的规矩，村庄依山势而建，水由山上依势流下，村民将这些水公平地分到每户人家的田里，水质差一些的就排到沟里或塘里，绝不会出现有些田块分不到水的情况。湖南通道阳烂村，在稻田耕作时，水资源灌溉由全社区协调一致，为了对水资源进行合理利用，村民通过“合款”的方式，按款约去规范各宗族成员的水资源利用行为，使各社区长期保持和睦相处的格局。这种公序良俗的建立，源于对资源的合理利用和对财产的保护，也源于农村社区具有地缘、血缘、业缘相结合的特点。一旦公序良俗被破坏，每个人都不可避免地牵涉其中，会损害所有人的利益。因此，这种良好的公序良俗能经受时间的考验，具有相当的稳定性。实行稻田养鱼，有利于建立良好的公序良俗，与我们建设和谐社会的目标一致。而在浙江青田，稻田田鱼养殖得以维持，关键在于书面或口头形式的乡规民约成为全体村民恪守的圭臬，德高望重的乡贤是乡民看齐的标杆。淳朴的民风，相对封闭的环境，使稻田田鱼毋须看管，为稻田渔业这种传统农业模式保存提供了保证。

稻田渔业集农耕文化、饮食文化、民俗文化、生态文化与旅游文化于一体，使现代生态科学、先进农业技术与传统农业方式有机结合。可以说，稻田渔业不仅是一种农业生产方式，更是一种人类发展理念和文明延续的重要方式。

第五节　现代稻田生态渔业的原则、目标与分类

一、发展原则

现代生态渔业的发展原则是现代生态渔业发展的客观要求，也是现代生态渔业的发展方向和必须遵循的基本准则。

1. 水稻为基础、渔业为主导的原则

现代稻田生态渔业发展的前提和基础是水稻种植，关键和核心是水产养殖。稻田是稻田渔业的载体，水产动物是稻田渔业的主体。而水稻又是稻田渔业的基础环境因素和水产动物健康成长的根本保障，而水产动物的稻田养殖是实现水稻稳产高产和保障质量安全的重要因素。缺少了渔业水域和水产生物这两者中任何一项，现代生态渔业便失去了存在的基础。因此，现代稻田生态渔业建设首先必须抓好水稻科学合理种植，实现稻谷的稳产高产，为水产动物提供良好的生态环境，有利于水产动物的快速健康成长，而不是追求水稻最高产量或更高产量；同时，明确稻田渔业的主导水产养殖品种，以便在稻田基础设施、生产装备、生产工艺、技术措施等方面都要围绕主导水产品种进行设计、建设、配置、安装和生产操作，以便实现较高产量，以名优水产品增产增效；并以水产养殖促

进水稻提质增产，节制化肥、农药使用或过度使用，提高稻米品质和质量安全水平，创建中高档稻米品牌，以质量品牌提高水稻种植效益。

2. 生态优先的原则

面对资源约束趋紧、环境污染严重、生态系统退化的严峻形势，《中共中央 国务院关于加快推进生态文明建设的意见》要求“牢固树立尊重自然、顺应自然、保护自然的理念”“把生态文明建设放在突出的战略位置”，十八大报告提出必须“坚持节约资源和保护环境的基本国策，坚持节约优先、保护优先、自然恢复为主的方针”。因此，现代稻田生态渔业建设必须坚持生态优先的原则，以保护稻区生态环境和自然资源，防止生态破坏和资源衰退。而首要的是保护工农业生产及人类社会赖以发展的生态环境，决不能破坏与社会经济发展和人民生活密切相关的饮水水源和工农业生产用水水源。同时，在遵循生态规律和经济规律的关系上，首要的是遵循生态规律，节约资源能源，保护生态环境，促进生态系统修复，实现生态与经济协调发展。

3. 经济效益为中心的原则

现代稻田生态渔业作为一类社会经济活动，必然是以经济效益为中心，不断提高效益水平，以维持和扩大再生产，实现可持续发展。稻田渔业经济活动无论是采取技术措施，还是增添设施设备，改善生态环境，都离不开增加经济投入。如果达不到相应效益水平，就不能收回成本和投资，生产便难以为继。现代渔业要实现较高经济效益，关键在于主导产品和主导产业的高附加值以及单位土地（水体）高产出水平。“互利共生”“生态平衡”和“生态效率”并非现代稻田生态渔业的主要目标，现代市场经济和价值规律在现代稻田生态渔业发展中仍然居于支配地位。经济效益，即单位土地经济产出和资金使用效果才是稻田渔业企业和个人追求的主要目标。如现在流行的不少稻田渔业模式并非追求稻田系统中生物物种间“互利共生”以实现高产，而是追求稻田生产的主导产品高附加值、高产出和低风险。于是，稻田渔业应该不惜在生态系统中种植（养殖）存在竞争关系的不同生物物种，以低附加值生物换取高附加值产品。因此，经济效益仍然是现代稻田生态渔业发展的中心问题。

4. 因地制宜的原则

现代稻田生态渔业是遵循生态规律、运用生态科学进行的经济活动。“生态”是具有丰富内涵的科学范畴，要求以生态科学为指导，按照生态规律办事。现代稻田生态渔业建设首先面对的是稻田生态环境，所谓“生态优先”是保护环境优先。稻田渔业生态环境既包括当地水域环境状况和生物资源状况，也包括气象条件和气候特点，以及当地工农业生产和人民生活对自然生态环境的影响。只有针对当地自然资源和生态环境特点，主要是水域滩涂资源、特色水稻、水产动物资源以及地形、地貌和气候等特点，设计稻田渔业生产类型、开发方式、设施设备和适用技术，现代稻田生态渔业建设才能取得预期的效果。

5. 综合协调的原则

现代稻田生态渔业是以稻田生态系统为依托的生物产业。主要目的是为了获得稳定而较高的经济效益，前提是稻田渔业生态系统持续稳健地运行，必须让系统内各生物因子及环境因子处于相互联系、相互协调的稳定运转状态，才能保持水稻和水产动物持续健康成长，以获得品质较优、产量较高的稻米和水产品，取得良好的经济效益。稻田生态系统作为水稻和水产动物生物体与非生物环境及其他生物体相互作用、相互依赖的复合体，关键在于综合协调性。现代稻田生态渔业重要功能之一就是维护生态环境或修复自然生态系统，关键在于维护生态系统的协调性和稳定性。而生态系统的稳定性依赖于系统内生物多样性及其物质交换与能量转化的连续性，尽力减少系统内各种生态环境因子指标的波动，如稻田以及周边水域溶氧水平的急剧下降或富营养化水平、氨氮、亚硝酸盐和硫化氢等有毒有害物质急剧上升，对水产养殖业往往会产生灾难性的后果。

稻田渔业相对于一般种植业和畜禽养殖业的其他产业而言，其最大特色是拥有相对独立的生态系统，都与其他生态系统有明显的界限与区隔。因此，现代稻田生态渔业具有相对独立的复合渔业生态系统。这就为按照生态经济规律性设计、建造、设置、安装稻田渔业基础设施与设备，确定安排渔业主导品种、核心技术、生产工艺和操作规程，为形成稳定协调的复合生态系统确立了前提。在该类生态系统中，可以根据市场导向和自然资源环境特点，明确主导品种（或主要产品），并以此为核心设计系统的生态环境、生物结构（群落）、生态模式、生态方法，达到主导品种（或主要产品）产出最大化和效益最优化。

总之，现代稻田生态渔业建设是一项系统工程，必须遵循上述发展原则。这些原则既相互独立，又相互联系，必须深入研究其各生物因子之间和生物因子与环境因子之间矛盾运动规律，并用矛盾的方法加以分析，以系统观念作指导，在进行危害分析的前提下，应用HACCP体系在关键点控制风险，以维护生态稳定，取得持续而良好的经济效益。

二、发展目标

现代稻田生态渔业是在现代市场经济条件和现代科学技术装备下的生态生产方式，是生态化和产业化的有机结合，是生态效益、经济效益和社会效益的统一。目标体系包括如下内容。

1. 生态目标

现代稻田生态渔业的生态目标包括资源环境目标和生态效率目标。

尊重自然，保护环境是现代生态文明建设的首要目标。现代稻田生态渔业建设的目标是保护稻田自然资源和稻田及其周边生态环境，确保自然资源的可持续利用和稻田及其周边环境的生态安全。

提高生态效率也是现代稻田生态渔业的重要目标。即在稻田渔业发展进程中，如何提高对自然资源的利用率，包括对稻田及其水体、田间及其周边水域生物资源、太阳能及各类投入品等各类资源的利用效率，以及通过利用稻田及其水体的生态特点，实现对投入稻田渔业经济活动的各类资源重复或循环利用，达到生态效率的最优化。

2. 经济目标

现代稻田生态渔业的经济目标包括投入产出效率、水面（土地）资源产出效率和劳动生产率等重要指标。

投入产出效率是一切经济活动追求的目标，即如何以最少的物质投入，实现最大的经济产出。这也是现代稻田生态渔业追求的首要目标。这有赖于稻田渔业科学技术的进步和经营管理水平的提高。

土地资源是一切社会生产所必需的自然资源。水面（土地）资源产出效率也是现代稻田生态渔业追求的主要经济目标。在稻田渔业发展所必须依托的资源中，水面（土地）资源是最紧缺的，提高水面（土地）产出效率是稻田渔业在社会经济发展中竞争水平的重要标志，是实现稻田渔业产业生存和可持续发展的基本保证。

马克思指出，“一切节约，归根到底都是时间的节约”。提高劳动生产率是一切社会经济发展水平的衡量指标。提高稻田渔业劳动生产率是实现稻田渔业增效和农（渔）民增收的重要基础，也是稻田渔业产业竞争水平的重要标志。渔业的设施化、机械化和信息化水平与渔业劳动生产率息息相关。

3. 社会目标

现代稻田生态渔业的社会目标包括增加稻田渔业的社会供给、扩大稻田渔业社会就业、保障稻田渔业生产安全、农产品（水产品）质量安全和生态安全，以维护社会稳定。

增加稻田渔业的社会供给，满足社会对农产品（水产品）及其社会服务不断增长的数量需求和质量要求，是提高城乡居民生活水平，平抑市场物价的重要保证。改革开放以来，我国稻田渔业持续快速发展，对改善我国城乡居民膳食结构和营养状况发挥了重要作用，稻田渔业休闲旅游功能的开发为丰富人民的业余文化生活，实现消费升级，开辟了新的道路。

我国稻田渔业在改革开放以来40年的发展进程中，实现了由产品单一化向产出多样化转变，由产品低档化向产品中高档化转变，由单一输出产品向既输出产品又提供服务的复合型产业转变，大批农村劳动力在稻田渔业中实现了就业，对实现农村富余劳动力的转移发挥了重要作用。随着稻田渔业发展的提档升级，稻田产品加工、休闲垂钓、水产品餐饮产业、稻田渔业生态科普文化及民风民俗文化等多方面开发，稻田渔业就业前景更加广阔。

预防风险发生，保障生产安全是一切经济活动的基本要求。现代稻田生态渔业首先必须保障生产经营者生命安全，这是经济活动的基本要求。其次是生产安全，防止台风、洪涝等自然灾害，预防稻田渔业病虫草害和“浮头、泛塘”风险，使稻田渔业活动获得稳定的经济效益。

另外，生存和健康是人类基本需求。食品安全直接关系到人类生命安全和健康水平，是当前社会最为关注的话题，直接关系到社会稳定。因此，稻田产品的质量安全水平也是现代稻田生态渔业发展的核心目标。

水是生命之源，是人类文明的摇篮。许多地区稻田渔业水源也是城乡居民的饮水水源和工农业生产的主要水源。保护好稻田渔业产地周边水域的生态环境，不仅是现代稻田生态渔业发展的需要，也是城乡居民生活的需要，还是社会稳定与发展的根本保证。

三、分类体系

稻田渔业经过两千年的发展，尤其是建国以来的发展，不仅分布范围不断扩大，养殖面积不断增加，而且稻田渔业技术也在不断进步，稻田渔业的理论也在不断创新和完善。在稻田渔业技术和理论上，表现在稻田渔业不同分布地区地形地貌上，不同品种水生经济植物水田类型扩展上，稻田渔业不同田间工程上，稻田渔业不同种植养殖品种和产品结构上，稻田渔业投入品品种差异与投入强度上，稻田渔业产成品类型与质量安全档次上，从而形成了稻田生态渔业丰富多彩的技术类型和生产模式。具体说，可从以下几方面进行分类。

1. 从稻田分布地区分类

可分为：南方稻田渔业、江淮地区稻田渔业、北方稻田渔业、东北地区稻田渔业和西北地区稻田渔业等。

2. 从稻田所在地地形地貌分类

可分为：山区梯田稻田渔业、山区冷浸田稻田渔业、低洼水网地区稻田渔业、一般平原地区稻田生态渔业等。

3. 从不同稻田类型分类

可分为：单季稻田生态渔业、双季稻田生态渔业、再生稻田生态渔业、高秆稻（芦苇稻）田生态渔业、冬闲稻田生态渔业、夏闲稻田生态渔业等。

4. 按照稻田渔业集约化程度分类

可分为：原始型稻田生态渔业、粗放型稻田生态渔业、精养型稻田生态渔业，高度集约化型稻田生态渔业等。

5. 按照稻田养殖水产品种及组合类型分类

可分为：稻鱼型生态渔业、稻虾型生态渔业、稻蟹型生态渔业、稻鳖型生态渔业、稻蛙型生态渔业、稻蚌型生态渔业、稻螺型生态渔业等。同时，还有稻与两种及两种以上水产动物结合的复合型生态渔业，这其中又可分为：稻鱼（多个品种鱼）型生态渔业、稻虾鱼型生态渔业、稻蟹鱼型生态渔业、稻鳖鱼型生态渔业、稻蛙鱼型生态渔业、稻虾蟹型生态渔业、稻虾鳖型生态渔业、稻蟹鱼虾型生态渔业、稻鳖鱼虾型生态渔业、稻蛙鱼虾型生态渔业，以及稻渔菇型生态渔业、稻渔鸭型生态渔业。

6. 按照稻田渔业最终水产品分类

可分为：培育水产苗种型稻田生态渔业、养殖商品水产品型稻田生态渔业、生产水产苗种与商品水产品混合型稻田生态渔业模式等、休闲旅游服务型稻田生态渔业等。休闲旅游服务型稻田生态渔业又包括观光型稻田生态渔业、餐饮型稻田生态渔业、生产体验型稻田生态渔业、娱乐体验型稻田生态渔业、生态文化学习型稻田生态渔业等。

7. 按照稻田田间养殖工程建设方式分类

可分为：平板式稻田生态渔业，窄沟式稻田生态渔业，宽沟式稻田生态渔业，坑（凼）式稻田生态渔业，沟、坑（凼）式稻田生态渔业，沟、池（塘）式稻田生态渔业，垄沟式稻田生态渔业，流水沟式稻田生态渔业等。

8. 按照稻田田间种养结合茬口方式分类

可分为：稻渔共作（或称共生、混作、兼作）生态渔业、稻渔轮作生态渔业和稻渔连作生态渔业。

所谓稻渔共作（也称共生或兼作），是指同一稻田及其水体中同时种植水稻和养殖水产动物，并能收获稻米和水产品等两类产品的生产方式。

所谓稻渔轮作，是指稻田中在水稻种植并收获之后，轮换养殖水产动物，同一田块交替种植与收获稻米（或水生经济植物）和养殖与捕捞水产品的生产方式。

所谓稻渔连作，是指同一稻田中同时种植水稻和养殖水产动物，在稻米收获后，水产动物继续在水田中养殖，直到水产品全部上市的生产方式。

9. 按照稻田生态渔业复合经营类型分类

可分为：生产型稻田生态渔业、生产加工型稻田生态渔业、生产经营型稻田生态渔业、生产旅游型稻田生态渔业和多种经营型稻田生态渔业。

无论何种类型的稻田生态渔业，都是以稻田及其水体为载体，以渔业为主体，围绕稳定稻谷产量，提高稻米和水产品质量安全，提升经济效益，改善稻田生态环境，提高稻田产品质量安全水平设计运行的生态经济活动。如果离开了“以稻田及其水体为载体，以渔业为主体”这个基本特征，那就不是稻田生态渔业，而是其他生态农业类型。

第六节　现代稻田生态渔业的基本特征与发展趋势

一、基本特征

现代稻田生态渔业的基本特征是其科学内涵和内在规律的外在表现，也是其未来发展方向。

1. 安全性

“防风险，保安全”是一切经济活动的首要目标。安全性是经济可持续发展的基本保证，也是现代稻田生态渔业建设的前提。

稻田渔业是自然生态风险较大、市场风险相对较小的产业。其自然风险主要包括三大风险。一是病虫草害风险。水稻受到病害、虫害和草害的威胁，既有系统内部存续形成的，也有外来迁移性带来的，影响因素极其复杂。由于水产动物栖息于田间水体中，尽管发生可能性较小，但还是存在隐患。二是自然灾害风险。主要是暴雨和台风等风险，直接考验稻田渔业的基础设施和设备装备水平，这类设施设备如果安全性差，就可能造成水稻淹没或倒伏，造成水产品直接逃逸，由企业和个人拥有的水产品变为公共自然资源，对所有者或生产经营者来说是灾难性的。三是窒息死亡风险，这是由水体生态特点和水产动物的生物学习性所决定的。一切动物都可以暂时性“断水”和“绝食”，而不可有一时一刻的“断气（氧）”。而水体中溶氧是水域生产性能的主要限制因子，来源少、存量低，消耗因素多、消耗速度快，供求矛盾突出，极易因缺氧造成水产动物死亡，并且具有暴发性（时间短促性）和毁灭性。而大部分水产品都是终生成长、全年消费，与其他农产品最大的不同是稻田水产品规模越大，价格越高；在市场低谷时，可以继续养殖，再选择最佳上市时机，以获得更好的经济效益。因此，稻田水产品的市场风险较小。

现代稻田生态渔业运用现代科技装备，改善设施设备条件，可以最大程度减小台风、暴雨等自然灾害带来的损失。同时，现代稻田生态渔业改善了水域生态环境，不仅可以防范因缺氧带来的“泛塘”风险，而且可以有效抑制病原生物繁衍和病原生物致病性，从而达到预防水产病害的目的。因此，现代稻田生态渔业建设有利于渔业生产安全、生态安全和产品质量安全。

2. 先进性

生态农业是中国传统农业的最大特色。20世纪50年代末期我国农业形成具有传统农业特色的“农业八字宪法”；水产养殖上也总结两千多年养鱼经验，形成了传统渔业特色的“八字精养法”。近年来，现代生物学（生态学）、化学和物理学都取得了巨大成就，现代基础设施和技术装备都实现了巨大进步，伴随着时代发展和科技创新，也带来了生态学理论与技术的与时俱进。这有待于当代科技工作者运用现代生态与经济理论，在认真总结60年代以来，尤其是改革开放以来，广大生产者的实践经验和科技工作者的研究成果，在继承发展传统农业（渔业）经验基础上，提炼形成具有中国特色的现代稻田生态渔业理论体系：以配套设施设备改善稻田环境条件、以调整品种结构改良稻田生物群落，以现代物理、生物及化学技术和生态方法提升稻田渔业生产技术和生态模式，以复合技术和生物措施修复稻田生态，从而生产健康生态的优质农产品（水产品）。

同时，以先进技术装备为依托，水产品储存运输方式和消费方式都发生了根本性的变化。由传统的鲜运、干制、腌制、冷藏运输转变为现代的水产品活体运输、现场烹饪，以保存和突出水产品“江鲜”“湖鲜”和“海鲜”等“鲜美”的特性，突出水产品消费的传统优势、产业优势和区域特色。融合上述储运和消费方式，稻田渔业生产的水产品流通既突出了水产品风味特点和区域性特色，又可运用新型水产品运输设备和超市及网上销售等新型营销方式，扩大了市场覆盖面。

3. 复合性

现代稻田生态渔业是自然再生产与经济再生产交织在一起的生产活动，借助于水稻和水产动物进行的自然生态经济过程，是生态产业化和产业生态化的统一。一方面，稻田渔业生产直接利用水面（土地）、生物、太阳能、气候等自然资源，实现水稻和水产动物生长繁衍及其物质循环和能量转换的自然再生产过程，其依托的载体是稻田及其田间水体资源，依靠的主体是水稻和水产动物，生产的产品是人类消费的稻谷、水产品及其有关社会服务，是一个生态产业化的过程。另一方面，水稻和水产动物是稻田渔业经济过程最基本的、最重要的生产资料，也是渔业劳动最终的生产成果，是生产力与生产关系相互作用实现再生产的主要成果。必须依靠技术进步，在促进生产、分配、交换、消费的过程中，促进经济再生产的良性循环。并且，稻田渔业田块作为相对独立的生态经济系统，是在人类劳动和社会经济投入的作用下，动物、植物、微生物综合参与的“三塘（饲养塘、氧化净化塘和饵料培育塘）合一”的复合生态系统，物理、化学和生物过程交汇交替进行，推动着太阳能、生物能和化学能持续转换，带动着无机物、简单有机物和复杂有机物等物质的不断循环，也是一个产业生态化的过程。以生物多样性为基础，以投入复合性为保证，实现生态经济系统多因素、多功能、多方式、多成果的稳定运行。

4. 区域性

针对我国幅员广阔，各地自然环境条件、资源基础、经济与社会发展水平差异较大的状况，尤其是各地稻田自然环境条件、市场需求状况和传统农业（渔业）生产方式差异很大。如广东、广西（两广）和云贵等地南方丘陵山区的稻田渔业，主要种植高秆、黏糯性稻谷，主要养殖田鱼、禾花鱼（皆为鲤鱼变种）。长江中下游地区稻田渔业的水稻种植品种或为杂交稻，或为中熟粳稻，养殖的水产动物品种，20世纪90年代为河蟹为主，现在以小龙虾（克氏原螯虾）、青虾为主，也有养殖泥鳅或黄鳝等商品价格较高的名贵鱼类。而在东北及西北地区则迅速兴起河蟹养殖。并且各地区根据市场需求和传统生产习惯形成了不同水稻种植品种和种植方式、水产养殖品种和养殖方式，形成了各自的区域稻田生态渔业特色。

因此，必须根据当地自然资源条件、市场供求状况和渔业生产特点，科学设计稻田生态渔业开发方式、设施设备条件和生产经营模式，达到保护生态环境，合理开发资源，提高稻田综合效益的目的。

5. 高效性

经济效益是一切社会经济活动必然追求的目标，也是实现社会再生产持续运行的基础。提高经济效益是现代稻田生态渔业的必然要求，也是渔业活动的主要目标。

现代稻田生态渔业的“高效性”体现在两个方面。一是生态意义上的“高效”。既包括对稻田自然资源深层次合理开发利用，又改善生态环境，避免滥用、浪费自然资源的掠夺式经营，提高资源利用率，避免造成环境污染，维护当地自然生态系统稳定；又包括促进稻田渔业生态系统的高效运转，提高生态系统能量转化效率和物质循环利用率，以提高各类投入品的利用效率和增加单位面积农产品（水产品）产出。二是经济意义上的“高效”。即以增加经济投入和物质投入，提高科学技术水平，提高渔业集约化经营水平，增加单位面积产量和经济产出。同时，做到以市场为导向，生产社会消费和市场需要的优质农产品（水产品），即实现稻田渔业产品和服务的有效供给，为社会创造数量多、质量好、丰富多彩的产品及其他服务，更好地满足人们不断增长的消费需求。

因而，发展现代稻田生态渔业有利于实现稻田经济系统与生态系统之间的良性互动，使稻田渔业在获得较高经济效益的同时，实现良好的生态效益和社会效益。

6. 可持续性

稻田生态系统的稳定是现代稻田生态渔业发展的前提。即保持稻田自然环境良好，使稻田生态系统维持在稳定状态，自然资源合理适度利用而不过度开发，再生能力强，才能实现可持续利用。因此，现代稻田生态渔业建设的前提是合理利用自然资源，不破坏稻田及其周边生态环境，以实现对生态环境和自然资源的可持续利用。同时，通过建设提升稻田生态渔业设施设备，推广现代稻田生态渔业技术和生态模式，把自然资源环境保护和稻田渔业经济活动紧密结合起来，以现代稻田生态渔业发展促进对稻田田间及其周边生态环境的保护、改善和生态系统修复，实现眼前利益和长远利益相兼顾，环境与发展相协调，提高稻田渔业生态系统的自我修复能力，提升生态效率，促进自然资源恢复，实现渔业的可持续发展。

二、发展趋势

稻田渔业是生态农业，稻田渔业系统是高度复合型的人性化湿地生态系统和生态化农业经济系统。既有稳定粮食、发展渔业、开展旅游、保供增收等社会经济功能，又有净化空气、调节气候、保持水土、改善水质、节能减排、控制污染等复合生态功能，实现了产业生态化、生态产业化和农业现代化的高度统一，是中国农业绿色发展的战略取向。

1. 区域化发展

稻田渔业是人工湿地，区域化、规模化是其显著特征。因此，发展稻田渔业必须因地制宜，统筹规划。应在调查研究基础上，根据当地自然资源和生态环境，确定发展稻田渔业的重点地区、重点品种和重点模式。统一规划、连片开发、规模经营，以利于专业化生产、社会化服务、产业化经营、品牌化营销，提高市场竞争能力和综合生态效益。

2. 永久性工程

稻田渔业是设施农业。没有高标准田间养殖工程，稻田渔业就难以抵御台风、暴雨等自然灾害的侵袭，取得稳定效益。因此，高标准田间工程和养殖设备配套，是稻田渔业水稻稳产、水产高产、生态稳定的重要前提。但高标准稻田田间工程和养殖设备一次性投入大，投资回收期长。必须在认真进行可行性研究，科学规划的基础上，建设高标准永久性工程，形成受法律保护的永久性农业生态湿地，提高投资效益。

3. 生态化管理

稻田渔业是生态产业，同时具有社会经济和湿地生态功能，是农业发展的战略取向，是生态文明建设的重要举措。稻田渔业在稻米重点产区，可与粮食生产、植树造林和湿地保护的战略价值比肩。应当作为宜渔稻区的重点产业来发展，尤其应作为大中城市周边宜渔稻区的战略性生态产业来扶持，实行生态化管理，不仅实行农业补贴，还应开展生态补偿，像对植树造林那样鼓励扶持发展。实行农业与环保双重管理，促进稻田由单一农业向资源节约型、资金集约型和生态经济型产业转变。

第七节　现代稻田生态渔业的理论体系与研究内容

现代稻田生态渔业是在我国古老传统生态农业经验基础上发展起来的新兴学科。它是传统生态文化和现代生态科学技术的有机统一，是经济效益、生态效益与社会效益的统一，是现代农业生态文明建设的重要方向。它是以农业（渔业）生物体为主体，以稻田环境为载体，以生态经济学为指导，以经济效益为中心，遵循生态规律和经济规律，努力实现稻田资源环境可持续利用。充分利用和发扬其生态功能，对于保护生态环境，修复生态系统，建设生态文明，具有深远的战略意义。作为一门新兴产业和新兴学科，它有以下研究内容。

1. 关于现代稻田生态渔业基本理论的研究

包括现代稻田生态渔业的科学内涵、研究方法、基本特性、目标体系、分类体系、发展原则和发展路径等，稻田生态环境特点，稻田适宜种植水稻和水生经济植物的生物学特性和主要品种，稻田适宜养殖水产动物的生物学特性和主要品种等。

2. 关于现代稻田生态渔业发展战略的研究

包括现代稻田生态渔业的哲学基础、生态价值、经济效益和文化价值等战略价值，对粮食产业发展的贡献等。

3. 关于现代稻田渔业生态系统的研究

稻田渔业作为人类设计和调控的复合生态系统，与自然生态系统相比较，具有社会经济属性。因此，我们应该在深入研究稻田自然生态系统的基础上，开拓研究稻田渔业系统的生态特点，并深入研究系统的生物构成、生态功能及其经济功能，并通过生产、教学与科研单位的协作研究，利用云计算和人工智能，实现稻田渔业系统生物组成和生态功能的数字化。

4. 关于稻田渔业生态功能拓展的研究

稻田从单一的水稻种植，到稻田渔业的水稻种植与水产养殖有机结合，拓展的不仅是食物生产功能，更是从单纯的生产功能，拓展到生产功能、生态功能和社会功能的优化重组。与此同时，稻田生态系统也由品种、功能单一，功效低下的低效湿地生态系统，转变为生物多样、结构合理、功能复合的高效湿地生态系统。这项研究拓展了净化空气、调节气候、保持水土、改善水质、节能减排、控制污染等复合生态功能，这些功能的形成机制和进一步提升，都有待深入研究。

5. 关于稻田渔业生态补偿的研究

稻田渔业系统的生态功能必须进行科学分类和计算，实现数字化和市场化，科学确定稻田渔业贡献的生态价值，参照人工森林系统和自然湿地保护的经济补偿标准，研究稻田渔业系统生态补偿的标准和计算办法。

6. 关于稻田渔业生态管理的研究

稻田渔业作为具有生态功能的农业产业和具有产业功能的生态系统，必须按照生态规律及其经济规律加强管理。深入研究稻田渔业主体生态化、模式生态化、产品生态化、效益生态化和营销生态化的系统管理方法，促进稻田渔业实现经济效益、生态效益和社会效益的统一。

7. 关于现代稻田生态渔业设施设备的研究

包括现代稻田渔业田间沟、坑（凼）等工程建设必要性分析，田间沟、坑（凼）建设方式、建设规格与组合形式的可行性分析，排灌与防逃设施设备建设、稻田投饵、龟鳖产卵、微孔增氧、防鸟、灭虫灯具等新型稻田渔业设备设置与装配要求等，以及水生植物、活螺蛳及水蚯蚓等田间生态环境设置等方法。

8. 关于现代稻田生态渔业种植技术的研究

包括适应现代稻田生态渔业的水稻品种选择、育秧技术、大田栽插规格等基本技术要求，以及再生稻栽培技术要领等。

9. 关于现代稻田生态渔业复种耕作制度的研究

包括中国传统水稻和水生经济植物栽培的间作、套作、混作等精耕细作技术，以及现代农作物（或水生经济植物）连作障碍理论及其应对的旱-旱轮作、水-水轮作和水-旱轮作等多样化的轮作方式。

10. 关于现代稻田生态渔业种养组合方式的研究

分析研究水稻与水产动物共作（共生、混作、套作、兼作）、连作和轮作科学依据和生态优势，以及水稻、水生经济植物与水产动物等三类水生生物不同品种之间、不同类型之间科学组合的典型模式。

11. 关于现代稻田生态渔业放养模式与技术的研究

包括水产养殖动物的苗种选择的原则和标准，主要养殖品种的放养模式及其可行性分析，放养前的稻田清理消毒工作，苗种放养的技术要领和注意事项。

12. 关于现代稻田渔业水产动物生态繁育技术的研究

包括适宜在稻田浅水生态环境繁育的鲤鱼、鲫鱼、泥鳅、黄鳝、黄颡鱼、罗非鱼、革胡子鲶、斑点叉尾鮰、青虾、小龙虾和中华鳖等水产品种的繁育技术。

13. 关于现代稻田生态渔业天然饵料开发与投饵施肥技术的研究

包括稻田宜养水产动物的营养要求；稻田天然饵料资源潜力及其开发利用方法，尤其是稻田田间杂草和害虫饵料资源化的方法；并积极利用稻田环境培育水产动物饵料，以及稻田养殖常规水产动物饵料的投喂方法与注意事项，特殊习性水产动物的驯食方法和常规水产动物的驯食方法；水稻种植和水产动物养殖的肥料需求，以及稻田生态渔业的施肥技术与注意事项等；特别是稻田渔业秸秆还田、沼肥（沼渣与沼液）施用的技术要领和生态效果。

14. 关于现代稻田生态渔业水位与水质调控的研究

包括稻田渔业水位调控的原理和一般要求，特殊稻田的水位管理要求，稻虾连作和稻蟹共作稻田的水位管理要求；稻田渔业中搁田（晒田）对水稻增产的作用、对渔业的影响和搁田（晒田）的技术要领；稻田渔业田间水质一般调控技术；有益微生物对水稻、水产动物、稻田渔业水质与土质环境和饵肥使用效果等的作用机制和应用技术，以及有益微生态制剂对提高秸秆还田效果的作用原理和使用方法。

15. 关于现代稻田渔业病虫草害生态防控理论与技术的研究

包括稻田杂草发生规律苗期药物防控和大田生态防控技术；稻田病虫害发生新特点和稻田渔业对水稻病虫害的防控作用；稻田渔业药物防控水稻病、虫害的技术要领，灭虫灯杀灭稻田虫害的使用方法；利用生物多样性防控水稻病虫害的基本原理与稻田渔业结合生物多样性防控水稻病虫害的方法探索；稻田渔业防控蚊虫、钉螺，改进环境卫生的作用；稻田渔业水产病害的防控方法等。

16. 关于现代稻田生态渔业收捕储运技术的研究

包括稻田渔业水稻收获时间的把握、收割机械的选择；稻田渔业水产品捕捞时间、起捕方法的选择与技术要领；水产动物活运的基本原理和活运方法选择与注意事项；水生经济植物产品采收方法、储藏方法和注意事项等。

17. 关于现代稻田生态渔业文化旅游开发的研究

包括稻田渔业的自然风光价值、生态文化价值、民俗文化价值、保健养生价值、参与体验价值和宗法文化价值，具有开发休闲旅游度假区的巨大潜力。

18. 关于现代稻田生态渔业综合效益的研究

包括稻田生态渔业生产多样化农（水）产品增产增效、生态产业化提升产品质量安全品牌效应实现升值增效、产业生态化增添产业生态功能的生态补偿增效和开展乡村生态文化休闲观光实现旅游增效。

19. 关于现代稻田生态渔业开发管理的研究

稻田生态渔业是复合型生态产业，涉及产业门类多、投入资金物资多、建设安装设施设备多、产出产品品种多、技术操作规程多，必须加强开发管理，包括工程设施设备管理、质量安全与品牌管理、生态管理和旅游开发管理等。

20. 关于现代稻田生态渔业风险防控的研究

包括稻田生态渔业的产业特点、风险特征和风险分析方法，特别是HACCP

体系在稻田生态渔业风险防范中的应用方法，稻田生态渔业的自然风险、市场风险、技术风险和社会风险等主要风险的分析和防范措施以及稻田生态渔业实施保险的可行性和农业政策性保险的方法。

稻田具有发展水产养殖的生态潜能。稻田渔业既有稳定粮食、发展渔业、开展旅游、保供增收等社会经济功能，更有净化空气、调节气候、保持水土、改善水质、节能减排、控制污染等复合生态功能。稻田渔业系统是具有湿地生态系统完整生物结构和完全生态功能的复合农业系统，达到了产业生态化、生态产业化和农业现代化的高度统一。研究现代稻田生态是保护生态环境，修复生态系统，建设生态文明的必然要求，对实现中国粮食安全、食品安全和生态安全具有特别重要的意义。

第二章
稻田渔业田间生态工程建设与环境设置

现代稻田渔业与传统稻田渔业的主要区别有三个方面，一是现代稻田工程设施建设与技术装备的配套；二是遵循现代生态规律，打造良好的生态环境和生物结构；三是水产苗种和饵肥等投入的增加。在此基础上，要应用现代水稻种植技术和现代水产养殖技术，提高生产水平和经济效益。而稻田渔业田间工程是现代稻田渔业的重要基础和前提，稻鱼（或虾蟹龟鳖等）能否共生，并避免相互矛盾、相互对立而产生不利影响，其前提就是田间工程建设和生态环境设置，以规避自然风险和生产风险，实现水产品稳产高产高效。

第一节　稻田渔业田间工程建设的作用

稻田渔业是将水稻和水产动物两类生物共同集中于稻田中生活，是水稻种植和水产养殖的有机结合。稻田渔业田间工程建设目的主要有两方面，一是保安全，二是夺高产高效。第一类主要是防止台风、洪涝和干旱等造成的水产动物逃逸和水稻减产或绝收，主要是建设好各类防汛抗旱设施设备，提高抵御台风、洪涝和干旱等自然灾害的能力，同时要建好田间防逃设施和设备。第二类必须根据水稻和水产动物两类生物的生态学习性，科学设计，合理配置，严格施工，在保障稻田渔业安全的前提下，实现水稻优质稳产，水产高产高效，生态环境良好，文化旅游发达。

一、稻田渔业田间工程建设的生态作用

在自然状态下，水产动物中部分商品个体较小的品种或在较大商品个体水

产动物的苗种阶段适宜在稻田中生活。对水产动物总体而言，稻田并非它们理想的生活场所，这也是我国传统稻田渔业水产品产量低而不稳的主要原因，只是作为农民家庭食物的补充，形不成稳定规模化的商品供给。现代稻田渔业是市场渔业，也是生态渔业，必须标准化生产，规模化经营。只有建设稳固而高标准的田间工程，根据当地及国内外市场需求，选择市场需求量大，经济价值较高的水产品，并根据市场规律，选择水产品起捕上市时机，在保证水稻优质稳产的基础上，实现渔业高品位高效益。因此，稻田渔业在配套建设安全设施（设备）的前提下，必须搞好田间沟、坑开挖和配套。据湖南省辰溪县农技中心的试验，将沟坑（凼）式稻田养殖水产动物与平板式稻田养殖水产动物相比较，沟坑（凼）开挖面积占稻田面积的8%～10%，水产养殖单产达54.6千克/亩，比平板式产鱼量高出1.5倍；水稻单产为586.5千克/亩，增产3.8%。另据四川省资阳地区水产渔政局调查，该市安岳县建华乡农民吴乾绿在0.7亩稻田内建坑（凼）0.7分（合0.07亩），当年产稻谷300千克，产鱼400千克，产值3 000余元，盈利1 000余元，折合亩产稻谷500千克，亩产值4 500元，亩盈利1 500余元，比周边未建坑（凼）的稻田产值和利润高出近10倍。又如辽宁省盘山县太平镇平板稻田和环沟稻田养蟹的对比试验，环沟稻田亩产水稻、河蟹分别为637千克和21千克，分别比平板稻田增产19.1%和13.5%；环沟稻田河蟹规格为84克，回捕率为72%，分别比平板稻田提高10.5%和24.1%；由于河蟹规格加大，上市价格达24元/千克，比平板稻田提高20%；产量和价格双提升，使环沟稻田种养亩效益达2 065元，比平板稻田提高54.1%，经济效益十分显著。以上实践证明，稻田开挖沟、坑（也称凼、窝、溜、塘等），是保障稻田田间水产动物安全，实现优质高产高效的重要基础。

1. 田间沟坑是满足水产动物与水稻“共生”的前提

水稻和水产动物对生态环境的要求有明显的差异性。水稻是浅水湿生植物，生长发育过程中要求水旱相间，水位过高便会对其生长造成不良影响；而水产动物对水深要求较高，较高的水位对其健康成长更为有利，而平板稻田环境符合水稻的生长要求，但显然难以满足水产动物的生活需要。田间沟坑建设后，水产动物既能进入稻田中觅食活动，又能在白天阳光强烈或高温酷暑时进入沟坑中栖息，使水稻和水产动物实现共生互利。

2. 田间沟坑是解决水稻栽培与水产养殖"共作"矛盾的关键

水稻栽培需要强烈阳光、浅灌晒田，施化肥、打石灰和施农药时，需要浅水或无水（搁田时）。而水产动物大多不适应较强的光照和过高的水温，要求水体温度相对稳定，不可忽高或忽低，大部分水产动物白天喜欢栖息生活在水草丛中，底栖水产动物和水草一般都需要一定的水深，尤其是在水产动物养殖后期，随着个体的长大，对水深要求逐步提高。水稻栽培的前述措施对水产动物显然不利，甚至致命，而稻田田间沟坑的建设避免了水稻栽培与水产养殖相互矛盾的一面，又发挥了两者互利促进的作用。

3. 田间沟坑是保障稻田渔业生态系统稳定性的基础

水产动物要求生活在水温、水质和光照等生态因子相对稳定的环境中，如果水域中水温、pH值、溶氧等理化因子发生剧烈变化，就可能引起水产动物的应激反应。平板稻田的浅水环境受气象和气候变化影响大，生态稳定性差，尤其是北方地区无霜期短，养蟹稻田设置环沟，蟹种可以在平耙地后、插秧前放入大田环沟中，河蟹便可以在一次蜕壳后、二次蜕壳前放入大田养殖，这是满足河蟹在生理物候期内4次蜕壳的关键环节。如果因环境条件延误了河蟹在物候期内的相应蜕壳，从生理机能上就跨越了这个生长阶段，便可能造成早熟。因此，稻田设置环沟是实现稻田养大蟹措施。并且，环沟的设置能使稻田田间温度上升、湿度下降、风速加大、日照增强，有利于水稻增产。稻田渔业在田间建设一定面积占比的沟坑，加大了稻田水层和水体，降低了外界环境对稻田水体生态的影响，有利于水产动物健康成长。

4. 田间沟坑具有蓄水抗旱、维持水供求平衡的功能

我国虽然水资源较为丰富，但分布极不平衡，地区分布上表现为北方地区和西部地区缺水，季节分布上表现为冬季和春季缺水，故有"春雨贵如油"之说。稻田渔业建设的沟坑可以在夏季（雨季）大量蓄水，可以说稻田是"隐形水库"具有集雨功能。养鱼稻田除了具备正常的稻田集雨功能外，还可以通过分散蓄水与扩容蓄水，增大田间集雨面积和蓄水容量，如湖南省1 300多万亩宜渔稻田一次性可蓄水40亿立方米，起到防洪和除涝作用。通过稻田分级截流、田埂、

田埂、水稻的设阻截流，可以减缓洪水流速，均化洪水。洪水进入养鱼稻田后，洪峰降低，退水时段增长，避免洪水在同一时间内到达下游，削弱洪峰，减轻或避免洪灾发生。如云南省勐海县稻田养鱼发展到38 200亩。稻田养鱼田间沟、坑工程蓄水保证了春季水稻生产用水，使勐海县粮食生产连续8年丰收。2012年为云南省大旱之年，降雨量比2011年同期偏少76.6%，比历年同期偏少53.2%。该县由于稻田养鱼工程的蓄水作用，保证了51 930亩旱稻栽插，创立了节水抗旱的勐海模式，为促进粮食生产在灾年实现增产，农民灾年不减收做出了积极贡献。在稻田渔业大省四川，稻田渔业工程也发挥了“小水库”作用，保证所在地的农业春耕生产用水。田间沟坑建设使稻田在雨季（汛期）积蓄较多的水量，为冬春（旱季）农业抗旱和春播提供稳定的水源。

根据以上分析，原始平板稻田显然不利于水产养殖稳产高产。而在稻田田间开挖了沟、坑等田间工程后，一方面可以实现水稻与水产动物的互利共生，在夜晚和水稻“封行”后，水产动物就可以进入水稻丛中觅食生活，既利用稻田空间和田间天然生物活饵料，又为水稻灭虫、除草和防病；另一方面在水稻栽插前及栽插初期的白天，水产动物苗种可以在春季或冬季提前进入稻田田间沟、坑中适应环境，加大了稻田水产苗种的选择余地，延长了水产动物的生长期，有利于提高水产苗种成活率和水产品产量。在水稻收割后，即便接茬种植其他旱作农作物，也可以利用沟、坑继续暂养未上市的水产品和水产苗种；同时，在稻田需要搁田、用药和除草时，可以通过排水，将水产动物引入田间沟、坑中生活，减轻因水稻上述田间管理对水产动物产生不良影响。如田凼结合的稻田渔业方式利用在田间的凼（坑塘）结合田面养殖水产动物，把池塘渔业与稻田渔业技术有机结合，既可充分利用稻田天然饵料资源，又可按池塘养鱼要求，实行人工投饵施肥，达到精养高产的目的；并且在鱼病流行季节，需用药物防治鱼病时，先将田水逐步放浅，让鱼自行游入沟、坑，然后集中施药，既可降低用药量，又可提高防治效果。又如江西临川开展的“宽沟式稻田养鱼”试验，与传统稻田养鱼方式比较，具有养殖品种优、产品个体大、单位产量高、管理方便、操作简单等特点，且能促进稻谷增产，显著提高经济效益，平均每亩纯收入达1 156元，投入产出比为1：3.7。实践证明，宽沟式稻田养鱼增产又增收。

二、稻田渔业田间沟、坑（凼）工程建设的适用性分析

回顾中华人民共和国成立以来，尤其是改革开放以来，我国稻田渔业发展历史除了养殖品种的更新换代，更重要的是稻田渔业田间沟坑工程从无到有，建设标准由低到高，工程分布和组合方式由简单到复杂，由经验到科学，这是稻田渔业技术进步的重要标志和稻田渔业高产高效的根本保证。我国各地稻田渔业根据当地气候条件和地形地貌，田间沟、坑工程建设方式出现了窄沟浅坑、有沟无坑或有坑无沟、窄沟大坑、宽沟大坑、垄稻沟鱼（虾蟹等）等多种形式。但就发展趋势来说，田间沟、坑工程经历了从无到有，由浅到深，由窄到宽，由小到大，沟、坑开挖面积占比由小到大，建设标准和方式经历了由自在（利用农业田间三沟）利用到自觉开挖，由农民的感性认识上升到科技工作者的理性分析，由仅凭经验到试验研究的过程，国内许多生产单位、主管部门、高等院校和科研院所都参与了稻田渔业田间沟、坑（凼）工程建设的试验研究。

1. 田间浅沟小坑（凼）式工程的适用性分析

在云贵及两广等南方丘陵山区稻田主要养殖鲤鱼（田鱼、禾花鱼等）、罗非鱼、鲫鱼、草鱼等常规鱼类，这些水产品种能适应温度较高、水位较浅的稻田环境，对稻田稍加改造，形成浅窄而密集的田间沟、坑工程，便能满足上述水产动物的栖息和生活需要，同时，也方便它们进入稻田田面利用各类天然生物饵料，防除或抑制稻田杂草、害虫及病害。在东北、西北等北方高寒地区，无霜期短，低温期长，稻田渔业主要选择养殖鲤鱼、鲫鱼、泥鳅及河蟹等适温范围广的底栖型水产动物，田间沟、坑工程一般也采用浅沟或浅沟小坑（凼）形式，以利于春季水温迅速上升，使稻田水温尽早满足上述水产动物生长的需要。

2. 田间宽沟大坑（凼）式工程的适用性分析

20世纪90年代以来，尤其是进入21世纪，江苏、湖北、江西、安徽等长江中下游的渔业主产区也逐步成为我国稻田渔业主要发展区。与前述南方丘陵和北方两个地区相比，该地区本来就是我国淡水渔业主产区，水域、水源、气候等自然条件和社会经济条件均好于前述两个地区，水产养殖业发达，消费水平高，市场发育成熟。在淡水渔业主产区发展稻田渔业必须有较高的比较效益，才能吸引原先高产稻田转向稻田渔业。而稻田渔业提高效益的重要途径就是提高水产品规

格档次和单位面积产量。因此，这就要求稻田田间沟、坑面积占比和标准高于上述两个地区。于是，便形成了宽沟大坑（凼）式的稻田田间工程。据调查，湖北潜江推广“稻虾连作”新模式，将稻沟由原先1米宽、0.8米深的小沟，改挖成4米宽、1.5米深的大沟。在稻田需要排水、整田、插秧时，小龙虾苗种和未长成的小龙虾也可以拥有宽敞、充足的栖息水域；在插秧完成后，小龙虾便可以进入稻田与水稻同生共长，可以变“一稻一虾”为“一稻两虾”，即4月中旬至5月下旬收获上年中稻收割前后投放幼虾长成的商品虾，8、9月再收获一次成虾。2013年，该市十余万亩“稻虾连作”，平均亩产小龙虾200千克、稻谷626千克，亩平纯收入4 000元以上。

3. 田间沟布局方式的适用性分析

稻田渔业田间沟主要是为了满足稻田中养殖的水产动物成长需要，减轻水产动物对水稻的负面影响，增强对水稻成长的促进作用。不同稻田田间沟布局往往影响水体的运动和水体与空气、土壤的物质交换。毫无疑问，环形田间沟有利于水体运动，无论是稻田注水或排水，还是田间水产动物的活动，都可以在稻田环沟水体中形成水流，且可以循环流动、畅通无阻。水流的形成和加速有利于氧气的溶解和有害气体的逸出，同时有利于促进底泥中有关物质的溶解和水体中溶解氧渗透进土壤，促进底泥中有机物的还原和有毒物质的转化。而在直沟、“十”字沟以及单一田间坑（凼）等田间水体中，水流往往在很短距离（直沟长度）中被阻隔而中止，达不到环沟有利于水流的效果。不仅如此，在水稻植株封行后，无论风向如何，自然风都可以循着环沟上方流动，始终可以形成两条“风道”，有利于改善环沟两侧水稻光、热、气、土等条件，也有利于增加水中溶氧，促进水稻和水产双增产。“十”字沟情形则有所不同，当自然风风向不与“十”字沟中任一条沟方向完全一致时，也可以形成两条“风道”，可以与环沟有同样的风力、风向和作用；但如自然风风向与其中一条沟完全一致，就只有一条“风道”。而直沟无论自然风向如何，只能拥有一条“风道”，如风向正好与沟向垂直，则沟上方可能无风。从以上分析可以判定，直沟和“十”字沟促进空气流动的效果远不及环沟，因此，以环沟发挥边际效应，促进水稻增产的效果最好。根据王文成等对水稻边际优势增产的生态原因进行的分析，认为水稻边行群体的中下部光照条件得到改善，光合作用加强，有助于保持根系在生育后期的活力，进而促进光合产物向穗部运转，这是造成边际效应增产的主要原因。浙江大学开展了稻鱼系统沟坑边际水稻增产效应对因种植面积减少而引起产量减少的弥补效果进行了试验研究，并对环沟、“十”字沟、直沟3种沟型下水稻产量进行了比较试验。结果表明，环形沟弥补效果最优，可补偿沟坑占稻田所致减产数量的95.9%；“十”字沟次之，达85.6%；直沟弥补效果最差，仅为58%。但环沟与“十”字沟弥补效果差异不显著，但它们与直沟弥补效果差异达到显著水平。另外，鱼在沟坑内的频繁活动，使沟两旁病虫及杂草更易被取食，土壤有机质含量和氮、磷等营养成分也因鱼类排泄物而升高，沟附近灌溉水及耕作层含氧量也因鱼活动而增高，多种因素叠加也是边行优势形成的重要原因。

4. 田间垄（畦）沟半旱式工程的适用性分析

稻田渔业中水稻产量与土壤条件和根系发育有密切联系。水稻是湿地植物，要求土壤具有一定湿度，同时要求土壤具有透气性，使土壤中的有毒有害物质及时得到氧化还原，防止水稻根系受到土壤中有毒物质的毒害。因此，长期浸没于水体中湿地土壤和缺水的旱地都不适宜进行水稻种植，最适宜水稻种植的土地是半旱式土地，既能保持一定水深或湿度，又经常透气，让氧气能进入土壤中。从20世纪80年代开始，我国南方的四川、湖南等省根据水稻的生理生态特点和水产动物的生态需要发明了垄沟式稻田养鱼技术，即稻田中起垄栽稻，垄间沟中蓄水养鱼，既满足了鱼类对水域空间的需求，又为水稻提供水、旱相间的湿润环境，有利于实现稻鱼双丰收。同时，这种方式尤其适宜在低湿地开发应用，起垄后提高了土壤温度。据测定，垄作区土壤温度明显高于平作区，日平均增温1～2.6℃，在有效分蘖期日均增温0.8～2℃，灌浆期日平均增温2.1～2.5℃，并且地下水位降低，还原物质减少，有利于土壤微生物活动，土壤养分能较快分解释放供作物吸收利用，同时边际效应提高了水稻对太阳能的利用率，增强了稻株对营养的吸收利用率，从而提高了水稻产量。该模式年每亩水稻平均产量453.5千克，较平作区平均产量397.8千克增55.7千克，增长14%。另据陕西省水产研究所试验，垄（畦）沟式稻田养鱼效果明显好于环沟式，垄（畦）宽分别为0.34米和1.2米，沟宽分别为0.37米和0.65米，环沟式沟宽0.85米，沟在稻田面积中占比分别为42.71%、50.07%和27.11%，每亩稻谷产量分别为551千克、519千克和357千克，前两者分别比环沟式增产54.3%和45.4%，比一般稻田分别高出10.1%和3.7%，而环沟式减产28.6%，垄（畦）沟式优势明显；每亩鱼产量分别达23.1千克、33.7千克和24.9千克。再据四川省自贡市荣县进行的平板式、田凼式和垄沟式中稻田和再生稻田养鱼比较试验，三种方式均采用同样品种、同等规格和同等数量的鱼种放养以及同等饲养管理措施，结果表明：平板式稻田养鱼商品鱼产量最低，为53.6千克/亩；田凼式最高，为69.4千克/亩，比平板式增产29.48%；垄沟式次之，为66.9千克/亩，比平板式增产24.81%。而水稻单产以垄沟式鱼产量最高，达850.2千克/亩；平板式次之，为772.4千克/亩；最低为田凼式，为750.5千克/亩。从效果看，垄稻沟鱼是实现鱼（或虾蟹龟鳖等）稻双增产的最佳方式，是一种精耕细作的生产方式，尤其适宜用于稻田黄鳝养殖，产量和效益极佳。但这种方式插秧、收割等环节无法进行机械化操作，劳动强度较大，不太适应现代农业发展的需要。

5. 田间沟坑占比与建设标准的适用性分析

稻田渔业本质上是水稻和水产动物“共生”，应尽力发挥其互利合作的一面，避免其相互冲突和竞争的一面。正如前面所分析的，一般稻田环境仅可以满足商品个体较小的底栖型水产动物的生存需求，且并非其理想成长环境，尤其是在水稻栽培过程中一些操作，如搁田、使用农药等环节直接威胁水产动物的生存。因此，稻田渔业田间沟、坑开挖的基本要求，即最低标准，是保障水产动物在水稻所有栽培环节的生存；而最高标准则是在保证水稻正常成长的情况下，努力扩大稻田渔业田间沟、坑的蓄水空间，创造满足水产动物快速健康成长的最佳条件，以达到水产品产量最大化和效益最优化。如最早提出稻鱼共生理论的倪达书先生提出了“插秧后紧接着开挖鱼沟，沟宽33厘米，深26厘米或至硬底，沟的交叉处开长100厘米，宽67厘米、深83～100厘米的鱼溜（坑塘）”。围绕稻田渔业田间沟、坑面积占比各地开展了多样化的积极探索，最高达40%以上。我国早期出版的稻田渔业书籍《稻田培育鱼种》提出了田间沟宽30厘米，沟深45～60厘米，鱼窝（坑塘）深度和直径均为1米，并提出一般稻田开挖鱼沟、鱼窝的面积占稻田面积的6%～8%。随着稻田渔业的发展，田间工程标准也有了新的变化，湖南科学技术出版社出版的《稻田高产养鱼实用新技术》提出要求沟面宽100厘米，深50～70厘米，鱼凼（坑塘）设在注排水口附近（大田块鱼凼设在田中或挖2～3个鱼凼），鱼凼面积4～8平方米，深80～100厘米，鱼沟、鱼凼共占稻田面积的10%左右。又如四川省资阳实行的稻、鱼、果模式，田面、沟凼和田埂面积比为7∶2∶1，即用占稻田70%的面积种稻，用占稻田20%的面积建沟凼搞水产养殖，开挖沟凼的泥土用于加固占田面10%的田埂，在田埂上种果（桑）树或蔬菜等，每亩稻田纯效益达1 000～2 300元。再如江苏省阜宁县农业局开展了“稻蟹鱼复合生态种养”试验，8 000平方米稻田，开挖了环沟和田间沟3 416平方米，田间沟占田块总面积的42.7%；田埂面积1 376平方米，占田块总面积的17.2%。亩产值3 615元，亩效益2 145元，远高于一般稻田种植。笔者认为，尽管稻田渔业经济效益与稻谷和水产品市场销售价格密切相关，但国家稻谷收购价格总体比较稳定，而渔业效益一般总是在稻田渔业中占据主体地位，并且随着沟、坑（凼）占比的加大和沟、坑（凼）开挖标准的提高，稻田渔业的经济效益逐步提升。在我国粮食连年丰收，口粮自给有余，稻米消费呈现下降趋势，相当一部分耕地长期处于抛荒或半抛荒的情况下，从保障稻田水稻基本生产能力，又保证稻田渔业能够取得良好经济效益出发，稻田渔业应该根据养殖水产动物的生态习性，确定田间沟坑占比和建设标准，从而保持稻田环境的稳定性，防范养殖水产动物自然风险，减少工程维修成本和防止水稻田间管理对水产动物带来的不利影响。一般稻田田间沟、坑面积占比达到10%～15%，最低应不小于8%；主（环）沟开挖深度应当在1米以上，最小深度不应小于80厘米，坑塘深度应大于沟深，为1.2米左右；沟面宽度不小于2米，坡度不小于1∶1.5。宽沟型工程已能满足稻田渔业的各类操作要求，在田间可以不开挖坑塘。如果是地势低洼的稻田，沟、坑在稻田占比可以达到20%，有利于降低渍害，改良土壤；况且开挖的土方还可以建设加固田埂，建设以旱作经济植物为主，兼作畜禽养殖的“生态带”，用于种植果、蔬及其他旱作藤蔓类农作物，在沟、坑（凼）上方搭架后，夏秋季供藤蔓类农作物攀爬；还可以利用这部分田间沟、坑上方的光热资源，为水产动物遮阴降低水温；从而为市场提供多样化的农产品、水产品和畜禽产品。

需要注意的是，稻田渔业田间工程建设必须满足水稻丰产和机械化操作的需要，一是宽深型稻田环沟必须建设插秧机械和收割机械进入稻田田面操作的通道，以涵管通水，涵管上覆盖土壤形成农机进入田面收割的通道，这是一种比较简单实用的形式。二是采用垄沟式田间工程方式，垄沟宽度和间距应充分考虑水稻插秧和收割机械在田间行驶安全性和操作便捷性。

第二节　稻田稻业田间工程设计要求与建设方法

一、稻田渔业田块的选择

稻田渔业和其他渔业生产一样，水是第一基本要素和前提，具体包括以下几方面。

1. 水源良好

稻田渔业对水源的基本要求是水量充足，水质清新，水质良好，达到农业部规定的《无公害食品 淡水养殖产地环境条件》（NY 5361—2016）、《无公害食品 水稻产地环境条件》（NY 5116—2002），周边3千米范围内无任何污染源。稻田渔业的水源最好来自于河流、水库或湖泊。这些水源水温较高，水质较肥。溪水、泉水和水库水虽然水温较低，水质清瘦，但病原体少，经过明渠流动暴晒一段距离而提高水温后，也适用于稻田渔业。有独立的排灌渠道，排灌方便，灌得进，排得出，旱不干，涝不淹，能全面满足稻田渔业对水源水量、水质的要求。

2. 土质良好

稻田渔业田块的土质一方面要求保水性强，透气性好，以保水力强的壤土或黏土为好，沙土最差。同时要选择高度熟化、高肥力的土壤，要求土质肥沃疏松、有机质丰富、耕作层土质呈酸性或中性为好。有较深厚的耕作层，泥层深20厘米左右，可以保蓄较多的肥水，能保持稻田水质条件相对稳定。干涸后不板结，容水量大，不滞水，不渗水，保水力、保肥力较强，使稻田田面水保持较长时间（无浸水的砂壤土田埂加高后可用尼龙薄膜覆盖护坡）。土壤未受污染，产地环境达到《无公害食品 淡水养殖产地环境条件》（NY 5361—2010）、《无公害食品 水稻产地环境条件》（NY 5116—2002），另一方面要求稻田土壤肥沃，稻田底栖生物群落丰富，能为鱼类提供丰富多种的饵料生物原种。

3. 光照条件好

稻田渔业田块要求地势向阳，光照充足。水稻生长要求有良好的光照条件进行光合作用，水产动物生长也要有良好的光照，光照能提高水温，促进水中水产动物的天然饵料生物繁殖、生长，使有机物质中的营养物质转化释放。水温高，水产动物活动力强，摄食旺盛，生长迅速。因此，渔业稻田一定要有良好的光照条件，并且在稻田田块向阳面无高大树木和高大建筑物。但在我国南方地区，夏季十分炎热，稻田水深又浅，午后烈日下的稻田水温常常可达40～50℃。而35℃即可严重影响鱼类的正常生长，因此，鱼凼上方有一定的遮阴设施是必要的。

4. 地形和面积

稻田渔业田块要求地势平坦，坡度较小。如梯田，田埂要坚固，以防暴雨冲垮田埂。为便于管理，稻田渔业田块面积最好是集中连片，稻田渔业田块以10～20亩较为适宜。如田块连片平整，也可以30～50亩为一个稻田渔业田块，以便于机械化操作和水资源的科学调配。稻田渔业田块面积虽没有严格的限制，但每块最低应在3亩以上，以便于规模经营。

5. 稻田茬口选择

水产动物生长期较长，并且上市规格大小决定水产品市场销售价格和经济效益。因此，选择稻田渔业田块一般选择生长期较长的中粳或糯稻田，以使稻田养殖的水产品在收稻时能达到或超过上市规格。最好是全年有水或保水稻田，尤以冬闲稻田实行稻渔连作为最佳。如我国南方的冬水浸田和再生稻田，尤其适宜开展稻田渔业。在这些田块中，可以进行多品种水产养殖，而且养殖的水产动物有充足的生长时间，达到较大的上市规格，有利于提高养殖效益。同时，这些常年保水的稻田，如果连片生产规模很大，还可以建设人工湿地，申请国家湿地生态补偿。

二、稻田渔业田埂工程建设

稻田渔业田块的田埂是稻田渔业保持一定水体空间和水深的主要设施，是保障稻田渔业安全的关键设施。应该在每年农闲季节进行认真整修，将田埂加高增宽，捶牢夯实，以防裂缝、渗漏、崩塌。

1. 田埂的高度与宽度

在洪涝灾害不太频繁的地区，稻田渔业田块如果养殖一些个体较小，没有特殊生物学习性的水产动物，如鲤鱼、鲫鱼、黄颡鱼、泥鳅、螺蛳、河蚌等品种，池埂高度高出田面达到60厘米以上，池埂顶部宽度应在50厘米以上，即可防止养殖水产动物的逃逸，确保生产安全。

稻田渔业田块如果养殖一些个体较大，具有特殊生物学习性的水产动物，如黄鳝、乌鳢、革胡子鲶、小龙虾、河蟹等品种，它们有的喜欢打洞栖息，有的跳跃攀登能力强，有的能在靠近水边的陆地游走等，对水温和水深等也有一定的要求。或者在洪涝灾害又比较频繁的地区，池埂高度高出田面达到120厘米以上，池埂顶部宽度应在150厘米以上，才能防止养殖水产动物的逃逸，确保生产安全。

稻田渔业田块如果是利用冬闲季节，开展稻渔连作或轮作养殖，以及开展商品鱼暂养、鱼苗人工繁殖、水产苗种冬季暂养等长期永久性稻田渔业基地，如小龙虾、河蟹、鲤鱼（田鱼、乌鲤）、鲫鱼等，则田埂高度应加高到150～180厘米，田埂顶部宽度应在150～250厘米，最好顶部宽度达到400～500厘米。这样一方面增加田间水位和水体空间，确保水产动物安全越冬或顺利人工繁殖；另一方面，加宽加高的田埂有利于建设“生态带”，方便植旱作经济植物种，夏季可在田埂上种植绿豆、大豆或玉米草、苏丹草等青饲料，冬季可种植蚕豆或蔬菜，有利于促进生物多样性，保护和增加水稻害虫的天敌生物，以生物方法防控稻田病虫害。如果设计稻田渔业基地兼营稻田渔业旅游，则应将中心田埂加宽到500厘米以上的宽度，方便车辆通行与人员参观。

2. 田埂的材料与建设方法

（1）泥土田埂

稻田渔业田块的泥土池埂坡度比为1：1.5～2。田埂必须夯实或用推土机压实，经得住一般暴雨和洪涝的冲击。一般水产动物，如黄鳝、小龙虾、河蟹等无法打洞穿透，田鼠、水蛇等也不能打洞穿埂。

（2）半硬质田埂

如果建设长期或永久性的稻田渔业基地，在田埂水下基础部分可采用条石或三合土护坡，保证坚固牢实，具有抗击各种自然灾害的能力。也可先在原田埂上加一层石头，再加田泥，并用锤紧打实，以防漏水、渗水或被大雨冲塌。也可用水泥进行田埂硬化，田埂硬化可采取田埂内侧和埂面的2/3用水泥硬化，外侧留1/3种植豆科等作物。

还可以采用西南地区稻田渔业对田埂进行硬化的方法。即在老田埂基础上，纵向砌两排宽约15厘米的水泥砖，使田埂顶部宽度达30厘米，高约50厘米，然后再用水泥混凝土过面；条件允许的地方也可以在河滩或河流中采集适合的鹅卵石代替水泥砖夯实老田埂，再过一遍水泥混凝土。这样改造出来的田埂美观坚固，而且建设成本低廉。田埂硬化后可减少稻田田间水渗漏，提高蓄水抗旱能力；防止黄鳝、蝼蛄、水老鼠在田岸打洞，造成稻田漏水；还可以防止鲤鱼等水产动物掘食而影响田埂牢固性，节省每年田埂除草、加固田埂的成本支出。并且由于增加了稻田蓄水空间，有利于提高稻田养殖水产动物产量。

（3）三面光水泥田埂

将原来土田埂挖掉，重新作一条水泥混凝土田埂，田埂高50～60厘米（下到田面），宽25～30厘米。混凝土中水泥、石子、黄砂比例为1：4：2，即一包水泥要配200千克石子，100千克黄砂。田埂做好后粉刷光滑，不留棱角。

（4）梯田水泥田埂

由于山区地形复杂，上下田不平，一般选择大田田埂内侧浇注10厘米厚度的水泥混凝土护坡，高度与三面光水泥田埂相同。具体做法是：先整理好老田埂，在田埂内侧挖掉10厘米宽老田埂土，如老田埂高度不够，可以选用岩片堆高，使新田埂坚固耐用。浇注水泥时先在田埂内侧搭好架子板，田埂与架子板空隙距离8厘米左右，水泥浇注后由于压力作用，水泥田埂厚度可达10厘米。必须注意的是，由于老田埂往往不平直，弯曲多，浇注水泥田埂时架子板长短要适宜，便于操作。浇好后要趁湿修补，用水泥砂浆粉刷，确保迎水面光滑不漏水。山区冷水田浇注水泥田埂时首先要放干田水、将底土充分暴晒干燥，并适当加宽底部水泥混凝土厚度，添加木桩，确保田埂坚固耐用防倒塌。

三、田间沟、坑（凼或溜）建设

实现稻田渔业稳产高产的基础是开挖一定面积的田间沟、坑（凼或溜）。

稻田渔业最早是养鱼，田间沟便被称之为“鱼沟”，并且全国各地称呼比较统一，一直延续至今，从未发生变化。只不过随着养殖品种的演变，又称为蟹沟、虾沟等。而另一类在田间开挖的坑塘水体，名称叫法颇多，且有变化。在《中国淡水鱼类养殖学》一书第十二章“稻田养鱼”中，根据传统稻田养鱼地区的群众日常习惯叫法，称之为“鱼溜”，还点明了稻田中群众用于沤肥的小坑称为“田凼”或“凼”，也可用作鱼溜。在我国第一本稻田渔业专著——《稻田培育鱼种》中，按照江苏渔（农）民的传统习惯，将田间开挖的小坑称之为“鱼窝”，并在江苏省1989年颁布实施的《稻田养鱼操作规程》中也称为“鱼窝”。而在之后农业部组织编写出版的稻田渔业书籍，都使用“凼”的名称，其他各省陆续出版的稻田渔业书籍大多采用“凼”、少有采用“溜”称呼的。2017年9月30日发布，并于2018年1月1日正式实施《稻渔综合种养技术规范通则》中则采用“沟坑”称呼田间工程。笔者认为，无论是凼、溜，还是窝，其实质都是稻田田间开挖的小型坑塘，而不是大塘，不宜称作“塘”，而应该以“坑”称谓较为妥贴，且通俗易懂，容易统一。溜、凼、窝等称谓都是地方性习惯叫法，在稻田渔业新开发地区不易让群众接受。田间沟坑是稻田渔业的基本设施，是稻田渔业稳产高产高效的基本保证。正因为田间沟、坑（凼或溜）的存在，当水稻施用化肥、农药，除草和晒田时，水产动物可以回避进入其中；夏季水温高时，水产动物也可以在鱼坑中避暑；或搁田时，水产动物也可聚在其中生活而正常生长；饵料台还可设在其中，如将饵料投放到设于坑（凼或溜）中的饵料台上，便于检查水产动物的摄食和活动情况。田间沟、坑（凼或溜）深度设计要达到所养水产动物的生态要求。

1. 田间沟、坑（凼或溜）占比的确定

在全国农牧渔业丰收计划办公室组织编写的《稻田养鱼技术》一书中，提出鱼凼（鱼溜）面积占比为7%～10%，一般1～2亩稻田可建凼一个，3～5亩稻田需鱼凼2个，鱼凼深120～150厘米。鱼沟占总田面积的3%～5%，几道主要鱼沟，要求宽80～100厘米，深50～70厘米。在全国农业技术推广服务中心、全国畜牧兽医总站和全国水产技术推广总站组编的《稻田养鱼高产高效技术》推荐的一般性稻田养鱼田间工程中，鱼凼占总田面积的5%～8%，开挖成方形或圆形，深0.8米，与鱼沟相通；鱼沟占总面积的3%～5%，沟宽40厘米，沟深50厘米。该书推荐的永久性稻田养鱼田间沟凼工程占总面积的8%～15%，鱼凼（鱼溜）占总面积的5%～8%，深1.5～2.5米，一般设在田埂边处或田中央，每凼面积50～100平方米；鱼沟占总田面积的3%～5%，宽0.8～1米，深0.5～1.7米。中国渔业协会公布的《潜江龙虾“虾稻共作”技术规程》，对田间沟推荐了“沿稻田田埂外缘向稻田内7～8米处，开挖环形沟，堤脚距沟2米开挖，沟宽3～4米，沟深1～1.5米。稻田面积在50亩以上的，还要在田中间开挖‘一’字形或‘十’字形田间沟，沟宽1～2米，沟深0.8米，坡比1：1.5”的标准。在2017年全国水产技术推广总站发布的《稻渔综合种养技术规范（通则）》中，推荐“稻田沟坑占比不超过10%”。在稻渔共作的稻田渔业模式中，一般情况下，如养殖对溶氧水平要求较高的水产动物，当田间沟、坑（凼或溜）面积占比为5%左右时，单位水产品产量可达20～30千克/亩；当田间沟、坑（凼或溜）面积占比为8%左右时，单位水产品产量可达35～50千克/亩；当田间沟、坑（凼或溜）面积占比为10%左右时，单位水产品产量可达80～100千克/亩。如实行稻渔连作，因为生产周期加长，水位加高，水体容量加大，单产水平则可以成倍提高。如果是一些耐低溶氧的水产动物，如泥鳅、黄鳝、乌鳢、革胡子鲶、中华鳖等，则水产养殖产量远高于上述单产水平，但为了保持稻田水产品的特殊风味，如禾花鱼和中华鳖，也应将水产品产量水平控制在合理范围内。稻田田间沟、坑占用田面比例以10%左右为宜，一方面有利于协调粮食生产和渔业发展之间的矛盾，减少因稻田中渔业面积扩大造成水稻减产；另一方面在沟、坑（凼或溜）建设比重上应以开沟为主，以挖坑为辅，这有利于发挥水稻生长的边际效应，且做到沟坑相连，以利水产动物集中。同时，田间沟应在一定位置以涵洞或涵管代替，以方便水稻插秧或收割机械等进入田间操作。

2. 田间沟、坑（凼或溜）的标准

稻田渔业养殖的水产动物品种不同，其田间沟、坑（凼或溜）的宽窄和深浅要求也不同，如养殖鲤鱼、鲫鱼、黄颡鱼、泥鳅等商品个体较小的品种，一般采用浅沟窄沟型，田沟宽度和深度达到50～80厘米即可；如果养殖黄鳝、乌鳢、革胡子鲶、小龙虾、河蟹等商品个体较大，还耐高水温的水产品种，则开挖的田间沟、坑（凼或溜）适宜设计成宽沟深坑（凼或溜）型，田间沟宽度应达到

200～300厘米，也可达400～500厘米，深度则应达到100～120厘米，这样更有利于这类水产动物栖息和生长，从而获得较高产量。从有利于水稻生产机械化操作的角度，连片规模化经营的稻田渔业田块，适宜采用宽沟深坑（凼或溜）型田间沟、坑（凼或溜）。笔者认为，从减少劳动成本，使挖成的田间沟不易淤浅淤塞的角度出发，宜开挖宽沟深沟，并且田间沟两侧、坑（凼或溜）四周坡比应大于1∶1.5，既有利于水产动物根据气候变化、日光强弱和水温高低等选择不同的栖息水层，也有利于减少沟壁塌陷，减少维修成本。

为保证水产动物安全越冬，或开展水产苗种人工繁殖以及水产苗种暂养，也方便进行集中捕捞，可以在稻田避风的一面，开挖若干个10～100平方米的田间坑（凼或溜），深度应大于田间沟，一般在120厘米以上。坑（凼或溜）宜建在靠近进水口的田边隐蔽处，也可以设在田块中央或田间沟的交汇处，并尽量靠近比较荫凉的地方。但不应设在出水口处或道路两侧附近，以防过往车辆和行人惊扰，不利于水产动物生长；而出水口处属下行水的终点，水质较差，尤其是施肥及用药后，此处浓度较大，水产动物密集于此，对其生长和水产品质量安全不利。坑（凼或溜）形状因地制宜，圆形、方形、三角形、半圆形均可，以圆形为最佳，正方形次之。坑（凼或溜）四周还可用水泥混凝土堆砌，坑（凼或溜）与大田之间建有小田埂，使坑（凼或溜）与大田分开，小田埂高度和宽度为10～20厘米，便于行走，但应设置人工控制的开口，以利于生产季节与大田相通。鱼坑上方可以搭建具有遮阳、挡雨、避风的草棚或温棚。在严冬和酷暑时，盖上稻草、塑料薄膜或遮阳网等保暖或降温。坑（凼或溜）中最好设置平移排污管：用直径10～30厘米的PE硬塑管或镀锌铁管，以5°～10°的倾斜度埋于坑（凼或溜）底部最深处。坑（凼或溜）中要将管道口封好，并在管壁上钻上若干小孔，以防水产动物随尾水排出时而外逃。田埂外管道口安上活动弯头，接上管道，管道高与稻田最高水面平行即可。在坑（凼或溜）底部开挖深60～80厘米、宽40～60厘米的鱼槽，在其上安装65～70厘米间距横放树杆或竹杆，杆两端深入凼壁，并在坑（凼或溜）内打入10～20根暗桩，用于防偷。

3. 田间沟、坑（凼或溜）布局的设计

根据稻田渔业养殖品种、预定产量和选择的田块面积大小，稻田田间沟、坑（凼或溜）布局差异较大。可根据实际情况进行科学计算，计算出田间沟、坑

（凼或溜）占用总面积，再按照田沟宽度计算出田沟总长度，安排田间沟、坑（凼或溜）布局，可以将田沟设计成“日”字形、“田”字形、“工”字形或“井”字形等，以保证整个稻田田块的水流畅通并及时放浅、排干，便于水产动物迅速全部回到田间沟、坑（凼或溜）里为宜，其中坑（凼或溜）总面积和数量，根据需要暂养或越冬的苗种数量或人工繁殖的苗种规模来确定。主要包括一般田沟的布局安排、小型田块的田间沟、坑（凼或溜）布局安排、大中型田块的鱼池布局安排和大中型田块的田间沟、坑（凼或溜）布局安排等几种（图4-1至图4-4）。

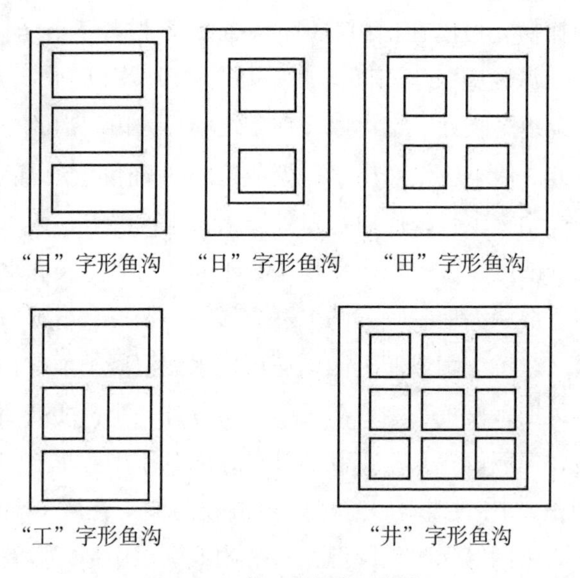

图4-1　一般田沟的布局安排

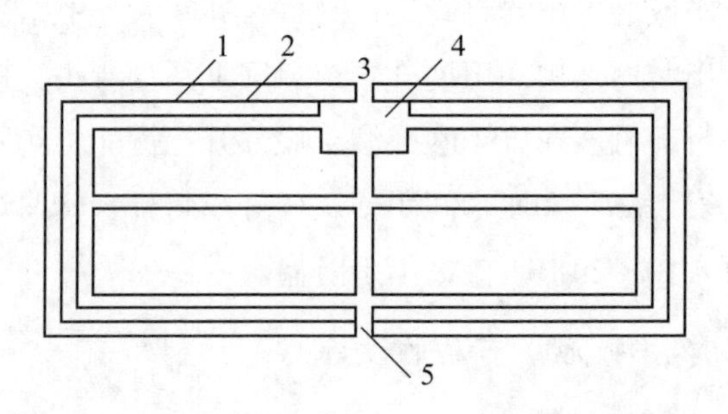

图4-2　小型田块的田间沟、坑（凼或溜）布局安排

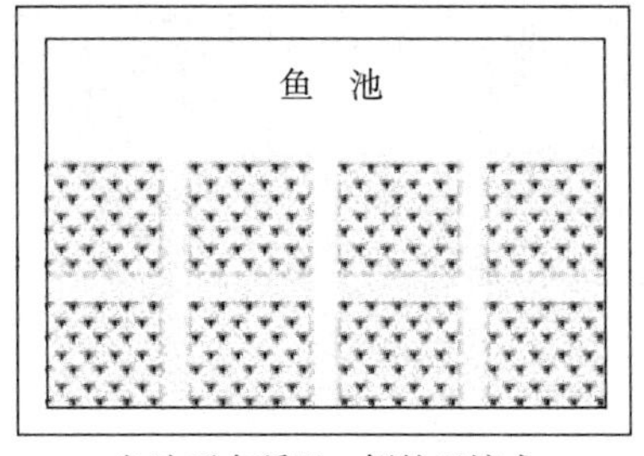

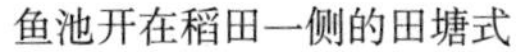
鱼池开在稻田一侧的田塘式

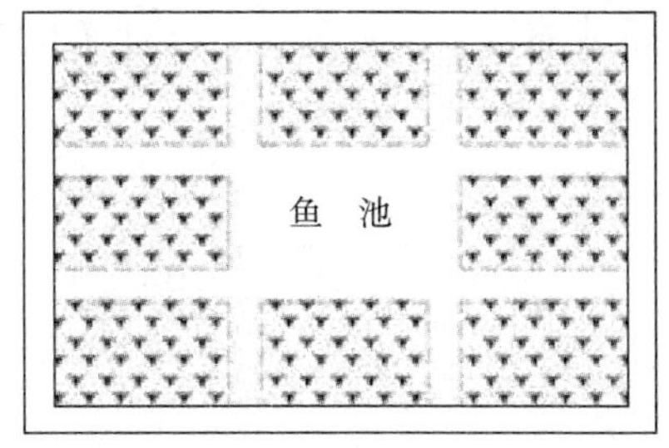

鱼池开在稻田中心的田塘式

图4-3　大中型田块的鱼池布局安排

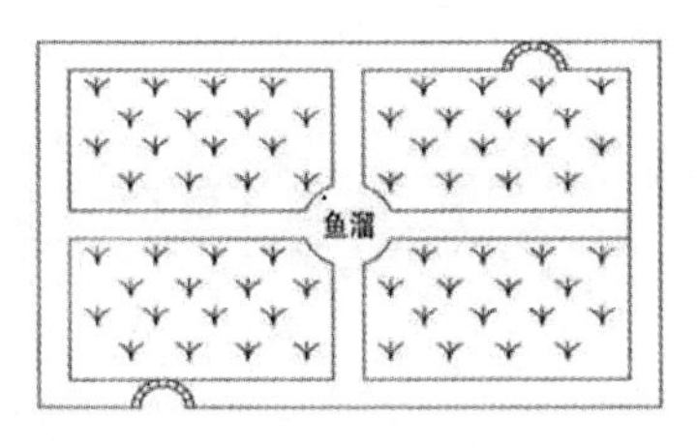

圆形鱼溜开在稻田中心的“田”字溜

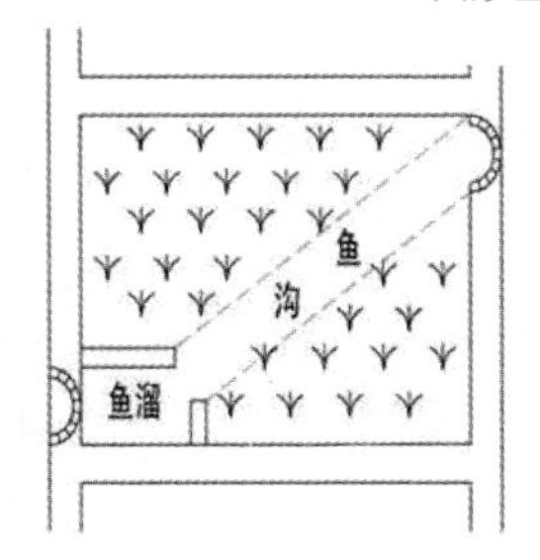

方形鱼溜开在稻田一角的“一”字溜

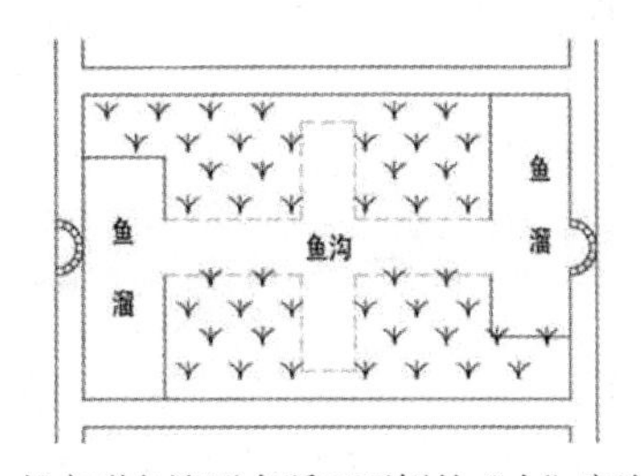

长方形鱼溜开在稻田两侧的“十”字沟

图4-4　大中型田块的田间沟、坑（凼或溜）布局安排

以上这些田间沟、坑（凼或溜）布局的共同特点是，都必须开挖沿稻田田埂边沿的环沟，这样建设可以减少开挖的用工量，将开沟的土方直接用于加高田埂。同时，也有利于饲养管理和日常检查。另外，还应在被田沟分隔开的沟内铺设涵管，将田块间以土坝相连，以利于插秧机和收割机进入田间操作。

4. 垄沟稻鱼田间沟设计

在稻田里起垄作沟，呈半旱式厢稻沟鱼。垄上种稻，又能养殖蚯蚓，沟中种草（藕或茭笋）、养黄鳝。这种工程形式特别适合于稻田养殖黄鳝，其工程设施规格如图4-5和图4-6所示。

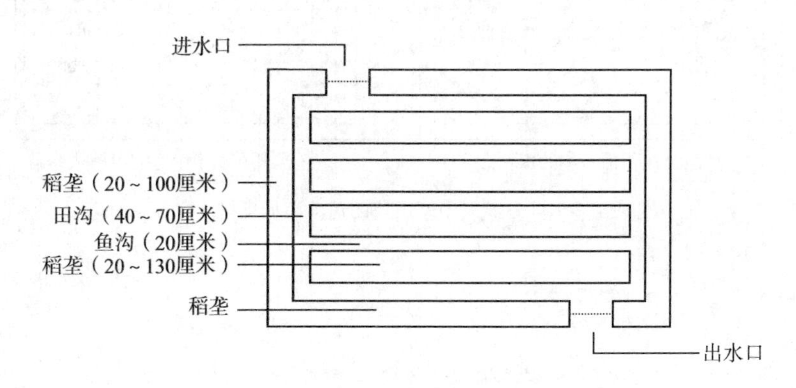

图4-5　平面图

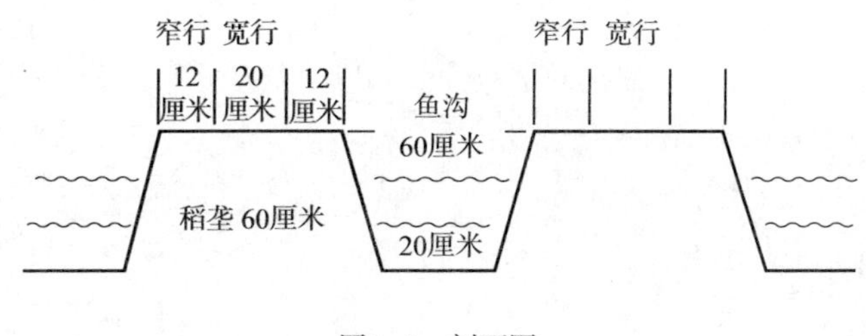

图4-6　剖面图

这种模式的优点是：工程量较大，沟多水深，垄上栽稻，沟内养鱼，避免了水稻和水产动物之间的矛盾，既方便蓄水养殖水产动物，也利于水稻利用光、热、土、肥等资源，实现稻谷高产，在人为的控制下可延长养殖周期，实行投喂养殖、轮捕轮放，尤其适应于黄鳝生态习性，亩产黄鳝可达1 000 ~ 1 500千克。

这是一种精耕细作的高产高效稻田生态渔业模式，特别适用于稻田养殖黄鳝、泥鳅、乌鳢等名贵鱼类，并且可以在垄（畦）面上养殖蚯蚓、在垄坡上养殖螺蚌，更加高效利用田间水土光热等资源，因此，经济效益更加显著。但水稻栽插和收割都不能采用机械化操作，劳动强度较大。

第三节　稻田渔业排灌与防逃设施设备建设方法

稻田渔业田块必须保持适当的水位，既要防止因进水不及时，稻田田间缺水或干涸而造成水产养殖绝产的风险，也要防止洪涝灾害淹没田埂，造成水稻减产和养殖水产动物逃逸的风险。而稻田渔业田块的水位控制离不开进排水设施（设备）的建设与设置。另外，稻田中的水产动物，当水质过肥或遇到闷热天气便会缺氧浮头，甚至泛塘死亡，或者在农药、化肥使用过量时，稻田水产动物会发生中毒现象或应激反应。所以，稻田渔业需要配备良好的进排水设施，及时进水和排水，保障生产安全。同时，所有水产动物都喜欢“活水”，进排水口也是水产动物容易集中和逃离的地方，若阻拦设施不完善，极易发生逃逸，甚至全部逃光。所以，设置好进水口和排水口的防逃栏栅至关重要。

一、稻田渔业田块进水口和排水口设置

稻田渔业田块进出水口可对角设置，也可设在稻田同一侧的两个角。进水口和排水口的大小要根据稻田排水量而定。进水口底部要比田面高出10厘米以上，排水口底部要与田面齐平或略低，保证能排干稻田田面水。水稻和水产动物在田时，出水口可以用编织袋装泥土挡塞，保持田间适宜水位，搁田、换水或收获时，可撤除装有泥土的纺织袋，排干田面水。

稻田渔业田块的进水口和排水口最好采用耐水流冲刷、坚固的建筑材料（如条石、石板、砖块、水泥板等）修建。进水口和排水口宽度以100厘米左右为宜，并紧靠田埂两壁和底部，最好铺一层石板、砖块或条石，以免流水长期冲刷田埂泥土，造成崩塌和水产品逃逸。进水和排水除了采用明渠形式外，稻田渔业田块最好在田埂下埋设进水管和排水管，既可调节进水量和排水量，控制稻田水位，又不易逃逸水产品。最简易的进水管和排水管可用楠竹制作：即截取楠竹长1～2米（依田埂的宽度而定），埋入田埂下适当深度，以便控制水位。将竹筒内各节打通，只留下最后一节不打通，在各节上横锯5～7道0.5厘米宽的缝隙，锯入深度为竹筒直径的1/3，过多的田水可以通过竹筒的众多缝隙排出，注入的新水也可通过竹筒缝隙进入田内，而再小的鱼种也无法从竹筒缝隙逃跑，野杂鱼、水蛇、青蛙、水鼠、水蜈蚣、红娘华等敌害也无法随之进入田内，这是一种

十分简便而有效的水产动物拦阻装置。排水口应设置在稻田的最低处，也可以用PVC弯管控制水位。但管口要用聚乙烯网布或铁丝网片围住。

二、防逃栏栅设置

为了防止稻田渔业田块中水产动物随进排水逃逸，并防止野杂鱼和其他水中敌害进入渔业稻田，必须在进水口和排水口安置防逃栏栅，这是稻田渔业成败的关键设施之一。

栅栏孔眼的大小，以放养水产苗种不能从其中逃逸为宜。面积小、积雨面积不大、排水量小的稻田，可以只设一道防逃栏栅，其宽150厘米、高80～100厘米。田块面积大、积雨量较多和排水量较大的田块，一般应设三道拦鱼栅：第一道为“一”字形，规格为宽130厘米、高80厘米；第二道为“︿”形，规格为宽200厘米、高100厘米；第三道为“∧”形，规格为宽300～400厘米、高100厘米。总之，防逃栏栅下面应埋入土中压实，上面应高出进出水口和溢洪口25厘米以上，防止鱼类顶水跳越或从底部钻逃。在安装“︿”形和“∧”形防逃栏栅时，安装后凸面迎向水流。在进水口处应将凸面朝田外，在出水口处应将凸面朝田内，以加大防逃栏栅的抗冲击力和过水面积，增加进出水流量，避免因水流过大把防逃栏栅冲倒冲垮。一般第一道防逃栏栅较密，可以阻挡水产苗种逃跑，第二道和第三道较疏，用于阻挡水草和各类杂物。

防逃栏栅可用竹条、竹片编制，也有用铅（铁或钢）丝编制，或用嵌有塑料窗纱的木质、塑料质或金属的框架做成。饲养后期，也有将窗纱改为聚乙烯网片的。盛产竹子的地区可用竹篾制作防逃栏栅，其编制方法有三种：第一种是竹条纵向排列，竹条之间的间隙为长条状，这种编法简单，过水面较大，但小规格鱼种容易逃逸；第二种是利用竹片纵、横编织，形成方形孔眼或菱形孔眼，这种栅栏不易逃逸，但过水较慢；第三种是聚乙烯网片防逃网。采用网片防逃效果较好，成本也较低。防逃栏栅孔隙大小，要根据所放养水产苗种规格来确定，目的是保证不阻水又不逃水产品，一般选购聚乙烯无结网片的网目规格为36目即可。安装时网片上方应高出稻田埂面40～60厘米，下方埋入泥土30厘米左右。用竹竿或木棍等将网片支撑，四角围成弧形。还可以用钢丝网或不锈钢钢丝网设置，形成永久性防逃栏栅。

防逃栏栅安装：把拦鱼栅下端插入田底土层25厘米深处，以免水流过大时冲走田中软泥，造成栅栏与田底之间有空隙而发生逃逸。栅栏两边要嵌入田埂，以免田埂受水冲刷、崩塌时，栅栏与田埂之间形成空隙而逃逸。拦鱼栅上端也要高出田埂25厘米以上，栅体应用木桩或竹桩固定，使其不易松动。另外，如养殖河蟹、小龙虾、中华鳖等登陆爬行的动物，在防逃栏栅的上缘应安上宽度在15厘米以上的塑料薄膜，以防上述水产动物逃逸。

三、防逃墙建设

防逃墙主要是防止可以登陆爬行的动物从田埂上逃逸。有多种建设方式，成本差异较大，主要根据生产经营期长短和经济承受能力确定。但防逃墙高度和下埋深度必须保证，以确保防逃效果。

1. 钙塑板或铝合金板防逃墙

可选用抗氧能力较强的硬质钙塑板、石棉瓦等材料，或选用铝合金板，沿田块四周围栏，板埋入土下10～20厘米，高出地面50厘米左右，外侧用木桩支撑，两块钙塑板之间用细铁丝紧紧接牢，四角做成圆弧形。这种防逃设施防逃性能好，具有运输安装方便、造价低、效果好等优点，能抗住较大的风灾袭击，是较为常用的一种，一般可使用2～3年。铝合金板防逃墙则基本是永久性的，但成本较高。

2. 塑料薄膜防逃墙

选用农用塑料薄膜，用毛竹或小树桩作桩，每隔1米一根，沿稻田四周铺设，用铁丝固定，木桩支撑，通常用双层塑料薄膜。实践证明，这种防逃墙也比较坚固耐用，且造价低廉，维修加固容易。

3. 塑料薄膜与芦柴箔结合型防逃墙

将质量较好，80～100厘米宽芦柴箔沿田块四周埋入土下5厘米左右，外侧每隔2米用一根木桩固定，木桩入土15厘米以上，内侧用细铁丝将市售塑料薄膜（油毛毡）固定在柴箔上，薄膜（或油毛毡）埋入3～5厘米，出土50厘米左右，整个防逃墙上端可向内有所倾斜。这种防逃墙成本很低，但不大抗风，要及时维修更换，使用年限一般只有1～2年。

4. 窗纱（或筛绢）与薄膜结合型防逃墙

稻田四周田埂还可用窗纱网片建防逃墙，下部埋入土中10～20厘米，上部高出田埂50～60厘米，每隔1.5米用木桩或竹竿支撑固定。网片上部内侧缝上宽度30厘米左右的农用薄膜，形成“倒挂须”，接头处光滑且不留缝隙，拐角处呈弧形，防止水产动物攀爬外逃。

5. 单砖型防逃墙

在稻田四周砌1.1米高的单砖防逃墙，其中水位线以下50厘米砌到硬泥层，上部砌到50厘米后，用砖砌成“T”字形，并用水泥沟缝，防止黄鳝勾尾和中华鳖攀爬搭架逃逸。防逃墙要坚固，无漏洞。这种防逃墙是一种永久性的防逃设施，防逃效果好，适宜用于高价值的水产动物防逃。但造价较高，拆除不便。防逃墙之上还可以架设1.5米的铁丝网，可防止人为偷盗。

6. 水泥板或石棉瓦型防逃墙

按设计要求，用钢筋水泥预制成一定规格的水泥板，沿稻田四周铺设，水泥板埋入土内20～30厘米，墙高50～60厘米，四角做成椭圆形。水泥板内壁要尽量抹平抹光滑，墙基要夯实压牢，以提高防逃性能。也可采用光滑的石棉瓦板，夯实板内、外两侧泥土，以防虾蟹等打洞逃逸。板与板之间顶部用细铁丝相连，外侧每隔3～5米用木桩固定。

7. 蛙类防逃设施

如果养殖蛙类，因其具有跳跃性，应采用防逃网。可在稻田四周用聚乙烯网片设置防逃网，防逃网出土1.2～1.5米，网片下端入土15～20厘米，并将网体牢固地定于木桩上，网目大小以幼蛙不逃为宜，并用密眼铁丝网把稻田进出水口拦好。

8. 鲶鱼、乌鳢等善于跳跃鱼类防逃设施

鲶鱼、乌鳢等鱼类除能攀越坡形池埂和从进、排水口逃逸外，还能跳离水面逃跑，所以，田埂一定要加高。有条件的，还可用网片或帘子作防逃设备。高度50厘米以上，网目0.5厘米以下，也可用塑料薄膜，设置方法同稻田养蟹。还有一种较简单的方法，就是把四周田埂挖成二级坡降式，鲶鱼跳到第一级台阶上，由于没有水，不能继续上跳，只能下滑回到稻田水里。这种防逃方法效果好，操作简单，且费用低。

第四节　新型稻田渔业设备设置与装配

一、安装防鸟设施

1. 细塑料线防鸟设施

水鸟是水产动物的天敌，为防止水鸟进入稻田叼食水产动物，可在稻田的东西向或南北向，每隔30厘米打一个木桩，每个木桩高20厘米。木桩要打在田埂上，再用直径为0.2厘米的胶丝线在两边相对应的两个木桩上拴牢、绷直，形状就像在稻田上面画一排排的平行线。由于胶丝线抑制了水鸟的飞行动作，所以可以限制水鸟对水产动物的捕食和对病害的传播。还可以在稻田四周田埂上用2.5米高的水泥桩柱，埋入土中0.5米左右，并拉上粗铁丝，稻田上空拉细塑料线，间隔0.5米左右一条，这样既能防鸟又不伤害鸟，有利于保护野生动物。

2. 水流动力驱鸟发声器

如果稻田田埂较高，并有源源不断的流水时，可以利用流水作为动力安装简易驱鸟发声器。在水流附近固定驱鸟发声器，利用杠杆原理，在棒的一头安装竹筒盛接流水，棒的另一头安装一个木槌，木槌下面固定一个用于发声的空竹筒。当水筒中水接满时，向着田间下降，当下降到一定程度时竹筒中水倾掉一部分，竹筒向上自动回归原位，另外一头的木槌则迅速回到空竹筒位置并撞击空竹筒，发出“当”的声音。这样有规律的敲击声能有效驱赶鸟类。

3. 安装防鸟网或防鸟带

如果田块不大或鱼密度大时，在水田四周每隔一定距离插好木桩，并搭好支架，支架高1～2米，然后围上黄色的防鸟网，这种方法防鸟效果最好，而且对水产动物生长没有影响，但成本较高。也可以在田间两头拉直驱鸟彩带，彩带具有反光作用，被风吹动时能发出“呜呜”的声音，能够起到吓唬鸟类的作用。

另外，还可以直接从市场购置驱鸟装置安装到稻田田间。

二、设置微孔增氧设备

设置微孔增氧设备是保证稻田渔业高产稳产，防范稻田渔业风险的关键措施。微孔增氧设备由罗茨鼓风机主机、主管道、输气的塑料软支管和超微细孔曝气管组成。一般一台3千瓦的主机可以供应面积为15～20亩的稻田。主机固定在铁架上，远离稻田放置，开机时以不影响水产动物活动为宜。在稻田四周田埂铺设直径4厘米的主管道。在稻田消毒清塘晒塘之后，设置增氧设备。设置的微孔增氧，采用条式安装法，在田间沟、坑（凼或溜）设置直径1厘米的微孔增氧管，用竹竿或木桩固定，确保微细孔曝气管离稻田底部5～10厘米，并与罗茨鼓风机连接好，配置功率为0.1～0.15千瓦/亩。在生产季节，增氧设备一般在阴雨天24小时或夜晚开机，晴天下半夜开机6小时（12:00—6:00），具体开机时间和长短还要根据水产动物的存塘量活动情况和水质等因素综合考虑。

三、搭建遮阳棚

稻田环境完全不同于水产养殖水体环境，日水温变化幅度大，虽然田间挖有一定面积和深度的沟、坑（凼或溜），但对水产动物的正常生活仍有影响，特别是秧苗栽植初期时太阳光直射稻田水面，以及7、8月连续高温酷暑天气时，过高的水温对水产动物危害较大，轻则影响生长或诱发病害，重则引起死亡。尤其是对河蟹、小龙虾、黄鳝、泥鳅等不适应高温、强光环境的水产动物，威胁更大。所以，可以在完全暴露在阳光下的坑（凼或溜）上，用钢管、树干或毛竹做支架，上面覆盖芦苇、树枝叶或遮阳网，用塑料绳固定，搭简易凉棚，以遮阳挡光，改善水产动物生存环境，以利其生长发育。在寒冬季节，也可以在遮阳棚上面覆盖无滴塑料薄膜，起到挡风御寒的作用。大棚两端设置进出门，便于管理人员进出和通风，大棚中间间隔2～3米设立一根水泥管或设置木棍、毛竹等立杆，上面铺设水泥板或竹、木板，搭成行人走道，用于投饵和管理。

四、架设灭虫灯

稻田病虫害是造成水稻减产的主要原因，一般稻田大多使用杀虫剂抗虫害。但多年杀虫剂的使用，使不少水稻害虫产生了抗药性，反过来又加大了杀虫剂的使用量。在20世纪八九十年代，杀虫剂的长期大量使用，使赤眼蜂、瓢虫、蜘蛛等各类水稻害虫天敌死亡殆尽，加上农村砍伐天然树种，栽植单一树种，广大农村连鸟类也难觅踪迹。在传统稻田渔业产区，也因大量农药的使用，使稻田水产动物生存也受到了威胁，稻田渔业面积大幅度减少。而稻田渔业恰恰可以利用水产动物的食性，控制或消灭稻田中的害虫，但是对栖息在水稻秸秆上和起飞的害虫是不能发挥作用的。

杀虫灯是根据昆虫具有趋光性的特点，利用昆虫敏感的特定光谱范围的光源，诱集并有效杀灭稻田害虫，降低病虫指数，防治虫害和虫媒病害的专用装置。使用杀虫灯可以诱使稻田害虫落入水中，或击落害虫落水，既降低害虫危害，杜绝或减少农药的使用量，又增加水产动物饵料来源，促进渔业高产。尤其是山区稻田养殖水产动物大多以米糠、麦麸、菜饼等农副产品为当家饲料，且投喂无规律，随意性很大。由于此类饲料养分组成不平衡，加之投喂数量普遍不足，很难满足养殖水产动物快速生长需要，这也是传统自发性的稻田渔业收效甚微的主要原因之一。在加强宣传示范，逐步推广配合饲料的同时，尽力开发利用天然饵料已成为现阶段山区稻田养殖水产动物中弥补饲料营养欠缺的实用途径；其中除了施肥繁育水生生物饵料外，可根据山区稻田飞虫多且大多具有趋光性的特性，在灯光诱虫方面狠下功夫，通过在渔业稻田中安装适宜灯具以诱集飞虫供鱼摄食。此举不仅可为养殖鱼类提供高蛋白的优质天然饵料、节省饲料成本、促进田鱼生长、提高养殖效益，而且可消除水稻害虫、减少灭虫用药、避免环境污染、确保绿色安全，从而收到一举多得、稻鱼双丰产的多重效果。据宁波大学研究测算，在其他条件基本相同的情况下，利用灯光诱虫的田块产鱼量较之不设灯光的田块增产为8%~15%，与相关研究所得结论（增产10%左右）基本吻合。

杀虫灯一般包括诱虫光源、杀虫部件、集虫部件、保护部件、支撑部件等构件。杀虫方式有电击式、水溺式、毒杀式、粘连式等方式。诱虫波长320~680纳米光谱为宽谱诱虫光源，覆盖长波紫外光和可见光光谱范围，诱杀害虫种类多，效果好，数量大。据对各种环境诱虫的不完全统计，诱杀害虫超过1 500种，对于各类常见害虫绝大部分都有效。因此，在稻田中适宜安装节能宽谱诱虫灯。这种杀虫灯光谱覆盖320~680纳米，是在普通节能灯基础上，在紧凑型单端荧光灯灯头上安装日光和紫外光两种发光灯管，为杀虫研发的专用光源，用电量比普通白炽灯节省80%，而且安装使用方便。

灯光诱虫的有效范围就是以害虫可见诱虫光源距离为半径所作的圆，一般诱虫距离为80～100米。灯光诱虫有效范围还与诱虫光源种类和功率相关。节能灯光效率高，较低功率节能宽谱诱虫灯诱虫范围超过大功率白炽灯和普通荧光灯、紫外灯。另外，灯光诱虫有效范围还和杀虫灯安置高度有关，安装位置较高，照射距离更远。杀虫灯一般安装在稻田中央，尤其是水产动物集中的田间坑（凼或溜）上方或两条田沟交叉的交汇口，以便于稻田水产动物快速摄食被击落的水稻害虫。杀虫灯安装高度不低于150厘米以上，基础要坚固，保证其安全性。为保证杀虫灯使用效果，在稻田渔业田块安装使用杀虫灯时以双层复式为佳，可以高灯和低灯配套。高灯扩大诱集范围，即高处安装一个副灯（小灯泡），以吸引远处的昆虫；其下方安装一个主灯（大灯泡），以将飞虫诱入坑塘中的饵料台，方便水产动物摄食。一般每50亩左右稻田安装1个太阳能诱虫灯，即可达到诱虫喂鱼、控害促稻的目的。

五、饵料台及晒台设置

为了把握稻田渔业中水产动物摄食情况，稻田渔业田间沟、坑（凼或溜）中或田面应设立饵料台。如养殖对象是鱼类，可以少设一些饵料台，如果是河蟹、小龙虾和青虾等底栖型的水产动物，应该多设一些，或者在其日常活动区设置投饵带。养殖鱼类还可以在固定地点设置投饵机，有利于减轻劳动强度，提高饵料利用率。虾蟹养殖可以采用投饵船投饵的办法，即将投饵机固定到小船上，小船可每天按固定线路投饵。

晒背是鳖生长的生理要求，既可提高鳖体温度促进生长，又可利用太阳紫外线杀灭体表病原，提高鳖的抗病力和成活率。在稻田养殖中华鳖，可尽量将饵料台和晒台合二为一，一般在田间沟、坑（凼或溜）中每隔10米左右设一个饵料台。台宽0.5米，长2米，饵料台长边一端搁置在埂上，另一端没入水中10厘米左右。饵料投在露出水面的饵料槽中。

六、产卵场与孵化室设置

1. 产卵场设置

如果在稻田中养殖达到成熟年龄的中华鳖、乌龟等爬行类产卵动物，则应该在稻田北侧向阳面池坡上设置产卵场。甲鱼喜欢在向阳背风，但无直射阳光的环境中产卵。

（1）室外产卵场

产卵场应设置在向阳岸边，高出水面40 ~ 60厘米以上，并与水面呈30°倾斜，使亲鳖便于上下爬行。产卵场的大小，根据产卵甲鱼数量而定，每只雌亲鳖需建0.1 ~ 0.2平方米的产卵砂盘面积。砂盘用砖砌成，长1.5 ~ 2米，宽0.8 ~ 1米，盘内铺上20 ~ 30厘米厚的砂。产卵场要有良好的排水条件，切忌积水。产卵场上方要有遮雨挡风设施或栽植一些秆高叶茂的作物，创造一个荫蔽、凉爽的产卵生态环境。产卵场周围田埂应用网片或水泥覆盖，避免中华鳖分散产卵，无法集中孵化。

（2）室内产卵场

应选择比较安全、地势较高、背风向阳、方便管理的地方设立简易室内产卵场。产卵场为东西长、南北宽的长方形水泥池，可建成半地上、半地下，池壁高35厘米，池底向排水孔的一端倾斜（防积水），也可直接用砖砌成。池壁上沿要高出地面5 ~ 10厘米。池周围设5 ~ 10厘米宽的小水沟，以防蚂蚁进入。排水孔建于产卵场底部最低一端，并向外部倾斜。在东西两端可砌北高南低的斜墙或人字形山墙，顶部架一东西向横梁，用木架框镶玻璃做成窗户状，以活页将玻璃窗和木梁连接起来，向南倾斜或向南北两侧倾斜，可上下打开或关闭。也可在木梁上方覆盖塑料薄膜。产卵场建成后，底部铺3厘米厚、粒径为0.5 ~ 1厘米不规则的圆形小卵石；其上铺1 ~ 2厘米厚、粒径为2 ~ 3毫米的粗砂；第三层再铺1 ~ 2厘米厚、粒径为0.5 ~ 0.6毫米的细砂。这主要是为了防止细砂层积水，并且要对所铺砂石用漂白粉溶液消毒或煮沸消毒。

2. 孵化室设置

能够遮雨挡风、相对封闭保温的室内产卵场，可以直接作为中华鳖卵的孵化室。

设置条件较好的孵化室有利于提高龟鳖卵孵化率。孵化室应选择地势较高、向阳背风、排水条件良好，且离产卵场近、便于管理的地方。面积根据孵化鳖卵的数量而定，一般4 ~ 10平方米为宜。孵化房坐北朝南，墙高1.5米左右，屋顶架设钢筋棚架或木质檀条，上盖塑料薄膜、帆布或苇席的活动天棚。室内地面向南倾斜5°～10°，以利采光、吸温和排水。最底层铺10厘米厚的碎石或粗砂做滤水层，上铺30～50厘米厚的细砂。在最低处设一个或数个水缸，缸口与细砂面相平，缸内装2/3的清水，以备后期采集稚鳖。房内留出人行道，以便进行管理。四壁要有窗口和通气孔，墙基要设有排水孔。

七、其他设备

稻田渔业产业基地一般每30～50亩田块配备一台潜水泵，功率配置为1千瓦，以备应急使用。同时，还应准备生产用小船、网箱、投饵机及其他小型工具等。

另外，还要建造看管用房等生产生活配套设施。要求供电配套，交通便利，通信方便，以便与乡村休闲、旅游、农家乐等结合起来，进行综合开发利用。

第五节　稻田渔业生态环境设置

一、栽种水草

1. 水草种类

水草是许多水产动物良好的栖息环境，并具有吸收及吸附水中营养成分、有机物和泥沙的功能，河蟹、小龙虾、青虾、罗氏沼虾和中华鳖等水产动物都喜欢栖息在水草丛中，同时又是它们的饵料组成，在食物缺乏时，是上述水产动物的重要饵料补充，并成为其维生素的重要来源。尤其是在夏季高温季节，水草具有遮阴降温作用，可以降低稻田沟、坑（凼或溜）中的水温，还能净化水质。这些水产动物食性杂，尽管偏动物性，但在动物性饲料不足的情况下，也吃水草来充饥。水草是虾蟹类隐蔽、栖息的理想场所，也是虾蟹蜕壳的安静和安全场所。往往在水草多的水体养殖虾蟹，成活率明显提高，并获得较高的产量和效益。河蟹、小龙虾等喜欢摄食和栖息的水草有冷水草（伊乐藻、菹草），热水草（轮叶黑藻、苦草）。水稻是挺水植物，稻田栽植水草不应再栽植挺水植物，而应栽植与水稻有互补作用的沉水植物或漂浮植物（浮萍、凤眼莲和水浮莲等）（参见第七章）。水花生是农业害草，是植物入侵的典型代表，在野外水边、田边和水体中大量存在。然而在河蟹、小龙虾等养殖水域，水花生的嫩叶和白根往往被它们大量摄食，只剩下茎秆和刚刚冒出的叶芽，其生长完全受到抑制。一般情况下，稻田田间沟坑中宜栽植沉水植物，以补充水体中溶解氧来源和食物。但在养殖后期、大量沟坑中水草初摄食殆尽时，可以就地取材，补放水花生维持沟坑中的水草量。

2. 品种搭配

稻田渔业栽种的水草一般在田间沟或坑中栽植，品种以沉水植物为主，浮叶和漂浮植物为辅。常栽的水草种类有伊乐藻、苦草和轮叶黑藻等，尽量多栽适合河蟹、小龙虾栖息又喜食的水草包括上述水草及金鱼藻、水花生（水旱莲子草）等。在田间沟、坑（凼或溜）中水草覆盖率应该保持在一半左右，水草品种应在2种以上。伊乐藻为早春过渡性和食用性水草，该草具有耐低温（5℃以上即可生长）、适应性强、产量高、营养丰富、小龙虾喜食等特点；苦草为食用和隐藏性水草；轮叶黑藻为长期管用的主打水草。同时，紫背浮萍、芜萍、卡洲萍等萍类植物具有固氮作用，是多种水产动物的饵料来源，还能防止鸟类对水产动物的猎食。另外，在后期如沉水植物大量减少后，也可以移植水葫芦、水花生等植物供水产动物取食或栖息。

3. 栽植前准备

对已经养殖1年以上稻田，需将田间沟、坑（凼或溜）消毒清整，排干水，按沟、坑（凼或溜）面积，每亩用150 ~ 200千克生石灰化水趁热泼洒，清除野杂鱼及其他敌害。对当年开挖的稻田，只需清理沟、坑（凼或溜）中塌陷泥土，施足基肥，在投苗之前5 ~ 7天移栽或播种。水草进池前需用50千克水溶0.5千克生石灰的溶液浸泡10分钟，以杀灭水草中的有害物质及病原体。

4. 栽植方法

稻田渔业的水草仅仅栽植在稻田田间沟、坑（凼或溜）中，不应在田面栽种。

稻田渔业种植单一的水草品种很难管理，养殖风险较大。其水草栽种一般采用伊乐藻加轮叶黑藻混种的方式，通常比例为8：2，栽种方法可采用栽插法

（放养前）或踩栽、抛入法（浮叶植物），播种法（种子发达、苦草）、移栽（挺水植物）培育法、捆扎法等。主要是在水产苗种放养前栽植，也可随时补栽。水生植物的生长面积应控制在田间沟、坑（凼或溜）水面的1/2左右。伊乐藻种植期为11月至翌年2月，也可3—4月补种。栽种布局可以是行栽，也可以簇栽。伊乐藻簇栽的栽种方法：将其截断成长10厘米左右的茎，5～10根为一簇，间隔2～4米栽1簇，插入泥土中即可，种植量约为20～30千克/亩。行栽伊乐藻的行间距在1～3米不等，根据水产动物放养密度与底泥肥瘦度调整，密度放养大，行间距小；底子肥，行间距小。伊乐藻种植时水位保持在能刚刚淹没水草为宜，保证水草有足够的光照。轮叶黑藻和苦草一般在3—4月开始播种，主要在田间沟、坑（凼或溜）两侧或四周栽种。

二、投放活螺蛳等饵料生物

螺蛳（主要是个体较小的铜绿环棱螺和梨形环棱螺等螺类）是虾蟹类、中华鳖和鲤鱼等水产动物的适口饵料，同时，也具有净化水质和底质的生态功能，对促进稻田养殖的水产动物高产稳产和改善水产品品位具有重要作用。螺蛳投放量应根据稻田渔业设计的水产品产量确定，一般每亩可投入100～150千克，放养时间一般在清明前，这个时期投放的螺蛳可以自然繁殖，产出的小螺蛳是许多水产动物适口活饵料。另外，还在稻田田间沟、坑（凼或溜）内深水区水草处投放一些有益活饵料生物，如水蚯蚓、河蚌等。

三、种植水蕹菜

在稻田渔业田间沟、坑中种植水蕹菜（空心菜），能发挥其类似于水草的生态功能和食物功能。据上海农林职业技术学院试验，在黄鳝、小龙虾稻田养殖环沟中采用浮床方式种植水蕹菜，可以一次栽种、多次收割，能有效净化水体而不致造成二次污染。空心菜除茎叶能为黄鳝遮阳外，根部还能吸收分解水体中的有害物质；为黄鳝的生长繁殖创造良好的自然生态环境，其发达的根系也可以满足黄鳝洞穴栖息和护卵的习性；还能作为蔬菜供应市场，经济效益好于水草。通过空心菜的浮床栽培，稻田环沟水体中氨氮控制在1毫克/升以下，亚硝酸氮水平则控制在0.03毫克/升以下。当水蕹菜覆盖率达20%或30%时，氨氮和亚硝酸氮含量最低。浙江绍兴在稻田养殖两季青虾的稻田环沟中种植占沟面1/5的水蕹菜，具有相似的效果，平均每亩稻田产商品虾75千克/亩，亩上市水蕹菜1 102千克/亩。具体种植方法如下。

1. 分批浸种催芽

水蕹菜种子皮厚而硬，干种直播会因温度低而发芽慢或遇持续低温阴雨引起烂种，因此宜催芽播种。方法是：用30℃左右的温水浸种18～20小时，然后用纱布包好置于30℃的恒温设备内催芽，当种子有50%～60%露白时即可播种。

2. 适时播种与移栽

用种量一般为1.5～2千克/亩，6—8月均可播种。播种方式可采用撒播或条播，在田埂上播种，播后用细土覆盖1厘米厚左右，用遮阳网覆盖畦面，然后再淋水，出苗后即可揭开遮阳网；在播后10天左右便可拔苗分栽。移植时可用竹竿、塑料绳绑扎固定，在稻田田边环沟及坑（凼或溜）边或田埂上带状排列，种植面积应控制在1/5左右。

3. 浮床种植

将育成的幼苗移植到浮床上，并放入田间沟、坑（凼或溜）种植管理。

4. 适时采收与采后管理

适时采收是蕹菜取得优质、高产的关键，当苗高20～25厘米时及时采收，在采收时预留茎基部2～3节，以供抽生新枝。蕹菜吸肥吸水力强，采后可补施腐熟粪肥，采收3～4次之后，应对植株进行1次重采，即茎基部只留1～2个节，防止发生过多侧枝，导致其生长纤弱缓慢。

四、设置“虾巢”（青虾）

青虾个体小，活动能力不强，对敌害的逃避能力较弱，水质环境要求较高。如果稻田田间沟、坑（凼或溜）中水草较少或生长较差，应该在3—4月向池内引进水花生、水葫芦、马来眼子菜等水草，入池前将水草置于浓度为8毫克/升的硫酸铜溶液中浸泡半小时。移入塘时，要用绳索或竹木棍圈几个圆形或三角形固定在池边，避免到处漂浮，每亩沟、坑（凼或溜）投放50千克水草，让其自然生长。在夏季水草生长旺盛时，将影响水面透气和浮游植物的光合作用，必须除草，遮阴面积不宜超过1/3。

五、生态带建设

据贵州省开展的稻田渔业试验，稻田渔业如果能确保85%的面积用于种稻便能保证水稻基本稳产。贵州省稻田生态渔业最大的特点是生态带建设。在稻田养殖水产动物后，往往会大量产生有机质和营养盐含量丰富的淤泥，这些淤泥覆盖在稻田田面上，很可能因为过分肥沃，造成水稻倒伏。同时，在稻田渔业开挖田间沟（重点是环沟）凼工程时，必然会产生大量剩余土方，为了提高稻田的整体经济效益和处理开挖沟坑（凼）后的多余土方问题，贵州省进行了探索试验，建立了新型稻田生态渔业：确定鱼凼占稻田面积8%，鱼沟占稻田面积3%，剩余为生态带，占稻田面积4%。将开挖沟、坑（凼或溜）的表层土壤均匀铺放在沟、坑（凼或溜）边坎上或埂面上，使之形成了宽1.5 ~ 2米的种植养殖生态带。每年稻田沟、坑（凼）中清出的淤泥，恰好作为生态带上种植瓜果菜的有机肥，还可防止水稻因过肥而倒伏。通过生态带上种植瓜果、蔬菜，大大提高经济效益，又减少对环境的污染。生态带建在沟、坑（凼）与田埂之间，其水平面应高于沟、坑（凼）顶部，除用于种植瓜果菜，还可种植牧草养殖水产动物，或建厩养畜养禽。

稻田生态渔业是对传统稻田养殖水产动物的一种改造，通过科学投入，不仅增加了稻、鱼、果、蔬菜的总量，而且还创造了一个良好的农业生态环境。田中种稻，坑中养殖水产动物，坑上搭架种瓜果，生态带上种蔬菜、牧草，还可养畜禽。菜叶、牧草和畜禽残余饲料可以喂鱼，鱼可以吃掉田中的杂草、昆虫，鱼粪和畜禽粪可以肥田、肥水，鱼坑中的肥泥又可作为生态带上的肥料。鱼、畜、禽、瓜、果、菜、稻实现立体开发，综合利用，共生互利，相得益彰。为避免沟、坑（凼）内水温过高，除了可在沟、坑（凼）上方搭置凉棚，顶部覆盖稻草等物外，还可以在沟、坑（凼）周围栽种丝瓜、冬瓜、扁豆、葡萄等藤本瓜菜遮阴，使得“坑中鱼儿跳、坑上瓜果吊、塘边鸡鸭叫、农民哈哈笑”的顺口溜在农民中流传。贵州稻田生态渔业是在继承传统稻田养殖水产动物的基础上增加了生态带的建设和禽类养殖：把种稻、养龟、养禽、种植瓜果蔬菜等生产形式有机结合起来，立体应用，多元生产，高效产出；充分利用稻鱼共生生态学原理，使养殖水产动物与其周围的环境因子实现物质良性循环和能量高效转换，进而达到资源配置的优化和经济上的高效，这种形式不额外占用耕地，只要增加一点投入进行稻田工程建设，就可达到增粮、增鱼、增收、增肥、增效和节地、节肥、节农药、节劳力的效果，并能提高稻田抗旱能力。

第三章
稻田渔业种养生态组合与水稻栽培技术

第一节　稻田渔业生态种养组合理论与方式

水稻是世界三大粮食作物之一，具有适应性强、高产、稳产的特点，使其在全球100多个国家被广泛种植。2013年世界水稻总收获面积为25亿亩，总产量达7.46亿吨，其中以亚洲地区水稻生产面积最大，该地区水稻产量约占世界水稻总产量的90%。我国是人口大国，也是水稻种植大国，但耕地资源相对匮乏，解决我国近14亿人口的吃饭问题始终是我国农业发展的主要目标。近年来，全国水稻种植面积一直稳定在4.5亿亩，并有65%以上人口以稻米为主食，因此，水稻生产对保障我国粮食安全具有重大意义。我国农业历来有精耕细作的传统，伴随着人口增加和社会经济发展，农业耕作制度也在不断进步，以合理利用和提高土地生产力，满足社会对粮食的需求和农业资源的可持续利用。稻田渔业是水稻种植与水产养殖的有机结合，丰富了自然资源的利用方式和社会对多样化农产品的需求。

一、农业耕作制度理论与复种方式

农业耕作制度亦称“农作制度”，是农作物种植的土地利用方式以及有关技术措施的总称。农业耕作制度是根据农作物的生态适应性与生产条件采用的种植方式，包括单种、复种、休闲、间种、套种、混种、轮作、连作等，其包括作物种植制度和与种植制度相适应的技术措施。在种植业耕作制度中，主要是确定农作物的茬口布局，耕种与休闲，种植方式（如间作、套作、单作、混作），种植顺序（如轮作、连作），以及农田基本建设、土壤培肥、水分管理、土壤耕作、防除病虫草害等技术措施等。

耕作制度是在一定自然经济条件下形成的，并随生产力发展和科技进步而发展变化。耕作制度的形成和发展主要取决于一定的社会经济发展水平，并与当时的科学技术水平和生产经营水平密切相关，其发展主要经历了撂荒耕作、休闲耕作、连作耕作和轮作耕作4种耕作制度。撂荒耕作制是一种原始的游耕制度，在耕作土地的自然肥力用尽后即行抛弃，另辟耕地。这是在原始社会时期人口较少、社会生产力发展低下的情况下采取的。

随着人口增加、社会进步和生产力提高，逐步进入休闲耕作制。即耕作土地休闲一两年，靠自然恢复地力后，再行耕作。

此后，发展了连作耕作制，即在同一块土地上连年种植同一种类作物，强化对土地的利用，以满足人口日益增加的生活需求。

由于连作耕作制不能均衡利用土壤中养分，长期连作会引起地力衰竭，也被称作“连作障碍”。于是出现了轮作耕作制，即在同一块田地上按不同时间依次轮种不同品种的作物（或同一作物依次轮作于不同田块）。随着集约化水平的提高，又发展为一年多熟的轮作，即复种轮作制。复种轮作制又有间作、套作、混作等形式。

为了科学安排农业耕作制度，必须科学理解和运用耕作制度以下范畴和形式。

1. 茬口

茬口是指一块土地上栽种的农作物及其替换次序的总称。前季作物称为前茬，后季作物称为后连。狭义的茬口指前茬，即可以安排的后季作物空间和时间。也就是在作物轮作或连作中，影响后季作物生长的前茬作物及其迹地的泛称。

不同作物轮作时称换茬或倒茬。同一作物或同一类作物连续种植时，称为连作，也称作重茬。安排作物种植或轮换次序，称为茬口安排。

2. 复种

复种是在同一耕地上一年种收一茬以上作物的种植方式。有两年播种三茬，一年播种二茬，一年播种三茬等复种方式。复种主要应用于生长季节较长、降水较多（或灌溉）的暖温带、亚热带或热带，特别是其中人多地少的地区。主要作用是提高土地和光能的利用率，以便在有限土地面积上，通过延长光能、热量的利用时间，使绿色植物合成更多的有机物质，提高作物的单位面积年总产量；使地面覆盖率增加，减少土壤的水蚀和风蚀；充分利用人力和资源。耕地复种程度的高低通常用复种指数或称种植指数来表示。在水稻栽培中，包括双季稻形式、再生稻形式以及水稻和其他水生经济接茬种植等均为复种。

3. 间作

在同一块耕地上，同时期按一定的比例行数间隔种植两种以上的作物，这种栽培方式称为间作或间种。即一茬有两种或两种以上生育季节相近的作物，在同一块田地上成行或成带（多行）间隔种植，间作的两种农作物共同生长期较长。这种方式在公元前一世纪的汉代就有记载。

间作往往选择高植株作物与矮植株作物进行，如玉米间种大豆或蔬菜。实行间作可以对高植株作物进行密植，而充分利用边际效应获得高产，而矮作物受影响较小。总体而言，由于通风透光好，间作可充分利用光能和碳源，能提高20%左右的产量。其中高作物行数越少，矮作物的行数越多，间种效果越好。在稻田利用上可以是不同水稻品种进行间作或水稻与其他水生经济植物间作等。

4. 套作

套作在我国起源较早，公元6世纪《齐民要术》中就有大麻套种芜菁的记载。套作是指将两种或两种以上的农作物在其生活周期中的一部分时间同时生长在田间，即在前季作物成熟前就播下后一季作物。一般是在前季作物生长后期的株、行或畦间播种或栽植后季作物。稻田套作主要是套栽其他水生经济植物，如早稻与慈姑、早稻与荸荠等，但水稻必须进行人工收割，机械收割可能会损伤后季水生经济植物。

5. 混作

混作在中国已有2 000多年历史。是指将两种或两种以上生育季节相近的农作物按一定比例混合种植在同一块田块上的种植方式。大多不分行，或在同行内混播或在植株间点播。混作通过不同作物的恰当组合，可提高光能和土地利用率，在选用耐旱涝、耐瘠薄、抗性强的作物组合时，还能减轻自然灾害和病虫害的影响，达到稳产保收。

混作以北方旱地粮食和油料作物生产应用较多，如小麦与豌豆混作、高粱与黑豆混作、大豆与芝麻混作、棉花与芝麻或豆类混作等。但由于混作会造成作物群体内部互相争夺光照和水、肥的矛盾，而且田间管理不便，不适合高产栽培的要求，故采用这种种植方式的面积近年已逐渐减少。该项复种方式一般不适用于稻田，只适用于与稻田轮作的前季（前熟）旱作农作物。

6. 连作与连作障碍

一年内或连年在同一块田块上连续种植同一种农作物或同一类农作物的种植方式。在一定条件下采用连作，有利于充分利用一地的气候、土壤等自然资源，大量种植生态上适应且具有较高经济效益的作物。生产者通过连续种植，也较易掌握某一特定作物的栽培技术。

但在同一耕地长期连作一种作物，往往会发生连作障碍。连作障碍是指连续在同一土壤上栽培同种作物或近缘作物引起的作物生长发育异常。症状一般为生长发育不良，产量、品质下降，极端情况下，局部死苗，不发苗或发苗不旺；多数受害植物根系发生褐变、分支减少，活力低下，分布范围狭小，导致吸收水分、养分的能力下降。障碍一般以生长初期明显，后期常可不同程度地恢复。连作障碍在植物科属间存在显著差异，易发生连作障碍的作物集中在茄科、豆科、十字花科、葫芦科和蔷薇科，而多种禾本科粮食作物如麦类、水稻和玉米，连作障碍不太明显。连作障碍的发生有多种原因，包括养分过度消耗、土壤理化性质恶化、病虫害增加和有毒物质（包括化感物质等）累积等。它的发生受各种环境条件的影响，连作次数（一般连作次数越多，年限越长，连作障碍越重）、土壤性质（通常黏土重于砂土，保护地栽培多于露地栽培）及后作水肥管理不当都会加重连作障碍。

7. 轮作

轮作是一种在同一田地上有顺序地轮换种植不同作物或轮换采用不同复种方式的种植方式，是农田用地和养地相结合，提高作物产量和改善农田生态环境的一项行之有效的农业技术措施。稻田轮作系统生态效应明显，具有改善土壤理化性状，调节土壤肥力，提高系统生产力，减轻农作物的病虫草害，降低农田环境污染等优点。

对稻田轮作系统从土壤理化性状、作物产量变化、病虫害发生发展规律、能流及养分平衡状况等角度进行生态学分析表明，与连作耕作制度相比较，稻田轮作系统明显改善了土壤的理化性状，使得土壤随着耕种年限增加，容重下降，而孔隙度增加，固相比率下降，气相比率上升，气液比值增大，土壤通透性大大增强，有效阻止了土壤次生潜育化和土壤酸化等连作障碍，提高了土壤pH值。轮作不但提高了作物产量，而且总初级生产力、光能利用率、辅助能利用率分别比连作系统高17.47%、9.87%和5.0%，氮、磷、钾等养分利用率也同样明显高于连作系统。

二、稻田渔业种养生态组合的理论基础

现代稻田渔业本质是传统稻田耕作制度基本原理的应用和进一步发展。它是运用现代农业种植理论、水产养殖理论和现代生态学理论，将水稻栽培方式和水产养殖技术有机结合，有效利用稻田空间和时间，以及光、热、水、土、气和各类生物资源，改善稻田土壤生产性能，提高单位面积稻田生产力和经济产出，改善稻田生态环境和可持续发展能力。

1. 提高稻田空间利用率

稻田属于水田，与一般旱地相比有所不同，存在两个空间。即稻田水体空间和稻田上面的空间。稻田是浅水水体，也是人工湿地，在引入水产动物前，不生产任何对人类社会有用的经济产品。引入水产动物后，稻田成为完整的湿地生态系统，既有以水稻为主体，其他水生蔬菜或水草为补充的水生植物系统；还有以水产动物为主体，底栖动物、水生昆虫等为补充的水生动物系统，还有水生细菌、真菌和浮游动植物组成的微生物系统，三者组合形成了较为完整的水体生态系统。同时，稻田可以实现多种作物的间作、套作、混作等，均提高了稻田空间利用率。

2. 提高稻田时间利用率

在南方稻区，冬季稻田往往处于休闲状态，各地开展了多种形式的轮作，使这些稻田在休闲季节也得到了充分利用。如江西农业大学开展了“紫云英—早

稻—晚稻”“紫云英—早玉米—晚稻”“紫云英—早稻—晚玉米”“紫云英—早稻—玉米”和“黑麦草—中稻”等水、旱轮作试验，使稻田一年四季都得到利用，复种指数均在2以上，提高了年度稻田单位面积产量。而稻田渔业的发展，则可以利用这些地区低湖田、低洼田、水浸（泡）田冬春休闲时间，发展水产养殖业，经济效益往往可以超过一般农作物种植的产出。如四川省岳池县水产站从1987—1990年进行了冬水田稻—鱼—稻综合技术试验，参试稻田4万余亩，平均亩产稻达671.9千克，其中头季稻5 288千克、再生稻143.1千克，比单一种稻增产稻各30.5%，比稻—鱼组合增产稻产25%，亩产成鱼51.8千克。“稻—鱼—稻综合技术”充分利用了冬水田水体和冬春两季光、热、土资源，为稻田综合利用走出了一条新路子。

3. 提高了稻田资源利用率

单一稻田中水稻只是利用了土壤中的营养及水中成分，而稻田及水体中底栖动物、浮游动植物、水生植物（杂草）、水生昆虫、生物碎屑及菌团等生物资源未能利用而浪费，水产动物的引入，可以让上述生物资源得到较好利用。同时，水稻的害虫、病株和杂草等因为水产动物的引入，有的被直接利用，有的得到抑制，并部分转化为对人类有益的水产品，化害为益，有害生物资源化。另外，稻田水体中和底泥中的有机碎屑及其他营养成分也得到了利用。

4. 完善优化了稻田生态系统功能

稻田引入水产动物后，组成了以水稻为代表的生产者、以水产动物为代表的消费者和以有益细菌为代表的分解还原者的稻田渔业生态系统，具有高效、稳定、完整的生态系统功能，使人类向稻田投入的各类肥料、饵料等投入品得到较为充分合理的利用，并使其中产生的废弃物及有害物在系统循环转化或利用。稻田肥料来源一般以化肥、追肥为主，改为稻田渔业后便以有机肥、基肥为主，在稻渔系统中增加了水产动物的排泄物——有机肥补充的新肥源结构。同时，水产动物养殖减轻或消除了稻田病虫危害，并转变为稻田另一肥料来源；大量水产动物排泄物为稻田有益微生物繁衍提供了原料，为水稻生长提供了营养，有利于稻田物质循环和能量转化。据福建省农业科学院红萍研究中心1987—1993年试验，稻—萍—鱼体系在单一以水稻为主体的生态体系中加入萍类，混养多种鱼类，在鱼沟及鱼坑占地10%～15%，少用50%～60%化肥和30%～50%农药的情况下，土壤有机质、总氮、总磷等指标仍上升15.6%～38.5%，水稻病虫草害发生率下降40.8%～99.5%，土壤甲烷排放量减少3.6%，水稻产量仍比常规种稻略增，鱼类亩产量达267千克以上，且显著改善了稻田生态环境。另外，农作物病原菌一般都有一定的寄主，害虫也有一定的专食性（食谱），有些杂草也有相应的伴生害虫或寄生害虫，它们是稻田生态系统的组成部分，并且它们在土壤中都有一定生活年限。通过轮作可以改变其生态环境和食物网构成，形成不利于害虫正常生长和繁衍生态环节，从而达到减轻病、虫、草害和提高产量的目的。众多研究表明，稻田水、旱轮作系统尤其有利于抑制杂草和病虫的侵害，促进作物生长发育，同时能减少农药、除草剂使用，从而降低污染。在稻田实行水、旱轮作复种方式条件下，可有效控制来年冬季田间杂草来源，从而达到减轻草害的目的。

三、稻田渔业种养生态组合方式与关键环节

1. 稻渔共作（共生）

人类对于共生现象的认识，一般认为是从植物界开始的，后来逐渐扩及生物界。稻渔共作是在传统农业耕作制度和传统稻田养鱼方式的基础上的进一步发展，其基本原理是生态学的“共生”理论。

据于真研究，“共生概念首见于1879年德国真菌学家安东·德贝里著作中，以后生物学界研究发现，共生是一种普遍存在的生物现象”。《辞海》2009年版将“共生”定义为生物间的一种普遍现象。泛指两个或两个以上有机体生活在一起的相互关系。一般指一种生物生活于另一种生物的体内或体外相互有利的关系。近年来，有些生态学家把共生概念作为凡生活在一起的两种生物之间不同程度利害的相互关系，也包括共栖、互利和寄生。E. P. 奥德姆（1952）在《生态学基础》（第三版）中对“两种间相互作用的类型”以对一方或双方是否有利“+”、有害“-”和无影响“○”等三种作用的不同组合，划分为9种类型。稻田养鱼中稻与鱼“共生”于同一环境中，对稻与鱼两者都有利，但并非必然。按照上述分类体系，尽管它们互相有利，但稻并非必然地依赖于鱼，鱼也并非必然依存于稻，所以，稻田养鱼中稻与鱼的关系应该归属于原始合作型。《简明不列

颠百科全书》（1985年版）定义的“共生”扩大了内涵和外延，认为“共生既包括有利的联合，也包括有害的联合。共生的个体称为共生体。人们有时把共生与互惠共生二词看作相同，并进行互换，因而导致混乱。从广义上说，生活在一起的任何两个种群的联合，不论从单一的耐性和共同享用空间，以至各种形式的种间相互作用，直到掠食作用，都是共生关系。”

从生态学角度看，在集约化人工生态系统中生物之间竞争是永恒的，永远存在空间和资源的竞争，既存在不同类别和不同品种之间竞争，也存在同一物种以及同品种不同规格个体之间的竞争。稻田中农作物的间作、套作和混作都是“共生”，都是两种或两种以上的植物共生于稻田环境中，均是利用两种作物之间相互有利的一面，尽力避免或减少相互不利的一面。这是由于所有植物均需要一定的水、土、光、热、气等条件，当两种或两种以上的作物共生于同一环境时，必然会发生竞争关系。如间作往往是植株高大的一类植物之间种植植株较矮的植物，而高大作物往往对光、热、水、肥等要求较高，而植株较矮的植物则要求较低，间作是利用了它们之间的互补性。混作的“共生”生态学原理也在于此。而套作虽然也是“共生”，但对前季作物而言，植物体已经长成，甚至已近成熟，竞争性较强，套作对其虽有影响，但影响较少；对后季作物则更为有益，植物在萌发初期虽然竞争力较弱，但其对光照和肥料等生产条件要求较低，套作延长了作物的生育期，使同一耕地在一定时期内由只生产一季农产品转变为生产两季或以上的农产品。后季作物产生的效益远大于对前季作物影响而损失的效益，因此，植物“共生”（即作物间作、套作和混作）极有经济意义。

稻渔共作起源于稻田养鱼，即稻鱼共生。但追根究底，本源应是效法于农业耕作制度中的间作、套作和混作。同样在水产养殖范畴中，也有混养和套养的概念和方法。稻田养鱼已经突破了单一植物物种之间或单一动物物种之间的“共生”（合作或竞争），是植物、动物以及微生物之间的“共生”而协同组合形成的生态系统——人工稻田湿地生态系统。稻渔共作是原汁原味的稻田渔业，水稻和水产动物互利共生，实现了优势互补，融合促进，是真正在稻田中生产水产品。

2. 稻渔轮作

稻渔轮作也是传统稻田渔业的一种类型，是稻田种植业轮作制度的进一步发展和提升。稻渔轮作符合现代生态学和经济学规律，是维护稻田生态环境和土壤生产性能，促进农业可持续发展的重要措施。

水稻是高产作物，对土壤肥料营养要求高，连续种植可能使土壤营养成分供应不及，并使大量有毒有害物质积累，带来部分害虫、病菌和杂草危害加重，形成连作障碍，影响稻谷品质和产量。同时，水产养殖业也存在类似情况，中国水产科学研究院珠江水产研究所研究认为，同一池塘连续多年养殖同一品种或同一食性水产经济动物，池塘生产性能不断衰退，病害频频发生，养殖环境出现严重的连作障碍。认为池塘底泥是池塘生态系统中非常重要的组成部分，水中许多物质都来源于与底泥的物质交换，底泥的理化和生物性质决定了底泥中生物群落，也决定了池塘水体中水生生态组成。因此，池塘底泥生态条件的漂移是连作障碍产生的根本原因。如近年来南美白对虾和鳜鱼养殖连年暴发严重病害，养成率大幅度下降，为个别地区单品种连续养殖敲响了警钟。

扬州大学针对多年高密度养殖鱼塘底部积淀大量淤泥，使鱼塘水深越来越浅，病菌在淤泥中繁殖，水土逐渐恶化，出现疾病重发、渔业减产等连作障碍的问题，根据大型水生植物根系分泌物具有抑制藻类生长，能够消减鱼塘内营养物质，具有净化水、土的作用，开展了“利用富营养化精养鱼塘栽培芡实”试验。栽培芡实吸收了鱼塘水、土中过多的有机营养物质，既增加了经济收入，又解决了鱼塘的连作障碍问题。因此，水生植物和水产轮作（或共作）是可以解决水产养殖业持续发展和结构优化调整的一条有效途径。水稻也是一类水生植物，实施稻渔轮作可以预防水稻病虫草害，也是解决水产养殖连作障碍的有效方法，并对提高稻田水稻和水产品产量与质量安全水平具有重要意义。同时，实行稻渔轮作还可以推进农业供给侧结构改革，为市场提供丰富多彩的多样化农产品。

在水稻为主的粮食连年丰收、种粮效益低下的情况下，不少地方耕地出现了休耕（抛荒）现象。为了提高耕地效益，重庆、四川等地开展了“休稻养鱼”，即在粮食阶段性过剩时期，稻田暂不种稻，通过建田埂或“筑坝”，加大载水量而全部用于水产养殖生产的一种稻田养鱼新模式。休稻养鱼大多是利用下湿田、冬水田、荒芜田等中低产田进行休稻养鱼，只是加高了蓄水深度，提高水产养殖产量增加收入，一般每亩稻田效益达3 000 ~ 5 000元，并不破坏稻田基本设施和土壤耕作层，而且使稻田地温和土壤团粒结构得到改善，耕地肥力得到提升，农业生态环境改善明显，反而保持并提升了稻田基本功能，有利于提高这些土地粮食生产能力。一旦粮食供应趋紧、粮价上涨，便能迅速恢复粮食生产。重庆合川自2003年起全面实施休稻养鱼工程，用3年时间完成5万亩休稻养鱼建设，每年新增鲜鱼产量1万吨以上，新增产值1.5亿元以上。"休稻养鱼"本质上是稻渔轮作，即在发展水产养殖的同时，使稻田休养生息，恢复地力。如果为冬闲稻田养鱼、夏季种稻，或一年养鱼、一年种稻，既是稻田休耕，也是稻渔轮作。据全国农业技术推广服务中心调查研究，2012年我国南方共有冬闲田13 375万亩，发展潜力巨大，也符合国家耕地政策。2016年起，农业部在9省区616万亩耕地开始探索休耕轮作试点，中央财政安排资金14.36亿元，其中轮作补助资金为7.5亿元，每年每亩150元；休耕补助资金6.86亿元，根据不同省区情况，每年每亩补助500～1 300元。

从一定程度上说，晚唐刘恂的《岭表录异》中记载的"新泷等州，山田拣荒，平处以锄锹，开为町疃，伺春雨，丘中贮水，即先购鲩鱼子散水田中，一二年后，鱼儿长大，食草根并尽，既为熟田，又收鱼利，乃种稻，且无稗草，乃齐民之术也"就是一种稻渔轮作。即先养草鱼，后种水稻，利用草鱼开荒造地，扩大稻田面积。在全国广为宣传的湖北潜江所谓"稻虾连作"，其实是"稻虾轮作"，是水稻种植和小龙虾养殖的轮换，并非同一种或同一类农作物种植或水产品种养殖方式的连续进行。因此，称为"稻虾连作"是不够科学的。2000年起，湖北潜江积玉口镇宝湾村刘主权承包了该村一块被别人抛弃的150亩低湖田，利用冬闲季节养殖小龙虾，随后栽植水稻。他在第二年（2001年）秋后继续放养小龙虾，到第三年栽稻前，亩产小龙虾100千克，并再种水稻，这块被人撂荒的低湖田，每亩净收入竟然高达3 000余元。在我国南方地区有许多水田，地势低洼，夏季可以种植一熟或两熟水稻，而冬季往往处于闲置状态，也被称之为冬闲田、冬水田、冬浸（泡）田等。利用这些冬、春季处于闲置状态的水田开展鱼虾等水产养殖，实行水稻种植与水产养殖的轮作，充分利用自然资源，增加农民收入，对改善农村生态环境，实现乡村振兴具有重要意义。据江西省奉新县畜牧水产局试验，利用冬闲稻田养鱼，亩净产鱼200～300千克，水稻增产10%～15%，可获利1 500～2 000元。在浙江以稻田轮养青虾模式效益较高，据浙江绍兴126亩"稻虾轮作种养模式试验"，4月5—8日播种水稻，7月19—27日收割，8月5—17

日放养青虾苗种，12月底捕捞，共收获水稻50 400千克、青虾5 670千克和鲢鳙鱼16 758千克，平均亩产分别为400千克、45千克和133千克；总获利204 120元，亩均获利1 620元，投入产出比为1∶1.698。

3. 稻渔连作

稻渔连作也是传统稻田养鱼的一种类型。在历史上传统稻田渔业地区，往往在稻谷收割后，利用低洼稻田继续养殖未达上市规格的鱼种，以便在冬春养成商品鱼上市，或养成大规格苗种供来年稻田中放养；还有的利用冬闲稻田囤养来年用于繁殖鱼苗的亲（种）鱼，提供来年稻田养殖需要的苗种；这均属于稻渔连作。这种连作方式与农作物连作有所不同，并非是单一农作物品种在同一田块上连作种植，仅仅是稻田水产养殖的连作。这源于农作物品种生育期短，成熟后的种子可以贮存在仓库中，待来年用于播种。而水产动物生长发育期长，完成生长发育少则一年，多则数年。因此，水稻种植和水产养殖在空间上虽有部分同位性，但在时间上往往缺少同步性；即便用较大的苗种养殖商品水产品，至少也要半年，相当于水稻一个生育期。而且"鱼儿离不开水"，水产苗种和亲本的保存都只能在水中进行。所以，即便在水稻收割之后，稻田中未达上市规格的苗种和存留转为来年繁育亲本的水产动物，也须继续在水体中养殖，这就为"稻渔连作"提供了发展空间和现实需要。在此期间，稻田已不再种稻，稻田加水后已成为比养殖池塘略浅的养殖水体，投入给稻田中养殖水产动物而未被完全利用的饵料及其水产动物粪便等积淀于水底（田面），相当于为来年水稻生产提前施入了大量优质有机肥，改善了稻田土壤性能，有利于提升稻谷产量和稻米品质。当前湖北、安徽等地最为流行的所谓"稻虾共作"模式，应该科学称之为"稻虾连作"。即利用冬春季闲置低洼稻田养殖小龙虾（即"稻虾轮作"，原先被误称为"稻虾连作"），并取得一定产量的基础上，在夏季稻田栽秧种稻后，仍继续养殖未达上市规格的小龙虾及秋冬繁育的幼虾（应为稻虾"共生"或"稻虾共作"），即小龙虾在稻田冬闲季节和生产季节实现了不间断连续养殖。因此，"稻虾连作"="稻虾轮作"+"稻虾共作"。

改革开放以来，我国各地积累了丰富的稻渔连作经验。1982年汉寿县坡头公社双家障渔场利用两口15亩的鱼种池进行了鱼种池栽一季早稻，然后培育草、鲢、鳙、鲂、鲤等鱼种的“稻鱼连作”试验。早稻成熟后割穗留秆，试验池共产稻谷2 280千克，然后割倒稻秆放水淹没作为基肥鱼种培育，亩产鱼种分别为160.6千克和183.9千克，分别比对照池增产56.6%和37.1%，产值提高71.4%。福建省三明市水产技术推广站2000—2001年充分利用山区田、水、草资源优势，夏秋季种稻，冬春季养鱼，低成本主养草鱼和鲤鱼；稻田生产的商品鱼在端午节期间上市，鱼价高，效益好。一周年的生产周期，7亩稻田共产商品鱼960千克，稻谷3 500千克，平均亩产分别为137千克和557千克；实现产值13 760元，其中渔业产值9 560元，平均亩产值1 365.71元，亩效益1 216元，取得了令人满意的效果。浙江绍兴富盛青虾养殖合作社采用“早稻、泥鳅—秋季虾—翌年春季虾”模式，平均每亩产早稻475千克、青虾50.5千克、泥鳅110千克；亩均总产值10 079.5元，扣除承包、种子、虾苗、病防、机收等成本3 650元，净利润6 429.5元。平均亩产值比单一种早晚稻的农田增加6 909.5元、增幅217.9%，净利润比单一种早晚稻的农田增加4 439.5元、增幅223.1%。湖北省监利县水产局开展虾稻连作试验结果表明，在养虾老稻田每年每亩补放10千克左右种虾，每亩仅投入成本2 350元。实现亩产稻谷471.1千克，亩产小龙虾147.8千克；亩平均产值5 159元，亩平纯收入2 810元，该种模式非常适合在长江中下游地区推广。

第二节　稻田渔业水稻品种的选择要求

稻田渔业既非单纯的种植业，也非单一的水产养殖业，而是水稻种植与水产养殖的有机结合。要求水稻和水产动物等两类生物之间至少是相互适应，最好是共生互利，切不可矛盾冲突。选择水产养殖品种是如此，选择水稻品种同样如此。我国悠久的稻田渔业历史为我们正确选择稻田渔业的水稻品种提供了成功经验，即根据品种生物学特性、自然适应性和基本生产性能来选择水稻品种，这是正确选择稻田渔业水稻品种的基本标准。同时，在市场经济条件下，稻田渔业也必须遵循市场经济规律，以经济效益为中心，也是稻田渔业选择水稻品种时必须考虑的重要问题。扬州大学根据稻渔协同优质高产的要求，从里下河地区稻渔（蟹）共作制水稻气候条件和生产实际出发（一般冬春空闲，采取一年一熟单季稻种植），选择了不同生育类型的水稻品种进行了系统的比较与分析，开展了

“稻渔（蟹）共作系统中水稻安全优质高效栽培的研究——水稻适宜品种的选择与应用”，为稻渔（蟹）共作制中水稻品种的选择提供理论依据与指导原则。研究表明，稻渔（蟹）共作系统选用水稻品种应具有以下特征特性：一是全生育期较长，可与蟹等捕获期相吻合；二是植株高大粗壮，抗倒性强，适应长期深水层生态；三是抗病虫性好，可大幅度减少农药使用量，以利渔（蟹）安全；四是优质高产。笔者认为，选择稻田渔业中适宜种植的水稻品种应该从以下几方面着手。

一、稻米品质好，经济价值高

稻田生态渔业基地需要进行工程建设，配套系列生产设施和技术装备，聘用科技文化水平较高的从业人员，建立规范化管理体系和经营管理队伍，开展科技创新和市场营销工作，所以稻田渔业产品无论是直接生产的物化成本，还是间接的经营管理成本，以及资金使用、品牌建设和市场营销等活动都需要增加经济支出，因此，稻田渔业种植的水稻品种必须是稻米品质好、经济价值高的优质稻，才能取得较好的经济效益。

二、根系发达，秸秆高而粗壮

稻田渔业田间水体中养殖水产动物，这些水产动物时刻都要觅食和游动，必然会使稻田土壤疏松、水稻植株摇晃，而且稻田渔业水体的水深也高于一般稻田，因此，用于稻田渔业种植的水稻品种要求根系发达，秸秆较高且较为粗壮，在发生台风、暴雨时，不易发生倒伏而造成减产减收。如云贵等传统稻田渔业地区的多种糯性稻，便符合上述各项特征。再如高秆稻（也称芦苇稻）不仅能在稻田中种植，还能在池塘养殖水体中种植。

三、生育期长，产量水平高

水产动物与水稻相比，生产周期明显长于水稻。如果是生育期短的水稻品种，频繁的栽插和收割等生产操作必然会影响水产动物的正常生长，尤其是双季稻田更是如此。而生育期长的水稻品种到收割时，已进入深秋，大部分水产动物已停止摄食生长，甚至达到了捕捞上市规格，或者即将进入冬眠状态。同时，还应尽力选择单产水平较高的品种，以最大限度利用渔业稻田土壤肥沃、环境良好的优势，实现增产增收。

四、适应性强，抗虫抗病性能好

这是所有水稻品种的一般要求。用于水产养殖的稻田与一般稻田的生态环境存在一定程度的不同，这要求用于稻田渔业的水稻种植品种具有广泛的适应性，耐肥力强、秸秆坚硬、不易倒伏，不会因为气候和气象条件的较大变化，而发生减产或绝收事故。同时，抗病力强，抗虫性好的水稻品种才能少用农药或不用农药，保证和促进水产动物健康快速成长，也才能保证上市稻米和水产品质量的安全性，实现稻田渔业的优质安全高效。

第三节　稻田渔业水稻栽插技术

一、稻田渔业水稻栽插方式选择

稻田渔业水稻栽插方式必须兼顾水稻优质高产和水产动物高产高效两个方面，尤其是水稻的优质和安全性，而不是追求水稻和水产品的单一高产。过于密集的水稻栽植显然不利于水产动物在稻田中觅食和活动，那就使稻田渔业失去了本来意义。反之，过于稀疏的水稻既不能实现水稻高产，也不利于水稻田环境水体水温和水质的稳定。稻田浅薄的水层在夏季强烈阳光的照射之下，水温剧烈变化，这是大部分水产动物都无法适应的，而且水温的剧烈变化必然带动其他水质因子的大幅度波动，水产动物应激反应强烈，容易诱发病害发生。因此，稻田渔业田块的水稻栽插必须合理密植，既有利于水稻高产，也有利于水产动物健康成长，实现水产与水稻优质、高产、安全、高效。

目前水稻的栽植方式有水直播、旱直播、手工抛秧、手工栽插、机械栽插等几种。根据以上分析和水产动物对环境的要求，稻田渔业如果是养殖商品个体（规格）较大的水产动物，水稻栽插方式一般不宜选择水直播和抛秧方式。因为这两种形式的栽插方式，植株密集，株间距小，且秧苗分布凌乱，显然不便于水产动物在稻田田间水体中活动。据扬州大学试验研究，稻渔（蟹）共作采用水直播、旱直播和育苗移栽方式，以水直播产量最低，为562.33千克/亩；旱直播居中，为584.77千克/亩；育苗移栽最高，为619.17千克/亩，分别比水直播、旱直播高出10.11%和5.88%。试验表明，直播水稻没有固定株行距，至生育中后期稻行形成“墙形”，也在一定程度上不利于螃蟹等甲壳类动物的活动，从水稻和水产优质高产稳产相统一的综合角度来考虑，稻田渔业一般仍宜采用育苗移栽方式。应该选择行距和株距均较大的稀插方式或宽窄行栽插方式。尤其是垄稻沟鱼（或虾蟹等）型垄上栽稻，沟内养鱼（或虾蟹等），这种方式显然更有利于水稻生长和水产动物栖息、活动，有利于稻渔双高产。如果当地劳动力充裕且报酬较低，可以采用这种方式。但垄沟式稻田渔业形式对农业技术要求较高，不便于机械化操作，劳动强度较大，在沿海、沿江和城市郊区等劳动力成本较高的地区显然是不适宜。总的要求是在水稻适度高产的前提下，增加水产动物在稻田里的自由活动空间，发挥两类生物之间的共生互利作用。

根据水稻栽培实践和各地稻渔结合的经验，采取旱育秧、机插秧的方式，有利于推进稻田渔业的区域化、规模化经营。据贵州省印江土家族苗族自治县农牧科技局调查，水稻推广宽窄行栽培技术，一是通风性、透光性良好，可比单行栽培提高1.3～1.5倍的光能利用率。高效的光合作用促进叶片生长和干物质积累，从而减少枯叶、促进根系与基部营养的吸收，也增强了植株的抗倒伏能力。二是便于田间管理，宽窄行栽培特点之一是行距比传统行距宽20～30厘米，在后期管理如施肥、除草等过程中可以避免伤根，并保护叶片。三是宽窄行栽培优化了传统稻田渔业田间生态环境，保证根部营养的有效供给，使植株根系发达、粗壮强健。结果表明，水稻采用宽窄行栽培比等距单行栽培平均分蘖率提高了28.7%，每亩穗数多14 667穗，亩增产52.3千克，穗大粒多、结实率高、高产稳产。另据贵州省紫云县坝羊乡农业服务中心进行的水稻宽窄行栽培研究，亩增产123.6千克，比一般栽插增产22.9%。据上海海洋大学研究，采用大垄双行栽插方式，改善了通风条件、增加了照度、降低了相对湿度。两种栽插模式相对湿度的差异从分蘖期开始表现出来：分蘖期、拔节期和灌浆期大垄双行的垄间相对湿度较常规垄分别降低12.3%、15.5%和13.0%（表3-1），差异显著（$P<0.05$）；直到成熟期，两者湿度差异不显著（$P>0.05$）。2010年辽宁盘锦7月中旬至8月中旬，雨水偏多，常规栽插的稻田由于垄间湿度大，造成稻瘟病严重；而大垄双行栽插，因垄间湿度低，稻瘟病发病率明显下降，有利于提高水稻产量。辽宁稻田养蟹的“盘锦模式”水稻种植采用大垄双行方式，即行距20厘米、40厘米、20厘米、40厘米排列，每平方米保持20穴，方便了河蟹在田间的觅食和栖息，保持了稻田水温稳定性，避免了水温剧烈变化对河蟹的不利影响，促进了稻蟹双增产。实现水稻亩产734千克，河蟹亩产27千克，比传统稻田养蟹分别增产14.2%和6.3%；并且河蟹规格加大，70%雌蟹达到100克以上，其中130克以上占60%，雄蟹最大243克，雌蟹最大205克；平均亩产值3 308元，比常规稻田养蟹亩增收963元。

表3-1 稻田两种水稻栽插模式垄间相对湿度比较（2010，盘山）

处理	空气中	大垄双行	常规垄
返青期	65.8 ± 0.9	74.5 ± 0.7	75.8 ± 0.6
分蘖期	48.8 ± 0.6	68.6 ± 1.2	80.9 ± 0.3
拔节期	55.4 ± 0.9	75.2 ± 0.5	90.7 ± 0.4
灌浆期	43.8 ± 0.6	68.6 ± 0.6	81.6 ± 0.4
成熟期	50.5 ± 1.6	91.2 ± 1.1	93.3 ± 0.5

二、稻田渔业水稻育秧技术

水稻育秧有水育秧、湿润育秧、旱育秧等多种形式。由于旱育秧不仅能培育壮秧，而且能省秧田、省水和减轻劳动强度，因此，旱育秧是稻田渔业育秧的主要方式。

1. 培肥苗床

精细培肥秧田是提高整体旱秧苗素质的关键措施。

（1）苗床床址

要选择肥沃的无污染的菜园地或者爽水的旱田或稻田，一般碱性土质的土壤不宜做秧田。江苏有些地方把旱育秧苗床和油菜苗床或蔬菜大棚等结合起来，利用油菜苗床、棉苗钵床或蔬菜大棚加以适当培肥，比较容易达到旱育秧苗肥床的要求，事半功倍。如与油菜苗床结合，秋季育油菜苗，春季育水稻苗，中间栽两季蔬菜或其他作物，做到了“一床多用”。这样做有利于建立起固定的稻菜育苗专用基地；有利于通过逐步培肥和改造，建立起比较完备的排水、浇灌的农田基础设施。

（2）苗床面积

大小按移栽叶龄而定。移栽秧龄小，苗床面积小些，移栽秧龄大，苗床面积大些。如秧苗6叶龄移栽的秧田与大田面积比为1：20～25，7叶苗移栽为1：15～20。

（3）苗床要施足基肥

有机肥在播种前2个月施用。一般施用腐熟的厩肥和堆肥，每亩施肥量为2～3吨。速效肥在播种前10天左右，施用氮素每亩6～9千克、磷肥每亩6～9千克、钾肥每亩6.5～10千克，拌和后均匀撒施，并翻入土内。使苗床0～15厘米土层内土肥相融，土层疏松、富有弹性，呈“海绵”状。

2. 苗床制作

苗床培肥后要精细整地。地整好以后，按标准开沟作畦，畦间沟深应在30厘米以上，内外沟要相通配套，畦宽一般以1.3～1.5米为宜。在不同稻区，考虑到苗床用菜园地、旱地和便于操作管理，一般要求苗床必须建立相对独立的排水系统。畦长以田块而定。畦面做好后，用高效低残留除草剂喷施，如丁草胺复配剂每亩30克，或丁恶合剂和水旱灵每亩50毫升兑水喷施。施药后，压平表土后浇水，水要浇足，使5厘米内的床土含水量达到饱和状态。

3. 浸种催芽

在浸种催芽的关键时节，每年总有少部分农户由于在浸种催芽过程中，因操作不当等原因造成种子出芽不好、种子发酸、发黏等问题。关键要掌握好以下环节。

（1）晒种

浸种前一周选晴天将种子晒6～8小时，然后将晒好的种子放在干燥、阴凉的地方凉透心，以促进种子的呼吸作用和酶的活性，有利于提高种子发芽率和发芽势；晒种也能杀死部分附着在稻壳上的病菌。在竹匾或泥地上晒种较好，但不能直接把稻种摊在水泥地面或石板上晒，以防晒伤稻种。

（2）选种

要求用清水选种，把浮在表层的秕谷捞出，选用饱满的稻种，以培育出整齐健壮的秧苗。

（3）活水浸种

浸种时间不宜过长，最好采用“日浸夜露”的方法，即白天浸种、夜晚捞出摊开，浸种时最好将种子放入流动清水中先浸泡6小时（无流动清水的要每隔4～6小时换水一次）。

（4）药剂浸种消毒

部分品种受病菌感染严重，建议采用药剂浸种，包衣种子除外。如清水浸种6小时后，使附在种子上的病菌孢子萌动，再进行药剂杀菌。用25%咪鲜胺（使百克）乳油2 500～3 000倍液+3%甲霜·恶霉灵（广枯灵）水剂1 500倍液浸种消毒6～8小时，消毒药液应高出种子表面3.5厘米（消毒期间不换水），消毒后用清水反复冲洗稻种，把残留在种子上的药液冲洗干净。

（5）催芽

目前还有不少农民喜欢将种子装在编织袋中催芽，甚至因为温度上不来，将种子放在太阳下暴晒，结果造成烧芽。最好、最简易的方法是用双层、无病菌、湿润的麻袋催芽，在地面垫一层消毒过的稻草，将一条麻袋铺好，把种子均匀地铺在上面，再将另一条麻袋盖在上面，中途注意只少许添加水分即可。

也可装入麻袋或比较通气的编织袋，四周可用稻草封好保温。谷种升温后，控制温度在35～38℃，温度过高要翻堆，过低则泼一些温水，以提高温度。经20小时左右，谷种即可露白破胸而发芽。到5月中下旬气温正常，则采用日浸夜露方法，无需使用保温材料，均可正常发芽。

（6）适时播种

水稻谷种露白后调温至25～30℃，适温催芽促根，待芽长至半粒谷、根长至1粒谷时，即可播种下田。机插抛栽的育秧芽长要适当短些，在催芽中要随时注意谷种温度的变化，防止谷种温度过高或过低。温度过高易烧种，过低则易发酸臭酒味，影响发芽率。

（7）炼芽

在播种前要把催好芽的谷种摊开在常温下炼芽3～6小时后播种，使谷种适应空气温度，提高成苗率。

4. 精细育秧

（1）播种

播种期要根据最佳抽穗结实期确定。播期确定后，要精选种子，进行种子处理。播种量要适宜，一般播量按叶龄确定，4叶移栽秧苗，每平方米播干谷200～220克；6叶移栽的秧苗，每平方米播干谷120～150克；8叶移栽的秧苗，每平方米播干谷60～80克。

按畦秤种，均匀播种。播种后随即轻压畦面，使谷粒入土，并撒上营养土或麦壳，厚度以谷不见天为宜。

盖土后耕层如水分不够，要浇第2次水，防止覆盖物吸收水分，造成表土层水分不足而影响出苗。如果土壤中杂草基数大，可在喷水的同时喷除草剂，每亩用42%新野（丁草胺和恶草灵）乳油110毫升，即每亩苗床喷施12%丁草胺和10%恶草灵混配的丁恶合剂110毫升，兑水均匀喷雾，以进一步防除杂草。

（2）覆膜盖草

苗床化除后，应及时直接在苗床上覆盖薄膜或起拱覆膜，以促齐苗。稻麦两熟制地区可采用苗床上直接覆盖薄膜保湿出齐苗，盖膜前在苗床上撒适量粗秸秆作隔热层，防止高温时薄膜烫伤秧苗；长江中下游稻区育秧时气温偏高，遇日平均气温大于20℃时，应在薄膜上加铺清洁稻草或草帘遮阳降温。在山区等寒冷地区，或早播育秧，也可采用双膜覆盖，即在苗床上平铺地膜后，再起拱覆膜。拱架与床面的高度最少在45厘米以上，防止育秧期间高温伤苗。

（3）适时揭膜，及时补水

播种后5～7天齐苗后，要适时揭去苗床上的覆盖物。揭膜时间要恰当把握，防止过早揭膜，造成秧苗周围空气湿度急剧下降，叶面蒸腾大，而根部吸水供应不上，导致青枯死苗。因此，一定要看天气揭膜，要求晴天傍晚揭，阴天上午揭，雨天赶在雨前揭。同时，采取边揭膜边喷一次透水，以弥补土壤水分的不足。

揭膜后，要浇水，补充水分不足。以后直到拔秧前一般不必喷水。在生长期间，倘若中午有卷叶现象，可在傍晚浇水，浇水量以达到表土湿润为宜。移栽前1天傍晚，可结合施“送嫁肥”浇1次透水。

（4）补施氮肥

旱育秧苗床应肥足，养分全面，速效肥料含量高，才能满足旱育秧生长需要。但是由于苗床土壤处于相对干旱或半干旱状态，没有水层存在，所以，养分的移动性很差，导致根系吸肥不足。旱育秧往往因缺水而造成变相缺肥。因此，在揭膜后结合浇水要施一次氮肥，但不宜过多，每平方米用尿素5～10克，兑成1%的尿素液喷浇，以水带肥入土，提高肥效。但浇肥液与浇水一样，时间上要求掌握于傍晚追肥，最好与补水同时进行。

（5）矮化促蘖技术应用

该技术主要应用于长秧龄的中大苗上。一般每平方米用0.2～0.3克含15%有效成分的多效唑，连年使用多效唑的老苗床用量可适当减少。用药时间，应根据药效发挥特点、秧（苗）龄和移栽期而定。多效唑见效时间一般在用药7天后，20～25天时药效最大，控苗促蘖效果最好，25天后药效开始下降。生产上一般把用药时间安排在移栽前20～25天的范围内。旱育秧在用药量和时间上，考虑到旱育秧本身旱控的作用，加上药控效果，用药宜早，一般于一叶一心时喷施，育秧期雨水较多的地方，用药量应适当加大。

如果秧苗移栽前，发现秧苗叶片上有稻飞虱，要用高效低毒的杀虫剂喷雾防治，以免随秧苗带入大田。在起秧前1天，旱秧要结合喷施农药浇一次透水，使秧苗易拔而不伤苗，提高起秧效率。

三、大田栽培技术

1. 精细整地与秸秆还田

采用免耕或机械浅旋耕整田，免耕田注意除草灭茬，以利扎根立苗。耕翻田整地质量要达到“高低不过寸，寸水不露泥，表层有泥浆”的标准。秸秆还田可以避免焚烧，防止空气污染，保护环境，还可以增加土壤中的有机质，改良土质。一般每亩秸秆还田量为135～180千克，耕翻入土。大田耕翻后要晒垡，精细整地，做到田平，高低差不应超过2～3厘米。

2. 科学施肥

（参见第六章第五节）。

3. 合理栽插

栽插适量基本苗是水稻高产健康栽培的关键措施，同时适宜的水稻植株密度也为稻田渔业养殖的水产动物提供较为适宜的生活环境。移栽基本苗可以充分合理有效分蘖，使无效分蘖及时得到控制，群体合理发展，能够在有效分蘖临界叶龄期或稍前适时够苗。基本苗移栽过多，虽穗数有所增加，但穗形小，结实率低，产量反而可能下降。并且由于中期群体过大，无效生长增加，易导致病虫害和发生倒伏，更易造成减产，而且会降低稻米品质。基本苗移栽过少，又会导致穗数不足，产量也难以提高。在大面积生产中，常出现“大苗栽不足，小苗栽过头”的现象。主要是大苗的已有分蘖多，移栽后的大苗视觉上感觉比较多。实际是，移栽大田后大苗的有效分蘖节位减少，再能发出的分蘖少，要想达到预定穗数，必然移栽较多的基本苗；相反，中小苗已有分蘖少，移栽后的小苗虽然让人感觉好象数量少，实际是，移栽大田后的小苗可进行有效分蘖的节位较多，可发出分蘖数多，要达到预定穗数，移栽基本苗则不必过多。

人工插秧可采用牵绳栽插或划格栽插。冬水（闲）田栽插在水稻叶龄3～4叶时移栽，宽窄行规格为宽行40厘米，窄行20厘米，窝距16～18厘米，窝植双粒双株，亩植1万～1.2万穴。两季田在头季作物收获时菜叶和秸秆还田，栽秧前除草并灌深水泡田，松软土壤，田埂应防漏水。稻—菜轮作田在叶龄4.5～5叶时移栽，稻—油轮作田在叶龄6～8叶时移栽。

机插秧应充分利用高性能插秧机的技术优势，采用工厂化、商品化集中育秧，中小苗带土（泥）移栽、浅栽和宽行窄株的移栽方式，有利于早播早栽、增窝增苗、促进低节位分蘖成穗、保证合理的群体结构，也有利于水产动物在田生活和生长，并达到降低生产成本、减轻劳动强度、提高生产效率和增产增收的显著效果。机插秧的秧苗要求叶龄4～4.5叶，选择晴天或阴天起秧机插。机插时田间保持2～3厘米的浅水层，亩插1万～1.2万穴，平均每穴1.5～2株。连续缺穴达3穴以上时要实行人工补插。

根据各地对不同品种旱秧适宜基本苗株行距配置的试验，一般中苗移栽。稻田渔业应在培育壮秧的基础上，扩大水稻插栽行距，从而改变传统的基本苗过多，无效分蘖多，高峰苗过早的弊端，也有利于养殖的水产动物生长。扩大行距应根据生产水平和品种株高而定，一般产量要求高的，行距要大，反之要小些。常规稻，株高110厘米，株距12厘米，行距宽40厘米+ 窄20厘米。杂交稻采用行距宽40厘米 + 窄20厘米、株距12～16厘米；常规中粳稻行距宽37厘米 + 窄18厘米，株距13厘米。在栽插行走向上，尽量采用东西走向，以利其充分合理利用光能。

稻田平整是实现秧苗高质量栽插的保证。提高栽插质量，可促进早发优势分蘖发生。秧苗栽插要求达到浅、匀、直的标准。其中以浅栽对稻株生长和产量形成影响最大，所以浅栽是栽插质量的关键指标。在浅栽的基础上，努力做到栽匀，有利于促进群体平衡生长，栽直有利于田间管理。栽插过浅会造成漂秧或倒秧，不能保证密度，因此栽插深度以1.7～3.3厘米为宜。

宽窄行栽插技术是稻田渔业常用的水稻栽培技术。以辽宁盘锦市稻田养蟹为例，采用大垄双行栽插方式"大垄双行，一行不少，边行加密，一穴不缺"。常规稻田栽秧为每垄30厘米，两垄行距之和为60厘米，每亩插秧总穴共1.35万穴。而大垄双行技术采用的是宽窄行栽插，宽行间距40厘米，窄行间距20厘米，两行间距之和仍为60厘米；同时，为弥补田间沟占地减少的穴数，在沟边40厘米宽行内加一行栽插，即连续三行均是20厘米的窄行插秧。这样，充分利用了水稻的边际效应，单位面积水稻增产5%～17%。在上海海洋大学指导下，盘山县在坝墙子镇稻田养蟹核心示范区做了精确试验：把60亩稻田划分成28块，采用同一稻种，开展不同放养密度、不同规格蟹种的生长比较试验。通过生物统计发现，在养蟹稻田中大闸蟹亩产量30.5千克，稻谷亩产量703千克；而普通稻田，亩产稻谷640千克。综合效益来看，养蟹稻田效益1 668元，普通稻田仅有579元。养蟹稻田比不养蟹稻田效益每亩增加1 089元，增效1.88倍。

另外，上海海洋大学还进行了"水稻栽培密度对稻田土壤肥力和稻蟹生长影响的初步研究"，在单位面积稻田里栽插穴数相同的情况下，养蟹稻田采用每穴单株、双株和四株等3种栽插密度，并与每穴双株栽插密度的不养蟹稻田对照。稻谷产量构成受不同栽培模式影响效果显著，直接影响水稻最终产量结果是有效穗数、穗粒数和千粒重等3个基本因素，特别是有效穗数和穗粒数。结果表明，增加水稻每穴栽培株数，会导致水稻穗长变短，穗粒数变少，结实率变差，穗型变小；相反降低水稻移栽密度可以显著提高水稻的实粒数，减少空粒数，有利于水稻有效穗数的增加和结实率的提高，这与许多专家的研究结果相似。降低水稻栽培密度可以增加穗粒数、提高结实率和千粒重，但一定密度仍然是取得较高水稻产量的重要基础。稻蟹共作稻田通过河蟹田间活动、摄食及其粪便排泄，向稻田内排放一定数量的氮、磷、钾，并随河蟹生长而呈现先少后多，符合水稻生长过程中对养分的需求规律，起到了“不间断均衡施肥”效果。河蟹的饵料和排泄物中含有丰富氮素、磷素和钾素，同时河蟹的觅食活动翻动土壤，促进腐枝败叶分解，改善土壤的通气状况，有利于水稻对养分的吸收，满足水稻植株对氮、磷、钾的需求。通过水体和土壤中微生物作用，可转化为能被水稻直接吸收利用的有效养分，对土壤和水体中养分起到一定的调控、缓冲和补充作用。水稻栽培密度加大在植株分蘖完成后对河蟹活动和摄食产生较大影响，高密度栽培水稻分蘖较多、生物量大，占有较大稻田空间，相应减少了河蟹活动范围，河蟹“中耕浑水”效果减小，减弱了对土壤理化性状的影响；并对河蟹摄食、活动和排泄产生负面影响，而水稻低密度栽培恰好相反，可以给河蟹相对充足的活动空间和摄食环境，并提高土壤团聚体数量，加快土壤团聚化进程，提高土壤团聚体含量，改善土壤质地。从而与蟹共生稻田部分土壤养分指标含量优于常规种植稻田，可以实现在水稻生长后期无追肥的情况下保证土壤肥力供应，促进水稻生长，提高水稻产量，实现土壤肥力的可持续利用和水稻的再种植。

水稻不同栽培模式对河蟹产量的影响显著。随着水稻栽培密度的提高，一方面水稻增加了稻田空间的占用率，降低稻田内通风透光效果，降低了稻田生态环境质量，减少田间河蟹天然饵料资源；同时，栽插密度过大，也减少了河蟹生存空间，增加了河蟹养殖的相对密度，导致种群内个体间竞争加剧，对幼蟹生长速度有明显影响，在饵料不足时就会导致相互残食情况发生，观察结果显示，每穴4株的栽插密度下幼蟹肢体残缺情况严重，并影响幼蟹最终产量。而过低的栽插密度，会使大量阳光直射稻田水面，使田间水温过高影响河蟹栖息和生长。结果显示，在水稻单穴双株栽培密度下幼蟹个体重最大为 6.04克。而幼蟹成活率随水稻栽培密度增加而明显降低，密度由稀到密的平均成活率分别为57.07%、43.04%和35.11%。在不同栽培模式下，幼蟹亩产量以水稻单穴单株最高，达71.02千克/亩，分别比每穴2株和每穴4株栽插密度提高30.73%和32.03%，差异十分明显。稻田经济效益也以单穴单株的水稻栽插密度为最高，达2 548.26元，分别比每穴2株和每穴4株栽插密度提高15.99%和12.90%，比对照的不养蟹稻田高出82.34%。从提高稻田养蟹产量和稻谷质量而言，每穴1株的栽插密度效果和经济效益更好。

第四节　稻田渔业再生稻栽培技术

再生稻高产高效栽培技术，是指通过种植再生力强、中稻—再生稻两季丰产稳产性好的优质杂交稻品种，配套超高产栽培技术，并利用头季稻收获后的稻桩，经肥水管理，使休眠芽萌发，长成稻株，抽穗成熟收获再生稻的稻谷，获得年产两季稻谷，一次种植，两次收获的高产高效水稻栽培技术。这项技术主要在广西、广东、福建、江西、湖南、四川等江南、华南及西南地区稻区适用。再生的水稻，不需播种、育秧和插秧，不需耕犁耙田，具有投资少，生育期短、省种、省工、省肥、省水、省药，提升稻米品质、增产增效等优点。只需60多天就能再次获得150～250千克水稻产量，最高亩产达350千克以上。再生稻稻田避免了稻田耕翻和插秧等田间操作，再生稻稻田养殖水产动物减少了许多人为干扰，延长了稻田水产动物生长期，有利于稻田渔业中水产动物健康成长和增产增效。据有关文献，我国广西、福建、四川、浙江、湖北等地均开展了再生稻田水产养殖试验，取得了良好的经济效益和生态效益。其中以广西三江的再生稻田养鱼最为有名，在养殖鱼类与头季水稻和再生稻共作（共生）的同时，在再生稻收割后，将已达上市规格的水产品及时上市；然后继续加高稻田水位，将未达上市规格或市场价格较低的小规格商品鱼继续养殖到春节或来年春季水产品价格较高时上市。2013—2017年累计推广再生稻田养鱼面积28 220亩，其中蓄留再生稻收获面积19 186亩。经多年多点验收，头季稻平均产量为514.8千克/亩，再生稻平均产量为269.2千克/亩，平均鱼产量为47.3千克/亩，平均亩纯收入4 516元。

一、选好品种组合

再生稻产量高低与水稻品种密切相关，选用优良品种组合是培植再生稻能否高产的关键环节。总体原则是穗数型品种再生能力强、熟期适宜、优质高产、抗逆性强且适应性广。选择再生稻品种时要注意以下几点。

①海拔较低、光温条件较好的平原、丘陵地区，可选用生育期较长的品种。

②海拔较高、光温条件较差的山区，可选用生育期较短的品种。

③光温条件较好，但水源不足的地方，可选用生育期较短的品种，一般以

头季稻在8月15日前收割为宜。

选取再生稻组合时要满足下面三个条件。一是头季稻产量高。二是再生能力强。水稻的再生力是品种的遗传特性，组合间有较大的差异，再生力强的组合头季稻成熟时再生芽成活率高，收割后再生萌发能力强，发苗成穗多，能保证再生稻有较多的有效穗数获得高产。三是生育期适中。选择再生稻组合的生育期要与当地气候条件相吻合，既要充分利用当地水稻的生长季节，又要保证再生稻安全齐穗。

二、种好头季稻

由于再生稻是利用头季稻收割后稻桩上的再生芽培育而成，是头季稻伸长节上的高位分蘖，它的萌发伸长主要依赖头季稻根和母茎提供营养，并且与头季稻灌浆结实同步进行，这就决定了再生稻对头季稻有较强的依赖性。根据研究，再生稻能否高产在很大程度上取决于头季稻的好坏。再生稻高产，必须建立在头季稻高产的群体及长势长相基础上。头季稻与再生稻是一个有机的整体，从头季稻抓起，为再生稻高产打好基础，真正做到一种两收、两季高产，为此，应抓好以下几个方面的工作。

①适时早播，培育壮秧。头季稻必须在8月10日左右收割，确保再生稻在9月15日前安全齐穗，所以头季必须早播、早栽、早收，才能保证再生稻生长和安全齐穗。一般在3月底至4月初播种，最迟不超过4月10日，可采用塑料软盘育秧抛栽、机插秧或湿润大苗移栽。

②合理密植。水稻湿润大苗移栽或机插秧，一般每亩插足8 000 ~ 10 000穴（丛）。

③合理施肥。根据测土配方技术，中稻每亩若要收获600千克以上产量，应在施足有机肥500千克的基础上，施用40%的水稻专用配方肥35千克/亩作基肥，插后5 ~ 7天每亩施7.5千克尿素，5千克氯化钾作追肥，抽穗时看禾苗长势长相决定适当增补肥料。

④好气灌溉，发根促蘖。在整个水稻生长期间，除水分敏感期和用药施肥时外，采用间歇浅水灌溉，一般以无水层或湿润灌溉为主，使土壤处于富氧状态，促进根系生长，增强根系活力。

⑤搞好病虫害防治。注意防治纹枯病、稻瘟病、稻飞虱、二化螟等病虫。

⑥适时足量施好促芽肥。在头季稻收获前的7 ~ 10天，每亩施用尿素15千克，促进休眠芽的生长。

三、适时收割头季稻，适当留高桩

1. 适时收割头季稻

头季稻的收割期主要看再生芽的长度，以倒2节位芽长出叶鞘、少量现绿叶、95%谷粒成熟为标准。一般在8月20日前收割，以保证再生稻在9月20日前安全齐穗。

2. 适当留高桩

收割时适当高留桩，留桩高度一般是头季稻植株高度的1/3，或保留倒2节以上10厘米，做到留2保3争4、5节位芽。据青田县农业局试验，再生稻留茬高度40厘米的处理产量显著高于留茬高度30厘米的处理；在产量结构上，留茬高度40厘米的处理有效穗数和结实率显著高于留茬高度30厘米的处理，而总颖花数和千粒重两者之间没有显著性差异。因此再生稻的头季稻留茬以40厘米为宜。头季稻晴天应在下午割，阴天可全天割，雨天抓紧在雨停后抢割。禾蔸要割平割齐，割后稻草要及时运出田外，不要压在禾蔸上，踏倒的禾蔸应及时扶正，促使再生稻发苗整齐一致。

四、再生稻管理

1. 合理灌溉

再生季稻主要以浅水灌溉为主，前季稻收获后保持水位在3 ~ 5厘米。在高温干旱天气，土壤晒白，头季稻收割后，当天应立即复水护桩，防高温损桩，减少养分消耗，尽快促发苗、多发苗、发壮苗。雨水调匀，即指在头季稻收割前2 ~ 3天下过雨，稻田比较潮湿的情况下，则可在收割后3天复水，做到湿润发苗、浅水长苗、水层养穗、干干湿湿到成熟。如未及时下雨，再生稻稻田在头季稻收割一天后复水，水深3厘米左右，然后让其自然落干。头季稻收获后10天内，是再生蘖生长时期，应保持田间湿润，田间干燥和积水都会影响稻桩的发芽力。再生稻腋芽萌发时期切忌淹水，但也不能干旱，田泥不能过白开坼。头季稻收割后再生出苗期采用灌“跑马水”方式，保持田间湿润。收割以后的24～30天，再生稻进入抽穗扬花期，可将水位提高到15厘米，以利于鱼的活动。再生苗齐苗后，田间灌浅水至齐穗，齐穗后保持干干湿湿壮籽。灌浆期，田面保持干干湿湿，以利养根保叶、籽粒充实饱满，提高产量。遇到“秋寒”天气，要加灌深水护苗保穗。

2. 适时施肥

再生稻生育期短，营养生长和生殖生长同时并进，所以收割留桩后补肥可起到多发苗、发壮苗、保穗粒数的良好作用。头季稻收获前7～10天，每亩施用40%的水稻专用配方肥10千克和尿素10千克作为促芽肥。头季稻收割以后，及时清除杂草，扶正稻桩后，每亩施尿素7～10千克。同时可喷施一次芸苔素内酯（或碧护），加快稻桩腋芽迅速萌发生长，成为再生苗，促使再生苗“一轰而起”，争取苗齐苗匀保证有足够的苗数。在破口至抽穗期，采用根外施肥，在抽穗达1/3时，用“920”0.5～1克，加尿素0.2千克，兑水喷施。也可在苗期和破口抽穗期进行根外追肥和喷施生长调节剂，起到增穗数、增粒重、提高结实率的作用。叶面肥一般在再生稻始穗期施用，亩用赤霉素1克加磷酸二氢钾100～150克，兑水50千克后喷雾，隔3～5天后再喷1次，效果更好，以促进灌浆成熟，提高结实率和千粒重，增加再生稻产量。

3. 及时防治病虫害

再生稻生育期短，如头季稻病虫害防治及时到位，并且后期气温较低，基本上不会发病，所以无需用药；主要是要注意防治鼠害，用敌鼠钠盐做成毒饵投放防治鼠害。

五、再生稻收割

头季稻收割后，稻桩的上位节腋芽生长发育快，再生苗生长时期短，下位节腋芽生长发育较慢，再生苗叶片数较上位节再生苗时期长。

同一留茬高度下，机割碾压区较非碾压区再生稻生育期延长7～20天。这些特性决定了再生稻群体内再生苗生育期长短不一致，导致再生稻群体抽穗、成熟不整齐。因此，应在群体充分成熟后再收割。提高再生稻成熟的整齐度，从而使再生稻米质更优。

第四章
稻田生态渔业养殖模式与水产苗种放养技术

第一节　稻田渔业水产品种结构的选择

稻田生态渔业基本理论的重要内容就是“共生互利”理论，但已不再是简单的“稻鱼”共生，而是扩大到了“稻渔”共存互利。它除融汇了生物学、生态学、水稻栽培学及水产养殖学等基础知识与基本原理，还与生物防治、生态农业及立体水产养殖等紧密结合起来。在稻田生态渔业依靠的技术与理论方面，技术的重要性已为人们所认识，并且稻田生态渔业技术应用与发展超前于稻田生态渔业理论研究。笔者认为，稻田生态渔业技术的基本原理有三条：一是最大限度地利用了水产养殖动物的食性特点，即食物链（网）关系，充分利用稻田各类天然饵料资源；二是最大限度地利用了稻田的生态条件，包括水域空间和水土条件；三是引入水产动物及其他水生生物，形成完整的生态循环系统，实现系统内物质转换和能量循环。稻田生态渔业将水产养殖对象及其养殖技术运用到稻田环境与生态系统中，利用和改善了稻田的生态条件，也形成了独特的稻田养殖技术体系。这是因为，稻田的生态条件与池塘及湖泊、水库等内陆水域的生态条件相差甚远，在稻田内开展水产养殖，要达到既利稻又利渔的要求，那么在技术上不仅要遵循水稻的生长规律和技术要求，而且要满足养殖水产动物的生长需要。这就形成了具有稻田特色的水产养殖品种结构和独特的技术支撑体系。

根据稻田田间水体水位浅、温度变化大、光照强、水体溶氧高及生物群落构成复杂的特点，适宜在稻田养殖的水产动物种类与池塘养殖有很大的不同。如果选择主要利用稻田生态环境和天然饵料进行半自然稻田水产养殖，其品种和养殖结构选择应遵循以下原则。

一、根据水产动物品位和销售价格选择

稻田渔业作为社会生产活动，其根本目的在于取得良好的经济效益，毫无疑问，这与水产品的市场销售价格密切相关。水产品的销售价格与水产品对消费者消费需求的满足程度相联系。如果是食物类的水产动物，一般包括该类水产品营养状况、风味特色、保健功能、烹调制作的难易程度等内容。如果是观赏宠物类水产动物，则包括外观形态的特殊性、色彩的鲜艳程度、运动过程的特殊性和饲养的方便程度等。

二、根据地形地貌和气候条件选择

稻田生态渔业首先要根据当地气候和地形差异，选择不同的水产动物品种结构。在我国华南、东南等地区，由于地处热带，夏季时间长，水温高，一般不适应长期高温的水产品种就不适宜养殖，如河蟹、小龙虾、泥鳅、黄鳝等品种。在东北、华北、西北等地区，低温时间长，高温时间短，热带性水产品种便不适宜养殖。如罗氏沼虾、罗非鱼、革胡子鲶、南美白对虾等品种不适宜养殖。同时，在生态条件的适应性上应当选择广温性、并且适应性强的水产养殖品种。适温范围狭窄并对温差变化反应敏感的水产动物种类不宜在稻田养殖。例如，在南方丘陵山区梯田稻田渔业，由于高程的影响，日温差和年温差变化都很大，所以，狭温型的热带性或冷水性水产动物便难以适应，如河蟹和小龙虾适宜生长的温度范围较小，主要在20～28℃的水温范围，超出这个范围，它们便会掘穴进入洞中“冬眠”或“夏眠”，回避低温或高温，生长便处于停滞状态，而这两种水产品因个体大小而价格悬殊，这类地区适宜养殖一些本土性土著水产品种或适温范围宽的水产动物。

三、根据水产动物摄食方式和饵料结构选择

掠食性的凶猛水产动物，在稻田环境中是难以满足其食物需求的，尤其是需要直接摄食运动性活饵料的更难满足。如鳜鱼、加州鲈鱼、牛蛙等品种。一般情况下，只能作为配养品种，不宜作为主养品种。但其中有些品种可以通过

驯食改变其摄食方式，如蛙类、乌鳢、加州鲈鱼、黄鳝等品种，驯食后在稻田中养殖可以取得较好的生产效果。但规模化稻田渔业的主养对象，还是选择杂食性、草食性水产动物为宜，如鲤鱼、鲫鱼、罗非鱼、泥鳅等鱼类，河蟹、小龙虾、青虾等虾类，乌龟、中华鳖等爬行类，以及螺蚌等贝类为好。另外，因为水稻在稻田中占据统治地位，太阳能主要被其利用，浮游植物只能拾遗补缺利用其剩余和散落的太阳能，所以，滤食性种类一般也不太适宜作为稻田渔业养殖的主导品种。

四、根据稻田生态环境和饵料资源选择品种结构

稻田为浅水水体，稻田养殖的水产动物必须能够在稻田田面（田间）活动和觅食，才能发挥水稻种植和水产养殖互利共作的优势，即水产动物能帮助水稻清除杂草、抑制病虫害、利用田间其他生物资源，增加肥料来源，并促进稻田水体物质循环和能量转换；而水稻能为水产动物遮阴、降温，并净化水质，促进水产动物健康成长，因此稻田养殖的水产动物商品个体应比较适中或偏小，而体形较高或较大的个体，则无法进入稻田田面或穿越水稻穴间或行间，而无法利用稻田田间饵料资源，并发挥搅拌水体的作用。同时，还要考虑稻田现有饵料资源，应选择能够利用稻田底栖动物、田间杂草和水生昆虫或近水昆虫等作饵料的水产动物。

五、根据水产动物栖息习性和洄游性选择

在栖息习性方面，应选择适应浅水生态环境，栖息于水体中下层，并且无明显洄游性的水产动物种类。所以，在稻田等浅水环境中是不太适宜养殖体形较大的品种，因为这类品种不易进入稻田田间觅食和活动，如团头鲂、淡水白鲳、鳜鱼、草鱼和青鱼商品鱼等品种不宜作为稻田渔业的主养品种，中上层鱼类和跳跃性强的水产动物种类不适宜在山区梯田稻田养殖的品种，只能作为特殊情况下的配养品种。

六、坚持主要养殖一种水产动物

每种水产动物栖息习性、食物品种、摄食方式和繁殖方式都具有一定的特异性，只有主养一个品种，才能有利于打造利于该主养品种所需要的特有生态环

境和食物结构，从而促进该品种水产动物快速健康成长，形成主要经济效益来源。如果没有主养品种，往往容易顾此失彼，难以建立稳定的生态系统，加大生产经营风险，获得持续稳定的良好经济效益。所以，稻田渔业必须坚持选择一个适应本地气候条件和生态环境的主要水产养殖品种，并围绕该主养品种设计养殖的生态环境和该品种的饵料营养配方，保证该品种的健康快速成长，从而获得良好的经济效益。

但是，随着社会经济的发展和科学技术的进步，稻田渔业也由传统的粗放养殖转向现代生态养殖，一些高附加值的水产动物也被转移到稻田渔业生产中，如乌鳢、南方大口鲶、黄鳝、青虾、罗氏沼虾、小龙虾、南美白对虾、中华鳖和中华绒螯蟹等品种，在通过对稻田环境设施进行大幅度改造，并进行增氧等设备配套之后，再配以专用配合饲料进行集约化养殖也能获得成功，并取得高产高效。

第二节　稻田渔业水产苗种质量要求与放养时间

一、稻田水产苗种质量要求

与水产动物相比，由于大多数水稻品种的生育期较短，尤其是籼稻品种，包括杂交稻，其中双季稻生长期最短。所以，在选择稻田渔业水产苗种时，一方面要求该品种生产周期短；另一方面，要求水产苗种体质健壮，苗种规格大，以减少在田的生长时间。这就要求，在连片规模稻田渔业基地或周边建设水产苗种生产基地，专门培育符合稻田渔业放养的大规格水产苗种，并且无病无伤，体表鳞鳍条完整，虾蟹附肢完全，体质健壮，并且生性活跃。鱼类和虾类苗种能在旋转的水中逆向游泳；河蟹、甲鱼等能迅速翻身，且爬行迅速；蛙类苗种反应敏捷，跳跃既高又远；螺类、蚌类稍有触动，能迅速闭合等。以下介绍一些常见水产苗种的质量鉴别。

1. 鱼类苗种质量优劣鉴别

鱼类苗种的优劣鉴别见表4-1。

表4-1　鱼类苗种质量优劣鉴别

名称	鉴别方法	优质	劣质
鱼苗	体色	群体色素相同，无白色死苗，身体光洁不拖泥	群体色素不一，俗称“花色苗”，有白色死苗，鱼体拖泥
	游泳	搅动容器中的水，鱼苗在漩涡边缘逆水游动	大部分被卷入漩涡
	抽样检查	在白盘中吹动水面，鱼苗能顶风逆水游动，倒掉盆中水，在盘底剧烈挣扎，头尾弯曲	鱼苗顺水游动，无力挣扎，头尾仅能扭动
鱼种	出塘规格	同塘、同种鱼，出塘规格整齐	个体大小不一
	体色	体色鲜艳有光泽	体色暗淡无光，变黑或变白
	活动情况	行动活泼，集群游动，受惊后迅速潜入水底，抢食力强	行动迟缓，不集群，在水面慢游，抢食力弱
	抽样检查	鱼在白瓷盘中狂跳，鱼体肥壮、头小背厚、鳍鳞完整、无异常现象	很少跳动，鱼体瘦弱，背薄，鳍鳞残缺，有充血或有异物附着

2. 青虾虾苗优劣鉴别

采用“四看、一抽样”的方法鉴别其优劣。

一看起捕方式。采用拖网起捕的虾苗，不易受伤，适宜装运。干塘时起捕的虾苗容易受伤，不宜运输。

二看虾壳。青虾品种不同，虾壳颜色各异，应选择青灰色、淡黄色、浅红色品种的虾苗，白色虾壳品种不宜运输。

三看体色。优质虾苗体色透明，有光泽；劣质虾苗体色暗，无光泽，虾尾是最嫩部位，虾苗受伤从尾部开始发白。

四看弹跳。优质虾苗出水时弹跳力强，尾部活动曲张有力，否则为劣质虾苗。

五是抽样检查。用拧干的湿毛巾，将数十只虾苗包好，待10分钟后放回水中，存活为优质虾苗反之为劣质虾苗。

3. 小龙虾苗种及亲本的质量鉴别

（1）小龙虾苗种质量鉴别

一看活动能力。将虾苗捕起放在容器内，活蹦乱跳的为好的虾苗；行动迟缓的为差的虾苗。

二看体色。好的小龙虾苗体色鲜艳有光泽，且群体色素相同；差的小龙虾苗往往体色暗淡，群体色素有差异。但个体虽小，体色深红，已经或接近性成熟的个体不宜作为放养的苗种。

三看群体组成。好的虾苗规格整齐，个体健壮，体表光滑而不带泥，游动活泼；差的虾苗规格参差不齐，个体偏瘦，有些身上还沾有污泥。

小龙虾苗种放养成活率普遍不高，反映在苗种质量上，首先是捕捞方法，有些虾苗销售时，采用敌杀死（溴氰菊酯）驱赶捕捞，这样的苗种本已中毒，再加上长期运输，成活率会很低；其次是采用冷藏车运输，袋装时相互挤压，冻伤加上压伤，成活率也不高。所以，应该尽量就地采购，监督捕捞，避免运输时直接风吹造成苗种失水。到达放养田块应尽量快速放养，以保证成活率。

（2）小龙虾亲本质量鉴别

小龙虾繁殖亲虾选购时，必须摸清来源、原生存环境、捕捞方法、离水时间和是否发生过病害等。最好选择天然水域的野生虾，雌雄虾配比一般为（2~3）：1，最好是异地采选。选购时间通常在8月进行，如9月选购亲虾可适当增加雌虾的比例。要求具有如下特征：

一是外壳有光泽，颜色暗红或黑红色，体表光滑无附着物；

二是个体规格大于30克/尾，雄性个体大于雌性个体；

二是附肢齐全、无损伤，体格健壮、活动能力强；

四是性腺发育丰满，成熟度好，腹部饱满有肉。

4. 罗氏沼虾虾苗质量鉴别

首先是现场观察。一看所要选择的苗池中是否还有未变态的幼体，如有说明该池苗变态不正常，淡化时间较短，质量较差。二看育苗池水色，水色应是清淡无色。三看虾苗体色，以清白鲜明为好。

其次要调查了解。一要了解淡化时间，应在3天以上。二要了解育苗水温，以30～30.5℃为宜。三要了解育苗时间，水温30℃左右，正常从幼体到淡化完成应为23～25天。四要了解出苗数量，以每立方米水体出苗4万～5万尾为宜。

第三是动手检查。

一是亲口尝一下池水盐度，淡化3天以上的池水应基本尝不出咸味。

二是动手量一下水温，早期苗淡化好的苗池水温一般为25℃左右，中后期苗池水温应与外界自然水温接近。

三是沿池壁动手捞一下虾，质量好的虾苗被惊动后会成群跳出水面。

四是用一白色小盆带水捞起一些虾苗，搅水使之旋转，以虾苗能迅速散开、逆水游动，并均匀停留在盆四周为好。

5. 蟹种质量鉴别

一是品质的鉴别。我国有蟹类500余种，但适合淡水养殖的仅有几种。现在推广养殖的是中华绒螯蟹，它生长较快、个体也大，营养价值高、养殖效益好。中华绒螯蟹种体色为青灰色，腹部为银白色，体型为不规则的椭圆形，四个前额齿都较尖锐，前侧缘的第四齿明显。选购时要看清上述特征。正宗蟹种产自长江水系，而瓯江水系、辽河水系的蟹种没有养殖价值。

二是体质的鉴别。体质好的幼蟹呈青灰色，甲壳完整、附肢齐全，无伤无病，反应灵活；而体质差的幼蟹呈淡黄色，伤残严重、活动差、反应迟钝。体质好的幼蟹成活率高，生长快，易于养殖。

三是成熟的鉴别。选购蟹种，应选择未达性成熟的幼蟹；已达性成熟的早熟蟹成活率极低，易死亡，不宜购买。早熟雌蟹肚脐盖满，肚脐四边长有许多边毛，颜色深黑；早熟雄蟹步足上刚毛粗、长、密，外生殖器尖长。而幼蟹体薄，体色为青灰色，雌蟹腹脐呈宝塔形，后面生殖部为灰白色而不是紫色；雄蟹步足刚毛稀疏，外生殖器粗短。

如何选择优质蟹种，主要有“五看”。

一看体表：体表无附着物、斑点，颜色以光亮淡黄色为好。

二看附肢：无断爪、磨爪、黑爪；以爪尖较长为好。

三看肝脏：肝脏以橘黄色为好，肝脏发白、糜烂为劣质苗。

四看肠道、鳃部：肠道食线清晰饱满；鳃部洁净以白色较好。

五看活力：以反应敏感迅速爬行，能连续翻身15次以上为好。

6. 中华鳖苗种质量鉴别

（1）亲鳖质量鉴别

引进或选留亲鳖时，首先要选择自然环境下长成的亲鳖，其次应选择池塘粗放养殖条件下育成的亲鳖，最后才选工厂化养殖育成的鳖。因为中华鳖只有经过冬眠，其产卵质量和产卵率才有保证，而且性成熟年龄越长，其产卵效果越好。而工厂化养殖条件打破了中华鳖原有的生长特殊性和繁殖习性，所以育成的亲鳖不但产卵质量差，而且生产性能退化较早。

再者，还应注意不宜使用同一地域的雌雄亲鳖，要尽量远距离选种、配种和保存优良品种，避免近亲繁殖，具体做法是：在一个地域育成的鳖中选留雄鳖，在另一地域育成的鳖中选留雌鳖。亲鳖最好每3～5年淘汰更新一次。

另外，还应进行检疫，防止引进携带细菌、病毒或寄生虫等病原体的亲鳖。亲鳖质量鉴别还要从年龄、体形、体重与活动能力上鉴别：一般较好的亲鳖，要求年龄在8～10龄（自然环境下育成），体重在1.2千克以上；在体形上，雌的呈圆形，雄的呈椭圆形，其背甲平坦，背肋明显，背腹身体较厚，裙边宽厚；体色为青绿色，皮肤较厚而且光亮，爬行迅猛灵活，反应敏捷。

（2）稚、幼鳖质量鉴别

首先，要调查苗种生产单位有无细菌性、病毒性传染病史，并抽样检查，看鳖个体是否含有细菌和病毒等传染性病原体。

其次，要从外观上鉴定。个体肥壮，外形完整，裙边宽阔而肥厚；背甲为茶褐色，腹甲棕黄色，且亮而有光泽；翻转时反应灵敏，用手将其撮堆后，能迅速散开——具有以上特征者为最佳苗种。反之，如果苗种个体消瘦，裙边萎缩，外表有伤或有病灶；体色发黑而无光泽，皮肤多皱；有时腹甲有充血点或损伤，活动能力差，反应迟钝——这些都是劣质苗种的特征，不宜引进。

另外，还要防止鳖种被注水。注水的稚、幼鳖往往四肢活动、伸缩迟缓，体表肿胀。若注水多时，用手挤压肿胀处，感觉压力较大，有水状涌动，像按在一个水囊上，并且可见体表有水渗出，这是尚未愈合的针孔出水。一般稚、幼鳖体内注水后3小时，活动能力明显下降。

二、水产苗种放养时间把握

根据水稻生长期短的特点，稻田渔业苗种放养既要“争分夺秒”，尽量早放，以延长水产动物在稻田田间的生长时间；又要避免水产动物对早期秧苗的损害，并注意避开午后的高温，减少水产苗种受伤和放养时的应激反应。南京大学和江苏省水产研究所研究表明：稻虾共作在插秧当天放养小龙虾饥饿组和饱食组以及插秧1周后放养小龙虾饥饿组的秧苗整株性损伤数均极显著（$P<0.01$）高于对照组，平均损伤率分别为100%、37.5%、32.5%；插秧1周后放小龙虾饱食组及2周后放虾组，水稻总叶片数显著多于对照组，而株高极显著（$P<0.01$）低于对照组。因此在实际生产中，在给予足量饵料的前提下，插秧1周后放养小龙虾为安全模式，插秧2周后放养小虾为最佳时机。所以大多数稻田渔业田块水产品苗种放养都是在稻田插秧一周后，这时稻田秧苗已基本成活，栽秧后浑浊的水质也已澄清。同时可利用稻田田间宽沟大坑（凼或溜）提前放养（暂养），以延长水产动物生长期，也可以利用稻田周边的池塘或稻田中规格较大的坑塘（凼），暂养稻田渔业待放养的水产苗种。如果养殖热带性水产动物，还可以利用稻田中塘（凼）覆盖塑料薄膜保温，可提前购买这些苗种进行保温、增温培育或暂养，以延长生长周期，提高商品规格，增加养殖产量。

稻田渔业中稻渔共作和稻渔轮作模式，由于受水稻生产周期限制，前一类利用稻田的环境和生物饵料资源；后一种则利用稻草（水稻秸秆）提供水产动物的饵肥，但因为水产苗种无法协调一致，在稻田渔业基地周围必须有水产苗种基地配套或及早预订进行暂养，方能取得适合稻田渔业所需要的水产苗种。因为水产动物一年四季都可以在稻田中生活，所以稻渔连作方式的放养时间则完全可以根据水产苗种的生产供应时间，进行科学安排。如稻田养殖小龙虾模式放养亲虾（种虾），在安徽省放养时间适宜在每年8月上旬至9月中旬，小龙虾单产最高。由于这个季节稻田内饵料生物比较丰富，为亲虾繁殖和生长创造了良好条件，同时，亲虾刚完成交配，尚未抱卵投放到稻田后可以繁育出大量幼虾，至翌年5月就可以长成商品虾，上市价格较高。反之，如推迟至8月下旬放养，一方面部分亲虾已经繁苗，降低了虾苗产量；另一方面，此时水温已有所下降，小龙虾活动量减少，地笼网捕捞效果下降。

水稻栽插后，需根据稻田环境和天气状况，适时适当适量放入水产苗种。放养时要注意天气、虾苗的质量、规格，同一稻田田块放养的规格应尽量整齐，工作时间尽量在早上7:00—8:00，放苗天气尽量选在气压高的早晨或阴雨天。当秧苗成活后，才可以让水产苗种进入田面，并注意投喂适口足量的饵料，以免水产动物破坏稻田秧苗。

第三节　渔业稻田主要放养模式

稻田渔业放养模式必须根据当地气候、自然资源和环境条件进行设计。按现代生态渔业的基本要求，首先必须明确当地稻田适宜养殖的主要水产动物品种，这个品种不仅适宜当地气候和自然环境，而且能利用稻田环境中各类自然饵料资源，抑制稻田病虫草害，对稻田生态环境和水稻生产有改良和促进作用。主要养殖的水产动物还应具有经济价值高、单位面积产量较高、抗病力强、市场潜力大等生态经济特点。其次是根据主要养殖品种的生物习性，选择配养水产动物品种。配养水产动物品种不仅能增加稻田水产品产量，而且其生态习性和养殖操作与主要养殖水产动物品种的生态习性无冲突，并尽量选择对主要养殖品种生长生活有促进作用的水产动物品种。第三是合理确定主养水产动物与配养水产动物的搭配数量与比例，以取得较高的产量与效益。近年来，技术比较成熟且效益比较稳定的有以下几种。

一、鲤鱼主养模式（包括田鱼和禾花鱼等变种和杂交种）

鲤鱼是我国最古老的水产养殖品种之一，也是稻田渔业最早的水产养殖品种。稻田主养鲤鱼既包括一般鲤鱼品种，这是传统的稻田主要养殖品种；也包括人工科学选育方法培育的品种，如福瑞鲤、湘云鲤等，这些人工选育品种生长速度快，群体产量高，更易在稻田养殖中获得高产；还包括鲤鱼地方特色变种，如田鱼（瓯江彩鲤）、禾花鱼（乌鲤）等。这些品种非常适应稻田生态环境，体形特殊，风味独特，在当地已得到广泛认可，市场销售价格高。

这种模式主要在我国东南、华南和西南的丘陵山区被广泛应用。其技术要求包括三个方面。一是这种稻田养殖模式的目的主要是利用稻田中天然饵料和稻田中杂草、害虫；二是强调水产品质量安全和风味特色，即利用水质良好的自然山间缓流水和稻田天然饵料资源；三是投饵和施肥只是补充技术手段，并严格控制，产量处在较低水平时其单位面积产量水平保持在自然饵料产量的2倍左右，即每亩30千克左右，最高不应超过50千克，以保持稻田田鱼或禾花鱼的特殊风味。据此，放养鲤鱼大规格鱼种300～400尾/亩，搭配鲫鱼30～50尾，并在稻田中移殖3～5千克螺蛳或水蚯蚓，以利于提高鲤鱼品质（表4-2）。如果养殖福瑞鲤、湘云鲤等人工选育的鲤鱼新品种，则可以设计更高的养殖产量。但如果在东北地区进行稻田养殖，因生长期缩短，应适当降低1/3～1/2的放养量。

表4-2　稻田养殖鲤鱼不同产量指标鱼种放养模式

品种	苗种规格	单位面积产量指标（千克/亩）			
		30	50	80	120
田鱼或禾花鱼、湘云鲤等	鱼种	120	180	300	400
罗非鱼（或鲢鳙、草鱼）		20	40	40	50
田鱼或禾花鱼、湘云鲤等	夏花	180	280	350	500
鲢鳙或草鱼等		30	50	50	50
合计		350	550	740	1 000

二、鲫鱼主养模式（包括异育银鲫、湘云鲫、彭泽鲫、淇河鲫等）

鲫鱼是大众化水产消费品种，市场容量大，采用主养鲫鱼模式，适宜在大部分地区稻田中养殖，可以满足当地市场对常规水产品的需求，市场风险小。这种模式的鲫鱼一般均不是普通鲫鱼品种，而是人工选育优良鲫鱼品种——异育银鲫和湘云鲫等，或主养地方特色优良品种——彭泽鲫、淇河鲫等。稻田主养鲫一方面能够充分利用稻田自然饵料资源和稻田中杂草、害虫等，另一方面必须补充投饵和施肥，投饵数量也要达到较高投入水平。预计亩产水产品产量为75～100千克。放养大规格异育银鲫1龄鱼种300～500尾/亩，搭配1龄草鱼种10尾、30～50尾鲢鳙鱼种，取得了亩产稻谷614千克，亩产商品鱼108千克，其中异育银鲫占70%以上。江苏省淮安水产站开展稻田主养异育银鲫试验，亩放养20～30尾/千克的银鲫鱼种10～15千克；15～20尾/千克鲢鳙鱼种3～5千克；

6月中下旬每亩放养草鱼夏花300～500尾。年底亩平收获水稻462千克，商品鱼114.4千克，其中银鲫68千克，亩获纯利1 183.5元。陕西省水产总站2011—2013年开展稻田主养湘云鲫试验，亩放养50克左右的湘云鲫300尾，搭配放养鲢鳙鱼种和草鱼种（表4-3），取得了亩产稻谷674千克，比未养鱼田相比产量提高了8%，亩产商品鱼137千克，其中湘云鲫占76%以上。尤其是福建省连城县水产站开展的模式化稻田（早稻田）轮养湘云鲫试验，每亩稻田放养湘云鲫夏花1 500尾，搭配放养鲢鳙鱼种，亩产商品鱼630千克，其中湘云鲫480千克/亩，平均规格400克，亩纯收入2 035元。

表4-3　稻田主养湘云鲫鱼种亩放养模式

品种	规格（克）	产量（千克/亩）	数量（尾/亩）	尾数占比（%）
湘云鲫	50	15	300	88
草鱼	100	1	10	3
花白鲢	100	3	30	9
小计		19	340	100

彭泽鲫是原产江西的优良地方品种。在江西及周边地区稻田主养彭泽鲫产量高、效益好。据江西吉安市吉州区水产站试验，每亩早稻田放养规格为40～50克的彭泽鲫鱼种1 300尾，亩产稻谷488千克，亩产彭泽鲫517千克，亩均纯收入2 823元。另据江西省吉安地区农业局试验，每亩双季稻田放养规格为彭泽鲫夏花1 000尾，搭配放养草鱼和鲢鳙鱼夏花，亩产商品鱼58.75千克，其中彭泽鲫42千克，占71.5%。

稻田主养黄金鲫也可以参照上述异育银鲫、彭泽鲫和湘云鲫等名优鲫鱼养殖模式。

三、主养泥鳅模式（包括台湾泥鳅）

这种模式是模仿自然生态的养殖模式，具有广泛的适应性，几乎可以在所有稻田渔业产区采用，主要制约因素是当地是否有消费泥鳅的习惯和足够的市场容量。这种模式是由该品种生态上的广泛适应性决定的。一方面也能充分利用稻田自然饵料资源和稻田中杂草、害虫等；另一方面还必须补充投饵和施肥，必须投喂泥鳅专用配合饲料并且达到较高投入水平。设计亩产商品泥鳅产量为50～600千克。如亩产50～80千克，亩放3～5克/尾规格（大于3厘米）的鳅苗1万～1.5万尾。如设计泥鳅亩产200千克，那么每亩可放养300～500尾/千克规格的泥鳅苗种50千克以上。另外，每亩可搭配30～50尾鲢鳙1龄鱼种。2012年，重庆市调查稻田主养泥鳅5.3万亩，亩产泥鳅等水产品72千克，亩产稻谷530千克，增产约10%，亩均纯收入1 500元。

据浙江大学试验，每亩稻田放养210～320尾/千克的泥鳅鱼种106千克，经8个月饲养，亩产平均规格为25克的商品泥鳅639千克。浙江省海盐县水产站试验结果为，亩放3～8厘米的泥鳅苗种150千克，经5～6个月的种养，平均亩产规格为20～60尾/千克的泥鳅408千克，平均亩产稻谷375千克，亩均利润20 890元。江西省新干县农业局试验，每亩稻田放养规格为4～5厘米（约400尾/千克）泥鳅夏花64千克（约2.5万尾），经7个多月饲养，亩产稻谷513千克，亩产泥鳅586千克，实现亩产值14 936元，亩纯利润6 770元。以上三例证明，稻田养殖泥鳅单产具有很大潜力，其中后两例采用宽沟深沟式田间工程。

台湾泥鳅与一般泥鳅相比，因其生长速度快，不易钻泥，容易捕捞，产量高、效益好，受到养殖户的青睐。据辽宁省盘锦市开展的“稻田养殖台湾泥鳅高产技术研究”表明，苗种规格应在200尾/千克以内，最好在100尾/千克以内，放养密度为5 000～8 000尾，可以取得较好的经济效益（表4–4）。

表4–4　台湾泥鳅稻田放养与养殖效益

组别	放苗规格（尾/千克）	密度（尾/亩）	收获规格（尾/千克）	亩产量（千克/亩）	亩效益（元）	备注
1	60～100	8 000	14～20	450	3 775	越冬苗规格220尾/千克暂养
2	60～100	5 000	14～20	320	2 540	越冬苗规格220尾/千克暂养
3	160～200	5 000	20～25	200	1 400	当年苗规格1 900尾/千克暂养苗

注：泥鳅售价为18～20元/千克，稻田工程成本500元/亩，饵料系数1.5，饵料单价6～8元/千克。

泥鳅稻田主养模式应尽量采用稻渔连作方式，这是由于泥鳅在稻田中有自然繁殖能力，如注意控制商品鱼起捕上市量，选留种鳅用作下一年度繁育亲本，实现自繁自育自养，可以持续实现良好的产量和效益。

四、黄鳝主养模式

黄鳝为开放式稻田田间水体中常见水产动物，具有较强的耐低溶氧能力，有关研究表明，当溶解氧含量在1.7～8.2毫克/升时，对黄鳝最大摄食率和特定生长率没有显著影响。因此，黄鳝主养模式是稻田渔业中效益较高的一种模式，以采用“垄稻沟鱼”生产方式为好，可以获得很高的产量和经济效益。由于黄鳝具有辅助呼吸器官，对稻田溶氧要求并不高，如用垄沟流水式养殖方式，更加适合黄鳝的自然习性。这种方式养殖黄鳝，高产稻田亩产商品黄鳝可达50～1 000千克。如江苏如皋市水产站试验，每亩稻田放养平均体重93.7克鳝种950尾，亩产商品黄鳝89千克（亩净产35千克），亩效益2 287元。黄厚鹰和张厚贤等调查总结的结论是，一般每亩放养规格为30～50克/尾的鳝种1 000～1 500尾，平均亩产商品鳝100千克左右。

一般来说，稻田水体通过水生植物（浮游植物、沉水植物等）的光合作用可以提高水体溶氧量，有利于水体中物质循环和能量转换，给黄鳝摄食和生长创造良好的生态环境条件。同时，较高的溶解氧含量对水体中其他化学因子、底泥的化学性质等生物学特性有重要影响。高密度稻鳝共作系统中，大量投饵会使残饵及水产动物的粪便增加，虽提高了稻田水体肥力，但也增加了稻田水体耗氧，从而降低水体溶氧。当水体溶解氧含量过低时，黄鳝会出现摄食异常，并出现浮头或吐食现象；同时，氨氮、亚硝酸氮含量便会升高，进而影响黄鳝生长，甚至造成死亡。上海农林职业技术学院为研究稻田黄鳝最佳放养密度，进行了“不同黄鳝放养密度的稻田水质及生产效果”的研究，通过不同密度黄鳝养殖试验，比较了试验稻田部分水质指标，并对试验稻田进行了经济效益分析。结果表明：放养密度对稻田水体溶解氧、氨氮和亚硝酸氮有显著影响，每亩放50克左右的鳝种800尾，同时混养5～10克的小龙虾苗3 000尾，稻田田间水质相对较好，溶解氧均值3.76毫克/升，氨氮均值0.553毫克/升，亚硝酸氮0.022毫克/升。从对各项综合因素分析来看，每亩放养1 000尾鳝鱼种时，稻田水体保持了中度富营养化的状态，溶解氧平均含量为2.86毫克/升，氨氮为0.817毫克/升，亚硝酸氮0.024毫克/升，水稻亩产量达322.3千克/亩，黄鳝亩产为123.2千克/亩。每亩还生产克氏原螯虾46.2千克，亩利润达5 260.7元，既保持了良好的水质，又取得了较高的经济效益。如采取1 200尾/亩的黄鳝鱼种放养密度，亩产稻谷327.4千克，商品黄鳝142.4千克，另出产克氏原螯虾43.1千克，每亩利润高达5 967.0元，经济效益最佳。但在这个放养密度下稻田田间水质状况显然不如每亩放养800尾和1 000尾两类稻田田间水质，使水质风险加大。这必须随时关注水质变化，加强水质管理，如采取配备微孔增氧设备，及时换水、定期泼洒微生态制剂或种植水生植物等手段去调控水质。

另外，水蚯蚓和蚯蚓都是黄鳝喜食的活饵料，主养黄鳝稻田可与稻田垄上"大平二号"蚯蚓养殖相结合，也可以在环沟和坑（凼）中引种水蚯蚓，更有利于促进黄鳝生长。上海农林职业技术学院等研究还表明，在黄鳝养殖稻田混养小龙虾（克氏原螯虾），不仅可以出产部分大规格商品虾，而且由于小龙虾繁殖周期长，部分虾苗和小规格小龙虾还可以成为黄鳝的优质鲜活饵料，有利于提升黄鳝商品规格，改善商品黄鳝品位，提升销售价格与经济效益。

五、罗非鱼主养模式

这种模式适宜在广东、广西、福建、云南和海南等热带地区城郊和平原地区稻田中推广。这些地区高温持续时间长，有利于罗非鱼保持快速成长。如放养冬片，亩放养量为500～600尾，搭配30～50尾鲢鳙鱼种。如放养春片，亩放养量为800～1 000尾，搭配30～50尾鲢鳙鱼种。这种模式稻田田间沟、塘（凼）开挖比例应在15%以上，并配备增氧机械，以专用配合饵料投喂。平均亩产水产品可达200～300千克以上。据浙江省淡水水产研究所试验，每亩稻田放养70～94克的红罗非鱼鱼种700～900尾，亩产红罗非鱼商品鱼194千克。

也可采用半精养方式，以提高稻田渔业出产的罗非鱼品位。如广西三江县开展了稻田养殖罗非鱼和禾花鱼的对比试验，罗非鱼在稻田中的生产性能好于禾花鱼，单养罗非鱼每亩稻田放养冬片200尾，单产罗非鱼38.8千克/亩；混养为每亩禾花鱼和罗非鱼各100尾，罗非鱼单产19.45千克/亩，禾花鱼单产13.35千克/亩，合计为32.8千克；单养禾花鱼每亩稻田放养冬片也是200尾，禾花鱼单产为30.6千克/亩。试验结果表明，罗非鱼比禾花鱼增产26.8%。

六、革胡子鲶主养模式

鲶鱼类水产动物是较为适合在稻田中养殖的水产动物，一般都比较耐高温、耐低氧、生长快，完全可以作为主养品种。因此，稻田养殖鲶鱼模式适宜在长江流域及其以南地区城郊和平原地区稻田中推广，尤其在南方的广东、广西及福建地区推广。在稻田鲶鱼养殖中首推革胡子鲶养殖模式，这源于其广泛的适应性和较高的市场价格，尤其是高度的耐密养、耐缺氧、摄食量等生活习性，具有生长速度快、单位面积产量高、经济效益好等特点，其在稻田中养殖单产和商品个体规格都是最高的，使其成为南方地区渔业中被广泛养殖的主要品种。在长江及其以南地区放养革胡子鲶大规格鱼种，一般亩放养量为800～1 000尾，搭配30～50尾鲢鳙鱼种。如四川省乐至县水电局也开展过稻田主养革胡子鲶试验，每亩稻田共放养鱼种2 160尾，计46.68千克，亩产革胡子鲶商品鱼1 070.05千克，亩净产1 023.37千克。另据云南省农业科学院试验，从养殖方式上看，以单养革胡子鲶的产量高，1988年平均亩产204.6千克，单养优于混养，最大个体重量为600克。从鱼种规格上看，革胡子鲶放养大规格越冬鱼种比放养当年小规格鱼种产量高，效益好，食用鱼占90%以上，投放大规格鱼种，产量大幅度提高，以投放15～20厘米越冬鱼种为佳，产量占平均亩产204.6千克的63%，小规格鱼种（10厘米以下）则占亩产37%。因此，以投放15～20厘米以下越冬鱼种效果最佳（表4-5）。

表4-5　稻田主养革胡子鲶不同模式放种量及产量比较

项目	放养方式	鱼类品种	投放量与规格					产量	
			尾/亩	放养日期	全长（厘米）	体重（克）	千克/亩	千克/亩	占总产（%）
1987年	混养	革胡子鲶	800	5/29	6	1.3	1.4	76.1	68.8
		鲤、鲫鱼	800	5/29	10	23	18.4	34.5	31.2
		合计（亩）	1 600				19.8	110.6	100
	单养	革胡子鲶	1 000	5/29	5	1.1	1.1	132.2	100
1988年	单养	越冬革胡子鲶	600	4/29	17.5	59	35.4	129	63
		当年革胡子鲶	800	5/13	10	6	4.8	75.6	37
		合计（亩）	1 400				40.2	204.6	100

七、斑点叉尾鮰主养模式

斑点叉尾鮰是从美国引进的水产养殖品种，作为适应性广的底栖性杂食性鱼类，完全可以作为稻田主养品种，主要在南方地区稻田中养殖，能获得较长的生长期和产量，并已在许多地区取得良好的养殖效果。一般放养越冬后的斑点叉尾鮰鱼种，亩放养量为1 000～1 500尾，搭配30～50尾鲢鳙鱼种。以上这类模式的稻田田间沟、塘（凼）开挖比例应达到10%，并配备微孔增氧设备，应以专用配合饵料投喂。平均亩产水产品300～500千克。如养殖淡水鲨鱼，则最好选择稻渔连作稻田，才能获得大规格的商品鱼。

重庆市永川区水产中心开展过稻田主养斑点叉尾鮰试验，每亩稻田放养20克左右的斑点叉尾鮰鱼种800尾，配养白鲢夏花300尾，亩产水产品58.5千克，其中斑点叉尾鮰43.2千克，平均规格573克。

八、黄颡鱼主养模式

黄颡鱼体表无鳞，肉中无刺，商品个体适中，市场价格高，也是适宜在长江流域等大部分地区稻田养殖的水产动物品种。黄颡鱼主养模式需要配养少量兼有食草习性的小型水产动物，如小龙虾、青虾等，以充分利用稻田自然饵料资源和稻田害虫等，并抑制稻田杂草生长，但又不宜放养价值较低的大型食草性水产动物，如草鱼、鲤鱼等，防止与黄颡鱼争食专用饵料。黄颡鱼主养模式必须尤其是补充投饵和施肥，饵料须投喂专用饵料，投饵数量应达到较高水平。另外，主养黄颡鱼的稻田还要投放100～200千克活螺蛳，用于补充活饵料来源。如计划亩产黄颡鱼75～100千克，则可亩放养1龄黄颡鱼鱼种500～600尾，搭配30～50尾鲢鳙鱼种。稻田养殖黄颡鱼有许多成功经验，据湖北省水产科学研究所在再生稻田进行了黄颡鱼养殖试验，每亩稻田放养规格为12.5～16.7克的黄颡鱼鱼种7.1千克，亩产黄颡鱼商品鱼51.7千克，平均规格62克；稻谷亩产745千克，其中头季稻亩产614千克。另据贵州省余庆县水产站试验，每亩稻田放养规格为4～6厘米的黄颡鱼鱼种15千克，亩产黄颡鱼商品鱼116千克，平均规格110克；稻谷亩产574千克，亩纯收入2 592.74元。

九、乌鳢主养模式

乌鳢即黑鱼，是城乡居民喜欢消费的优质鱼类，也是饭店宾馆宴席的重要食材，具有很大市场容量，并且适合在稻田中养殖。黑鱼有辅助呼吸器官，对生态环境的适应性极强，即便在空气中也能生存很长时间，是特别能适应稻田环境的水产动物。尤其是人工选育的杂交黑鱼，对人工商品饲料十分适应，且耐密养，更适宜于稻田养殖。据山东临沂师范学院试验，每亩稻田放养规格为50～150克的大规格乌鳢鱼种2 500～3 000尾或夏花鱼种4 000～5 000尾，亩产乌鳢商品鱼300～500千克，亩纯收入2 000～3 000元以上。另据江苏省盐城市义丰镇试验，每亩稻田放养规格为95克的乌鳢鱼种300尾。经8个月饲养，亩产乌鳢商品鱼292千克，平均规格969克，每亩获利2 435元。为了保证稻田养殖的商品黑鱼风味和食品安全性，亩产应控制在500千克以内，亩放养黑鱼鱼种为1 000～1 200尾，并可于早春时节在稻田中投放螺蛳、河蚌，以利用黑鱼残饵和粪便，净化水质的底质，小螺蛳也是黑鱼补充饵料。还可以混养青虾抱籽虾和能繁鲫鱼，为黑鱼提供活饵料。但需要注意的是，因适应能力和捕食能力极强，一旦放养很难清除，可能影响其他水产品的成活率，故乌鳢尽量不要作为配养品种。

十、小龙虾主养模式

稻田小龙虾主养模式起源于湖北省潜江市，是进入21世纪以来在长江流域比较盛行的稻田养殖模式，在安徽、江西、江苏、浙江等地也得到了较快的发展。其原因有以下几个。一是由于小龙虾风味特别鲜美，男女老少皆喜欢，覆盖所有消费人群；并且大小规格都能上市，价格差异显著，市场容量巨大，发展前景极其广阔。二是小龙虾本来就是稻田栖息的天然水产动物，习性凶猛，在池塘等专用水体中养殖产量不够稳定，反而适应稻田特殊的浅水生态环境。特别是田间改造开挖沟、塘（凼）后的稻田，更有利于小龙虾实现优质高产，亩产可达100～150千克。目前小龙虾稻田养殖以中稻和小龙虾连作为主，也有稻虾轮作方式。在放养上有以下两种模式。

1. 放种虾模式

这是目前应用最广的放养模式。放养时间为每年的7—9月，在中稻收割之前1～2个月，往稻田田间沟、塘（凼、溜）中投放经挑选的克氏原螯虾亲虾。投放量每只30～40克的亲虾15～25千克，雌雄比例（2～3）：1；如果是已养殖一年以上的老稻田，则每亩只需投放上述规格的种虾10～20千克。上述放养密度每亩可产商品虾125～150千克。另据滁州市水产技术推广中心站试验，放养亲虾的时间以8月中旬为产量最高，一是这个时间的温度高，稻田内的饵料生物比较丰富，为亲虾的繁殖和生长提供了有利的条件。二是在8月，亲虾进行交配后，还没有抱卵，投放到稻田中经过一段时间的适应，就可以产虾。三是到了9月以后，亲虾的数量得不到保证，货源短缺，而且价格高，导致投入增加。因此，控制投放时间在当年的8月中旬，养殖效果最佳。另外，推广站技术人员进行亩放养10千克、15千克、20千克和25千克的不同密度比较试验。结果表明，亩放养25千克种虾单产最低，仅有90千克/亩。当放养密度控制在15千克/亩时，产量最高达109千克/亩以上。这个放养密度，既有效地减轻了克氏原螯虾自相残杀，又降低了克氏原螯虾发病率。亲虾投放后不必投喂，亲虾可自行摄食稻田中有机碎屑、浮游动物、水生昆虫、周丛生物及水草，稻田的排水、晒田、割谷照常进行。中稻收割后随即灌水，施用腐熟的有机粪肥，培肥水质。待发现田间有幼虾活动时，可用地笼捕走大（种）虾。

2. 放幼虾模式

在秋季向养殖稻田中投放刚离开母体的幼虾1.5万～2万尾/亩，在天然饵料生物不丰富时，可适当投喂一些鱼肉糜、动物屠宰场和食品加工厂的下脚料等，也可人工捞取枝角类、桡足类饵料投喂。或在春季向养殖稻田中亩放养2～3厘米的虾苗1万尾左右。也可以放养规格为每千克为150尾左右的虾种，放养密度为0.8万尾/亩，另配养30～50尾鲢鳙鱼种。幼虾来源可以从周边虾稻连作稻田或湖泊、沟渠中采集。幼虾运输要挑选好的幼虾装入塑料虾筐，每筐装重不超过5千克，每筐上面放一层水草，保持潮湿，避免太阳直晒；运输时间应不超过1小时，越短越好。放养幼虾的起捕上市时间为8月初至9月底，前期是捕大留小，大规格及时上市；后期捕小留大，大规格留作亲本做种虾抱卵育苗，一般留存稻田的种虾数量每亩为15～25千克。

十一、青虾主养模式

青虾适应在浅水的水草（藻）丛中生活，并且生长周期与水稻生长期也高度吻合，是适宜的稻田渔业养殖对象。这种养殖模式在浙江较为普遍。青虾因为其对水质要求高，商品个体小，设计亩产为30～50千克。青虾苗种放养方式有三种。一是放养抱卵虾。在天然水域收集体长6厘米以上的抱卵亲虾，亩放养1～1.5千克。二是放养虾种。主要是上年养殖未达上市规格暂养起来的幼虾，规格2～3厘米，亩放2.5万～3万尾。三是放养虾苗。当年繁殖的规格为1厘米左右的虾苗，要求规格整齐，亩放4万～5万尾。浙江省绍兴市柯桥区农业学校开展了“虾—稻—虾套种蕹菜生态高效种养技术”试验，根据当地实际情况，采取虾—稻—虾、套种—作菜的种养模式，生产茬口安排为：冬春虾养殖期为12月至翌年4月底（即12月至翌年2月中旬放养虾种），规格以1 500～2 000尾/千克为主，投放幼虾15～20千克/亩；水稻生产期为5月初至7月底或8月初；秋季虾养殖期为8月中旬至春节前后。秋季虾放养后套种蕹菜（空心菜）。夏秋季养殖8月中旬至9月初放养，一般每亩投放规格为0.8～1厘米的虾苗6万～8万尾或1.5～2厘米的虾种4万～6万尾。每亩稻田收获稻谷464千克，水蕹菜1 102千克；同时，每亩稻田起捕青虾75千克，其中夏秋虾38千克；每亩稻田创产值10 245元，亩创效益5 376元。实践表明，该模式具有明显优势：一是创新耕作制度兼顾粮食生产；二是轮作方式有利于改善生态环境，提高青虾产量；三是稻田套种水蕹菜能净化水质，既为青虾生长提供良好的自然环境，又可增加夏秋季特色蔬菜供应，既实现了稻田生物多样性，又实现了产品多样化。

十二、罗氏沼虾主养模式

罗氏沼虾的生态习性与青虾较为相似，罗氏沼虾作为热带性虾类，对水温要求较高，因此应选择位于淮河流域以南地区的稻田，最好是海南、广东、广西或福建等省（区）的稻田，可获得较长的生长期，提高两类虾的商品规格。稻田养殖主养罗氏沼虾模式从20世纪90年代中期在江苏就已推广，并扩散到北至辽宁和南到云南西双版纳等边远地区。一般罗氏沼虾设计亩产为50千克左右，亩放淡化虾苗为1万～1.2万尾，或放养3厘米左右的幼虾5 000～6 500尾。1999年上海市奉贤县水产技术推广站进行了稻田饲养罗氏沼虾试验，11亩稻田放养3厘米左右的幼虾70 600尾，亩均放养6 418尾，亩产稻谷413.6千克，商品虾51.5千克。

十三、河蟹主养模式

稻田河蟹主养模式主要应该在非河蟹主养区推广。在江苏、安徽、江西、湖北等长江中下游地区河蟹主产省份，自然条件非常适宜养殖河蟹，并且也曾经成为当地农村的重要产业。但随着大水面和池塘养蟹的快速发展，当地河蟹产量大，品质优，所以，稻田生产的河蟹缺少市场空间。而在华南地区因为气候炎热，河蟹在整个夏季都不太适应，难以生产高规格优质河蟹。因此，目前稻田主养河蟹模式适宜在东北、华北、西北等地区及其他非河蟹主产区推广。这种模式既可以生产商品蟹30～50千克/亩，也可以培育蟹种（扣蟹）50千克/亩左右。另外，主养河蟹的稻田还可投放100～200千克活螺蛳。如盘锦模式一般亩放6～7克的辽河系蟹种（扣蟹）500只左右，亩产商品蟹30千克，并实现水稻高产，每亩纯收入2 200元以上。上海海洋大学曾比较了养成蟹稻田中3种河蟹放养密度，即每平方米放养0.45只、0.75只、1.05只，得出了稻田养殖成蟹的最佳放养密度为每平方米0.75只（即每亩稻田放养450只）左右的结论。蟹种的放养规格是在未性成熟的情况下尽量选择较大规格。

稻田的生态环境经改造后，非常适宜用于培育蟹种。据江苏省宜兴市水产畜牧站试验，每亩稻田放养蟹苗2千克，亩产蟹种165千克，亩纯收入4 720元。据江苏省盐城市盐都区调查，春季每亩稻田放养蟹苗1.5～2千克，亩产蟹种120～160千克。搭配1～1.5千克青虾种虾和30～50尾鲢鳙鱼种，可以起到避免浪费剩余饵料和净化水质的作用。另据辽宁盘锦河蟹原种场试验，每亩稻田放养蟹苗0.25千克，亩产规格为240只/千克的蟹种1万只。根据辽宁省盘山县国营农场管理局几年的对比总结，稻田培育蟹种30～50千克，每亩投放蟹苗以0.25～0.35千克为宜。

十四、中华鳖主养模式

天然中华鳖是十分珍贵的滋补水产品，历来深受中老年消费者的欢迎。只是由于20世纪90年代后温室高密度养殖的兴起，养殖水质差、病害多、大量使用抗生素，使中华鳖在消费者心中的形象一落千丈，价格也呈断崖式跌落。稻田中华鳖主养模式恢复了中华鳖天然生长环境和生活方式，也恢复了中华鳖的天然风味和保健价值。湖南省汉寿县部分农民在1987年就进行了“高垄深沟”稻鱼鳖混合种养技术探索，取得了亩产稻谷370千克、产鳖（包括寄养）500千克、每亩纯收入7 657元的高效益。2012—2013年，衢州市衢江区大洲镇狮子山村的村民傅孔明，在承包的300亩水田中探索稻鳖共生新型种养模式。2012年6月28日投放规格为0.2千克的中华鳖种180只/亩，2013年7月31日投放规格为0.4千克的中华鳖种121只/亩。取得了当年亩产稻谷570千克、亩产商品鳖96.3千克、亩均效益21 477.8元。笔者认为，稻田当年养成商品鳖，一般放养规格为150～250克，也可放养350～500克的规格，养殖周期可以是1年，也可以2～3年上市。一般每亩放养150～200只。同时，还可以混养商品鱼虾，投放活螺蛳，一方面可以增加水产品产量，另一方面还可以为中华鳖提供优质活饵料。

据湖北省水产技术推广总站进行的“鳖虾鱼稻生态种养试验”，每亩稻田投放温室育成的400克左右的鳖种83只，放养异育银鲫鱼种167尾。种虾投放时间为上年8月，每亩投放规格为25～35克的小龙虾种虾10.4千克，翌年便可繁殖大量幼虾。幼虾一方面可以作为中华鳖鲜活饵料，另一方面可以养成商品虾进行市场销售。另外，每亩稻田放养8.3千克活螺蛳作为中华鳖和小龙虾活饵料。试验稻田除基肥外未施用其他任何肥料，水稻生长良好；试验稻田仅安装了灭虫灯，未出现病虫害和杂草，未使用任何除草剂和杀虫剂；中期螺蛳全部被吃光，故中华鳖规格悬殊。试验获得亩产商品鳖87.2千克，商品虾47.8千克，异育银鲫55千克，稻谷455千克，实现亩均纯收入10 927元。据《稻田生态养鳖技术》介绍，稻田单养大规格商品鳖可以在秋后稻田整理后灌水放养规格为400～500克的鳖种，每亩稻田放养100～300只，年可增重50%～120%，年底上市规格达1 000～1 200克。如用放养为50～100克的小规格鳖种在稻田中养殖2～3年可养成大规格商品鳖，一般每亩稻田在插秧之前放养400～600只鳖种，翌年进行分田稀放养殖，第三年底可养成大规格商品鳖。还可以在稻田中进行鳖虾鱼混养，用250～500克的鳖种放养密度为120～150只/亩；用100～150克的鳖种放养密度为250～300只/亩。混养的虾种可分两次放养，3—4月放养体长3～5厘米（200～400只/千克）虾苗50～60千克/亩，40～50天之后即可捕捞上市。8—10月第二次放养虾种为放养种虾（抱卵虾），亩放15～25千克，为翌年繁育虾苗。另外，每亩放养80～100尾3～5厘米的鲢鳙鱼夏花和30尾的银鲫夏花，净化水质和利用鳖的残饵，可亩产大规格商品鳖100千克，大规格小龙虾60千克，鲢鳙鲫商品鱼50千克，亩纯利6 000元以上。

为了提升稻田养殖中华鳖和乌龟的品位，每亩可搭配放养50～100千克螺蛳，还可以混养泥鳅、青虾和小龙虾，放养量可以为其主养模式的1/3～1/2。这既可以利用中华鳖的残饵、清洁其生态环境，又能为其提供天然活饵料。可以收获一部分大规格商品虾或螺蛳等优质水产品。

十五、虎纹蛙主养模式

蛙类为两栖类动物，本来就是稻田的天然水生野生动物，它们除在蝌蚪阶段行鳃呼吸，需要水中有较高溶氧量外，其余生长发育期都是行肺呼吸。因此，对水质要求不高。稻田既是它们适宜的生态环境，又有它们适口的天然饵料，淮河流域及以南地区的稻田都适宜采用这种养殖模式。虎纹蛙为我国特有蛙种，规格大，本来就是稻田中的常见物种。福建、江西、上海等地均开展了稻田养蛙的探索。福建省光泽县鸿建科技农庄有限公司进行了“水稻—虎纹蛙”生态农业模式的研究，亩放13～15克的幼蛙4 000只或6 000只，“稻—蛙”模式水稻平均产量为389.45千克/亩，与对照田相比，每亩减产74.4千克，其减产主要原因是对照田在栽培过程中施用了化肥，而“稻—蛙”种养模式的水稻没施用化肥；饲养90天左右蛙平均规格153.1克，虎纹蛙产量为540.97千克/亩，经济效益良好。“稻—蛙”模式经济效益为2 163～4 683元/亩，为单纯种水稻经济效益的3.56～7.71倍。另据光泽县水产技术推广站“水稻、虎纹蛙生态种养试验”，每亩稻田放养7～15克的幼蛙4 000只，经95天养殖，亩产平均规格为161克的商品蛙422千克，优质水稻494千克，亩均利润2 772元。上海青浦农业科技孵化中心开展了虎纹蛙稻蛙种养试验，在18亩稻田里放养了54 000只虎纹蛙苗。经过三四个月的稻蛙“互动”，水稻长势良好，亩产稻谷360千克，且均是身价倍增的“零农药”有机稻米；而割稻后捕捉的虎蚊蛙产量达240千克/亩，且市场行情看涨。稻蛙种养综合效益达每亩6 066元，是不养蛙稻田收益的6倍多。

十六、美国青蛙主养模式

美国青蛙性格温顺，比牛蛙更适宜在稻田中养殖。河南师范大学生命科学学院开展的“稻田养殖美国青蛙试验”，在8块面积均为1亩的稻田中进行。放养密度分别为300只、600只、1 000只和1 500只，均重复一次试验。结果表明，放养密度为600只/亩和1 000只/亩的纯利润较高，亩均利润均超过1 200元；放养1 500只的次之，放养300只较低。但放养密度为300只/亩时，稻田中天然饵料即可完全满足美国青蛙的生长需要，不需补充投喂饲料；如600只/亩的放养密度需补充极少量的饲料，饲料系数一般不超过1；如1 000只/亩的放养密度，需较大量补充饲料，饲料系数一般在1.6左右；如1 500只/亩的放养密度，则更需大量补充饲料，饲料系数在1.8以上。因此在人工补充饲料条件下，稻田养殖美国青蛙的放养密度为600～1 000只/亩为宜，经济效益较高。

第四节　稻田水产苗种放养准备与注意事项

一、稻田渔业田间工程的清理

1. 外围堤坝的加固

稻田渔业产区如果处于平原地区，洪涝季节的连续降雨或台风带来的暴雨，都可能形成周边江河湖泊水位快速上涨，直接威胁稻田渔业生产安全。因此，在每年冬季或汛期到来之前，都必须认真检查外围大圩、堤坝的质量安全状况，发现坍塌之处或穿坝洞穴，应及时加固或修补，确保安全度汛。

2. 田埂的加固

稻田田埂是稻田渔业安全的首道屏障。每年稻田渔业生产开始之前都要进行加固和维修。主要是修补坍塌之处或漏洞。

3. 田间沟、塘（凼或溜）清理

稻田间的雨水和进排水冲刷等会直接造成稻田渔业田间沟、塘（凼或溜）中沉积淤泥，减少了田间沟、塘（凼或溜）的盛水容量。因此，应该在每年生产季节之前进行稻田田间沟、塘（凼或溜）淤泥的清理工作，将沟、塘（凼或溜）中大部分淤泥清理到稻田田面，提升稻田土壤肥力，同时减少耗氧、净化水质。

二、稻田环境消毒

稻田渔业田间及沟、塘（凼或溜）必须进行消毒，尤其是沟、塘（凼或溜）底淤泥更要消毒，以清除水产动物的敌害生物（如水蛇、老鼠等）和病原生

物（主要是细菌、寄生虫类）。清田消毒药物主要有生石灰、茶枯、漂白粉等。常用方法如下。

1. 生石灰消毒

使用生石灰能够杀死害鱼、蛙卵、蝌蚪、水生昆虫、部分水生植物、鱼类寄生虫和病原菌等敌害生物。另外，生石灰本身含钙，还有一定肥效，而且可调节土壤pH值、促进有机质分解、改良土壤结构、促进土壤中氮磷钾等元素释放，尤其适用于酸性土壤。用法为：保持田间水深5～10厘米，在田块内均匀挖小坑数个，将生石灰倒入坑内并加水化开，不待石灰浆冷却即向田块内均匀浇泼。之后，耕耙1次，使土壤与石灰浆均匀混合。所用生石灰要求新鲜、不含杂质、块状、质轻，遇水后反应剧烈、体积膨大，用量宜为75～100千克/亩，生石灰毒性失效时间为7天左右。

2. 茶籽饼（茶粕）消毒

茶籽饼是山茶科植物油茶、茶梅或广东茶等的果实榨油后剩余的渣滓，含有皂角苷（又名茶皂素），为一种溶血性的毒素，可使动物红细胞分解，是常规鱼塘常用的清塘药物。茶籽饼能杀死野鱼、蛙卵、蝌蚪、螺蛳、蚂蟥及部分水生昆虫。皂角苷对鱼类和水生动物的致死用量为10克/米^3。但茶籽饼对细菌无杀灭作用，且能促进藻类繁殖。施用方法是：用量为水深10厘米时茶籽饼用量5千克/亩，先将茶籽饼捣碎成小块，加水浸泡24小时，之后加水，连渣带汁一起均匀浇泼稻田田面及田间沟、塘（凼或溜）中。皂角苷易溶于碱性水中，使用时加入少量石灰水，药效更佳。

另外，茶籽饼中含有丰富的粗蛋白及多种氨基酸等，因此也是一种很好的有机肥料。茶籽饼毒性消失时间为7～10天，但如果采取干撒的方式，则毒效消失较慢。

3. 漂白粉

漂白粉一般含有效氯30%左右，经潮湿分解放出次氯酸和氯化钙，次氯酸分解为盐酸与氧气，有强烈杀菌和杀死敌害生物的作用。漂白粉的消毒效果与生石灰相同，但毒性消失快，只有3～5天。施用方法是：将漂白粉加水溶解，立即均匀撒泼田间。水深5～10厘米时，每亩用量宜为6～7千克。

施用漂白粉时，操作人员应戴口罩，立于上风口，防止中毒，并防止衣服被沾染腐蚀。

但漂白粉不太稳定，亦可用较稳定的强氯精和二氧化氯等含氯消毒剂，溶解后全田泼洒。

三、水产苗种消毒

①食盐：水产苗种购买后，用3%～5%的食盐水浸泡10～115分钟。

②漂白粉：用10克/米^{3}的水溶液浸洗约10～15分钟。

③高锰酸钾：用10～20克/米^{3}的水溶液浸浴20～30分钟。

④聚维酮碘：用5～10毫克/升聚维酮碘溶液（有效碘1%）浸洗虾体5～10分钟进行虾体消毒。

消毒时间灵活把握，若苗种活动正常，消毒时间可长些；若出现严重浮头或焦躁不安时，应尽快把水产苗种捞出放入稻田中。

四、注意事项

①水产动物苗种放养时，要特别注意稻田和运输容器之间的水温差，水温相差不能大于2℃。因此，应在水产苗种运达后，先往水产苗种运输器具中慢慢加入一些稻田清水，必要时反复多加几次，尽力使运输容器与稻田水温做到基本一致时，再把水产苗种缓慢倒入田间沟、塘（凼或溜）中，让其自由游到稻田各处，切不可鲁莽操作，因水温相差过大导致水产苗种大量死亡。

②如用化肥做底肥的稻田应在化肥毒性消失后再放鱼种，放鱼前先用少数虾青虾或鱼苗试水，如不发生死亡就可放养。

③一般选择晴天早晨或阴雨天进行，沿暂养池、环沟四周多点投放，使虾种在沟内分布均匀。

④因稻田水产苗种放养与水产苗种培育存在时间差，可将春季采购的苗种先围拦在稻田田间沟、塘（凼或溜）内暂养，待水稻秧苗栽插后再撤去围栏。

第五章
稻田渔业水产苗种生态繁育技术

传统稻田田间水位较浅，处于半开放状态，水交换量大，水质较好。多种水产动物较易进入稻田，如果稻田地势较低，冬季处于水淹状态，或田间与田边有合适的沟、塘（坑或凼），一些土著水产动物就可以在其中繁育苗种。传统稻田养殖的鲤鱼及系列变种，如红田鱼（瓯江彩鲤）、禾花鱼、乌鲤等，都可以在稻田田间及其沟、塘（坑或凼）自然繁育的水产动物。另外，鲫鱼、泥鳅、黄鳝、蛙类、中华鳖、螺蛳、河蚌等水产动物都可以在稻田田间及其沟、塘（坑或凼）中自然繁育。水产苗种生态繁育也称为自然繁育，是与人工繁育相对应的。水产苗种稻田生态繁育就是根据稻田习见水产动物的繁殖习性，通过对稻田生态环境进行适度改造，创造水产动物自然繁殖的适宜生态条件，通过适度生态刺激，促进其在稻田环境中就地产卵、孵化和苗种培育，从而取得适宜稻田养殖的质优价廉水产品苗种的方法。

第一节　鲤鱼与鲫鱼苗种稻田生态繁育技术

鲤鱼和鲫鱼具有相似的繁殖习性。鲤鱼、鲫鱼繁殖技术同样适用于鲤鱼、鲫鱼的变种，如红田鱼（瓯江彩鲤）、禾花鱼（乌鲤）等，以及福瑞鲤、湘云鲤、建鲤等品种。也同样适用于鲫鱼的变种及杂交种，如异育银鲫、彭泽鲫、淇河鲫及地方品种等。

一、繁育稻田条件与改造

水产动物生态繁育的稻田田块条件和田间工程改造对稻田要求相同（见第

四章）。田块大小一般以3～5亩为好，但田面和沟、坑（凼或溜）水深可达1.5米左右。应选避风、向阳、池底淤泥少，进、排水方便，环境幽静的稻田。并且在亲鱼入田7～10天前必须清田（塘）消毒一次。灌水水源应水质清新，含氧量高，超过每升5毫克，并严密过滤。最好配备微孔增氧设备和进排水机泵。

一般用作鲤鱼、鲫鱼苗种培育的稻田田块也兼作鱼卵孵化田块，鲤鱼、鲫鱼稻田生态繁育基地最好有3～5个田块（或沟塘）轮番使用，这样在安排鱼卵孵化时容易调度，好操作，田块（或沟塘）面积要求为3～5亩，水深0.8～1米，但鱼卵放入前都要进行严格的清田消毒。

二、亲鱼的选择和饲养

用于稻田繁殖的雌鲤鱼应选择2龄以上，体重0.5～1千克，雄鲤鱼略小，体重为0.5～0.75千克。禾花鱼雌鱼应选3～5 龄，体重在 0.4千克以上；雄鱼2～5龄，体重在0.3千克以上。选择的亲鱼应体高、背厚、体质强壮、体形略长、活动力强且无伤。其来源以湖泊、网围、外荡及稻田养殖的天然优质亲本为佳。

亲本放养密度一般150千克/亩，也可以混养少量鲢鱼、鳙鱼，以控制浮游生物过量繁殖，在越冬后产卵前雌雄亲本鲤鱼必须分开饲养，以免温度升高，突然下暴雨时鲤鱼因自然繁殖而零星产卵，平时则可以雌雄分养在不同稻田里或同一稻田不同区域。

鲤鱼为杂食性、食量较大的品种，饲养期间应给予足够的饲料，同时也可适当施肥使水质肥沃，补充天然饵料。每亩施经发酵腐熟的有机肥500～800千克，培育稻田水体中轮虫、枝角类和桡足类等天然饵料。并注意产卵前15～20天用优质饲料进行强化培育，以促进性腺发育。

三、鱼巢设置与自然产卵

1. 鱼巢的制作和设置

鲤鱼产黏性卵，需要有附着物以便受精卵粘附在上面进行发育。通常将人工设置的供卵附着物称为鱼巢。扎制鱼巢的天然材料，只要质地柔软，纤细须多，在水中易散开且不易腐烂的均可使用。生产上常用杨树或柳树的根系，因其在河边生长，杨柳树根系作鱼巢最为理想，制作一次可反复使用。近几年，有人造纤维制造的60目筛绢制作的鱼巢更加经久耐用。鱼巢材料经消毒处理扎制成束片，大小适合。然后将其系在细竹节或树系上。常见的设置方式有悬吊式和平列式。一般鱼巢布置距离稻田岸边1.2米处，或在稻田中间架起“井”字架悬吊鱼巢，使鱼巢沉入水下15～20厘米，并呈漂浮状态。管理时根据卵巢情况注意鱼巢的及时换取。

2. 组配产卵

鲤鱼在一般河流、湖泊、外荡、稻田中均能自然产卵，当春季水温升高至18℃以上，即开始产卵繁殖。雌雄分养的亲鱼需要并田配组，宜在晴暖无风或雨后初晴的天气，选择成熟较好的雌雄亲鱼，雌雄比例为1：（1.5～2），并入产卵稻田产卵。一般从午夜开始到翌日早晨5:00—9:00产卵最盛，至中午停止。

四、孵化

1. 注水

在布放附有受精卵鱼巢前10～15天，对鱼苗培育池进行消毒，消毒后注水，注水时不要灌满田，放养前控制田面水深25～30厘米。进水口用双层网过滤（里口用40～60目筛绢网，外口用网目单脚长2～3厘米的聚乙烯网），可防止野杂鱼卵、小型水生动物随水流入大田，影响苗种培育。同时，每亩施经发酵腐熟的有机肥500～800千克，培育稻田水体中天然生物饵料。

2. 培肥水质

肥料可用经发酵后的猪牛粪、鸡粪等有机肥，每亩200～250千克，如快速肥水，可加入尿素1～2千克。近年来，一些鱼苗户改先消毒后施肥为先施肥后消毒的做法值得提倡。这主要是由于肥料内的一些细菌寄生虫在消毒时也会被石灰杀灭，对培苗有利。另据贵州省一个单位试验报告，鱼苗塘亩施有机肥250千克，随即施生石灰150千克，带水清塘4天后，浮游生物大量繁殖，7天后水中轮虫出现生长高峰，使鱼苗一入田便有适口饵料，有利于提高鱼苗成活率和规格质量。

3. 孵化

鱼巢既可以在产卵稻田中就地孵化，也可以转移到另外田（塘）孵化。应将带有鱼卵的鱼巢再放入鱼苗培育稻田中水面下10厘米并固定，一般每亩稻田放卵10万～15万粒，若以50%～60%成活率计算，每亩稻田鱼苗密度为5万～7万尾。受精卵经5～7天孵化，鱼苗出膜后的3～4天内附在鱼巢上，不能水平游动，此时不应立即将鱼巢取出，以免影响出苗率。因为此时幼嫩苗大部分时间仍然附着在鱼巢上，靠卵黄囊提供营养，以后卵黄囊逐渐缩小。幼鱼肠管逐步形成，一面吸收卵黄囊中的营养，一面摄食水体中的小型浮游动物，直至幼苗能远离鱼巢、在稻田中能自动游泳觅食时，方可将鱼巢取出。

五、鱼苗培育

鱼苗下田培育成3～4厘米的“夏花”需25～30天，为鱼苗培育阶段（一级饲养阶段）。

1. 鱼苗下田

稻田一般水深30～40厘米，建议亩放田鱼苗5万～5万尾，不宜过多。放苗时要选择优质鱼苗，做到晴天下田、上风下田、适温下田（温差不超过2℃）、同批下田（严禁规格大小不一、品种不同的鱼苗混杂投放，这样会影响鱼苗成活率）、饱食下田（先将鱼苗暂养在网箱内，每10万尾苗投喂一个熟蛋黄，方法为将熟蛋黄用纱布包裹，捏碎，洗成蛋黄汁喂苗）。

2. 投饵追肥

鱼苗下田可用豆浆喂苗，方法是，黄豆浸泡后磨浆，0.5千克黄豆可磨浆5～6千克。磨好后可立即投喂，每天2～3次（上午8:00—10:00时，下午14:00—16:00时），投喂要均匀，使鱼苗都能吃到，用量每亩用豆1.5～2.5千克，一周后用豆3～5千克，根据各地经验，培1万尾夏花鱼种需豆5～8千克。山区一些农户如培苗数量少，面积仅200平方米，建议鱼苗下田一周内可用熟蛋黄汁喂苗，每万尾1天用2个鸡蛋，分上下午各1次捏成蛋黄汁投喂。有的农户还利用发酵后的有机肥饲养鱼苗，效果也很好。具体做法是，放苗后每天或隔1～2天投喂发酵肥几十千克至100千克不等，全田泼洒；饲养鱼苗也可用化肥培育，方法是下田前3～5天，亩施尿素1.5～2千克，过磷酸钙5千克，鱼苗下田后，根据具体情况进行施肥，一般每隔2～3天施1～2千克，做到量少勤施，施肥时要先溶解后再泼洒，以免鱼苗误作饲料吞服。

3. 日常管理

一是分期注水。鱼苗下田后，每4～5天加水1次，每次3～5厘米，并注意天旱勤加，水肥早加。注水时应避免将田水搅混，影响鱼苗正常生长。同时，应定时开启微孔增氧设备，保证水中充足的溶氧。二是做到勤巡逻，勤检查，发现问题及时解决。如出现敌害、鱼病可按稻田养鱼日常管理中介绍的方法进行防治。三是及时分苗。当鱼苗长到3厘米左右要及时分养或销售，分养前要拉网锻炼1～2次，并注意鱼种安全。

六、鱼种培育

夏花鱼种饲养到1龄鱼种需3～4个月，规格10厘米以上，这个过程称为鱼种培育阶段。

1. 夏花放养

一般每亩稻田放养鲤鱼（田鱼）夏花3 000～5 000尾，成活率60%～70%（水深1米左右），注意适当搭配鲢鱼、鳙鱼夏花500～1 000尾。

2. 投饲施肥

鱼种培育时鱼体逐渐长大，摄食量增加，靠天然饲料已不能满足鱼种摄食需要，而必须以投喂人工饲料为主，施肥为辅。投饲要坚持“四定”原则，投饲率为5%～10%，具体视天气、水质、鱼的活动情况而定。如果以养田鱼为主，开始可投喂豆饼浆，每万尾1.5～2千克或鱼种专用饲料，以后改投瓢莎、浮萍及鱼种饲料。

3. 日常管理

一要合理投饵施肥；二要重视水质管理，使水质达到肥、活、嫩、爽，并注意不定期加注新水，减少鱼种应激反应；三是加强鱼病、敌害防治（御），确保鱼种健康、安全生长。

鱼苗培育除利用空闲田外，利用晚稻秧田育苗也是一种很好的培苗方法。秧田水质肥，鱼苗生长快，当秧苗移栽时，田鱼已达到夏花规格，既可以为大田养鱼提供鱼种，又可继续进行大规格鱼种培育，而且管理方便。

利用秧田培苗要注意以下几个方面。一是播种前秧田要进行清田消毒，田埂上安装拦网，防止蛙、蛇进入。二是苗要待秧苗生根返青时放入较好，过早会使鱼苗活动频繁不利秧苗生长。三是注意田水管理，田水过深会影响秧苗生长，田水过浅不利于鱼苗生长。建议秧田内开鱼沟，这样有利于鱼苗生长。四是秧田水质较肥，又经常施肥，放养前期可以不投饵料，后期待鱼种成长，要适当投饲，以利鱼苗快速生长。

七、苗种捕捞

1. 鱼苗捕捞

鱼苗孵出后4～5天，用40～60目的筛绢网做成的网箱式的拉网，规格为20米×1米×0.5米，网箱长边（20米）紧贴池底沿池边对鱼苗进行捕捞，捕捞的鱼苗放入用60目筛绢做成的10米×1米×0.5米网箱，暂养2小时后，用量杯过数出售，100毫升量杯鱼苗量为3.3万～3.5万尾。

2. 乌仔捕捞

捕捞乌仔用20目的筛绢网做成大网，全池捕捞，捕捞的乌仔放入用20目筛绢网做成的10米×1米×1米网箱，暂养2～3小时后，称重过数出售，全长2厘米左右为2万尾/千克。

3. 夏花捕捞

捕捞夏花用10目左右的筛绢网做成大网，全池捕捞，捕捞的夏花鱼种放入用10目筛绢网做成的10米×1米×1米网箱，暂养3小时左右，称重过数出售，全长3厘米左右为2 000～2 400尾/千克。

八、异育银鲫生态繁育技术补充

异育银鲫生态繁育方法与鲤鱼基本相同，但因异育银鲫为杂种，为保持一致性，最好进行人工催产，以提高繁育效果。

1. 亲鱼选择

选择2龄的方正银鲫为母本，2～3龄的兴国红鲤为父本，要求亲鱼体型标准、无病无伤、体色鲜亮。母本规格400～500克/尾，父本规格500～750克/尾。

2. 亲鱼培育

①放养。每亩放养亲鱼150～200千克，其中方正银鲫100～130千克，兴国红鲤50～70千克。

②投喂。投喂含蛋白质30%左右的鲫鱼颗粒饲料，秋季按鱼体重的3%～5%投喂。随着气温降低，逐步减少投喂量，冬季1%～2%，春季气温上升，逐步增加投喂量，最大投喂量达6%。

③水质管理。池水透明度保持在40～60厘米，溶解氧4毫克/升以上，早春随着水温的升高，适当加注新水，以促进性腺发育。3月下旬起，应停止注水，以防亲鱼流产。

3. 鱼巢设置

产卵池经消毒注水后，将经消毒处理过的柳树须根为主要材料，扎成束制成鱼巢，再将每束鱼巢扎到塑料绳索上排成垄，每束鱼巢间隔20厘米，每行长5～10米，设置在繁育稻田中离岸线50～100厘米处水面下，每一垄鱼巢两端用毛竹插入池底固定。鱼巢按每尾方正银鲫5～6束放置。

4. 催产

水温达到17～18℃，发现有少量的亲鱼发情时，拉网将亲鱼捕捞集中，用连续注射器对亲鱼进行催产激素的注射。方正银鲫按每千克1 000国际单位绒毛膜促性腺激素（HCG）剂量注射，兴国红鲤按每千克500国际单位绒毛膜促性腺激素（HCG）剂量注射。注射催产激素后的亲鱼放入产卵稻田中。

5. 产卵期管理

催产后的亲鱼，经15～20小时，雌雄鱼开始追逐，在鱼巢边交配产卵与排精，受精卵粘附在鱼巢上，当鱼巢每平方厘米达10粒鱼卵时，把鱼巢取出及时移入繁育稻田中孵化，同时再放入新鱼巢，亲鱼产卵结束后把所有鱼巢移到孵化和苗种培育稻田中。

6. 苗种培育和捕捞方法

与鲤鱼生态繁育相同。

第二节　泥鳅苗种稻田生态繁育技术

泥鳅自然繁殖期通常为5—8月，最盛期为5月下旬至6月下旬。当水温达到18～20℃时，成熟的泥鳅就会开始自然繁殖，它们产卵的时间多在雨后或夜间。

一、清田（清塘）消毒

用于泥鳅生态繁育的稻田基本条件和设施设备配套与普通稻田生态渔业基本相同（见第四章）。

在每年春季泥鳅繁殖季节到来之前，最好先将稻田田间沟、塘（凼或溜）中水排干，进行清淤修整，进行消毒清野。并在稻田田间沟种植蒿草、稗草、水浮莲、满江红等水生植物。同时在稻田田间施入腐熟的猪牛羊粪等，每亩用量为300～500千克，以培育天然生物饵料。

二、种鳅选择

泥鳅亲本可以从稻田、湖泊、稻田中捕捞，也可以自育选留。在选择苗种时，最好选择体型端正、健康无伤、活动能力强的成熟亲鳅，2～3龄较好。雌鳅要求体长18厘米，体重30克以上，其腹部膨大、柔软而略带弹性，体表有光泽且颜色稍呈黄红色；雄鳅的体长在12厘米，体重15克以上。雌、雄性比为1∶1.2。

三、放置鱼巢与产卵

在泥鳅临产前，要及时在繁育稻田中放置人工鱼巢，鱼巢一般采用棕片、柳树须根或水草等材料制作。人工鱼巢放置前要清洗、消毒。杨柳须根要经水煮、漂洗、晒干。棕榈皮要按每千克加5千克生石灰浸泡2天，再用稻田水浸泡1～2天，晒干后再用；或使用0.3%的甲醛溶液将其浸泡5～10分钟，也可用浓度为0.05%的食盐溶液浸泡10分钟左右。还可用10毫克/升的高锰酸钾溶液浸泡30分钟，以防止水霉等真菌滋生。然后用竹竿把人工鱼巢固定在繁殖稻田的四角或田中央的水体中。放置人工鱼巢后，要经常对其进行检查，并且清洗鱼巢上的泥土和污物，以免影响鱼卵粘附效果。

泥鳅一般喜欢在雷雨天气或水温突然上升的天气产卵。产卵时间多从清晨开始，一直持续到上午10:00左右结束，整个产卵过程需20～30分钟。产卵前，1尾雌泥鳅往往被数尾雄泥鳅追逐，高峰时雄泥鳅以身缠绕雌泥鳅前腹部位，完成受精过程。当泥鳅卵附上鱼巢后，要注意及时将鱼巢取出，并转移到孵化稻田水体或孵化容器内孵化，以防亲鱼吞吃卵粒。同时及时补放消毒过的新鱼巢，便于未产卵的亲鱼继续产卵，直至全部雌泥鳅产卵结束。因为泥鳅卵粘附力较差，所以移动鱼巢时要特别小心，防止鱼卵脱落到稻田中，还要防止蛇、蛙、鼠等危害泥鳅亲鱼。

四、孵化与育苗

泥鳅受精卵孵化对水温要求不严，以20～28℃为最佳。受精卵一般经1～2天孵化后，泥鳅仔苗便可出膜。泥鳅鱼苗在孵出后的第三天，其体色变黑并开始摄食。孵化稻田水体不能有其他泥鳅或黄颡鱼等，因为这些鱼会大量吞食泥鳅受精卵。

1. 放置鱼巢

泥鳅受精卵一般在育苗稻田或池塘内孵化。一般应在鱼巢放入10～15天前，对育苗稻田田间进行清整和消毒。为提高孵化率，可在育苗稻田水体水面下20厘米处搭好网架，把鱼巢平铺在上面。每平方米可放鳅卵5 000粒，通常受精卵出苗率为40%。据此，应计算好放卵总数。

2. 日常管理

泥鳅鱼巢上方要遮阴，避免阳光直射，同时防止青蛙、野杂鱼入池危害鳅卵、鳅苗。在整个孵化过程中，要勤于观察，并及时将蛙卵、污物等捞出池外。当水温19℃时，受精卵经50小时左右可孵出子鳅（鳅苗）。

刚孵出的鳅苗全长3～4毫米，头部弯向腹部，具有较大的卵黄囊，并具外鳃。侧卧水底或附于鱼巢上，很少活动，完全依靠卵黄囊提供营养。鳅苗孵出2天后，体色加深，卵黄囊缩小。孵出3天后，鳅苗体色变黑、卵黄囊消失、鳔出现、胸鳍变大，能够短距离平行游动，并开始摄食。此时，可以投喂煮熟的蛋黄和奶粉等制成的饵料，也可以投喂豆浆。

五、注意事项

①孵化温度与受精率、孵化率密切相关，水温低于20℃或高于30℃，受精率、孵化率都较低，孵化最好选择在水温22～28℃时间段进行。

②当受精卵全部孵化后，应及时捞出卵膜及污物，以免玷污水质，影响苗种成活率。

③因泥鳅苗完全依靠水中的溶氧进行呼吸，尚未转化成营肠呼吸和皮肤呼吸，这与成鳅不同。因此在苗种培育期间应定时开启微孔增氧设备，并及时加注新水，以免因水中缺氧浮头造成苗种大批死亡。鳅苗下塘后15天左右，肠呼吸器官才能初步形成，但尚未完善。

④泥鳅苗下塘时最好把稻田水温与孵化稻田（或池塘）水温调节一致，避免因温差过大产生应激反应，造成不必要的损失。

⑤泥鳅苗培育过程中最常见的鱼病为烂鳃病、气泡病。烂鳃病多发生在鳅苗下塘12天左右，因此在鳅苗下塘8～10天，用二氧化氯进行水体消毒，提前预防。而气泡病在泥鳅苗下塘的当天就有出现，发现病情应及时加注井水，同时每亩用食盐10～15千克化水全池泼洒。

⑥泥鳅苗长到3～5厘米后，应进行分塘，每亩放养量3万～5万尾。

⑦当年5月繁育的泥鳅苗，生长期短、生长快、饵料系数低，经过5个月左右的养殖即可达到60～80尾/千克的商品规格。

第三节　黄鳝苗种稻田生态繁育技术

一、繁育环境的设置

用于黄鳝生态繁育的稻田基本条件和设施设备配套与普通稻田生态渔业养殖田块基本相同，但稻田田埂土质最好为壤土，以方便黄鳝打洞、栖息、产卵受精及孵化。并且应配备微孔增氧设备和进排水机泵。

二、产卵环境的设置

在离田埂2米处，顺着田埂方向用竹竿或木棍打桩，桩间距2.5～3米，然后用毛竹或塑料绳制作横栏。在横栏内种植水葫芦，占用面积为繁育稻田总面积的1/3左右。水葫芦一可以调节水质；二可以在炎热季节和产卵季节降低水温，使水温稳定在30℃以下；三可以供亲鳝、鳝苗附着在其根系中生活。

三、亲鳝来源及选择

生态繁殖用的亲鳝，来自本地用笼捕捉的野生黄鳝。亲鳝要求无病无伤，反应灵敏，游动活泼，雌鳝要求75克（30厘米）左右，雄鳝100克（60厘米）以上。

亲鳝雌、雄鉴别的方法有以下三种。

①体长鉴别。鉴于非产卵期的雌、雄黄鳝较难鉴别，可凭体长初选。一般体长在20～35厘米的多为雌鳝，体长在45厘米以上的多为雄鳝。

②色泽鉴别。雄性鳝体色素呈斑点状分布，背部有3条褐色素斑点组成的平行带、体两侧沿中线各有1条色素带、腹部黄色，大型个体呈橘红色；雌性黄鳝背青褐色、无色斑（微显平行褐色素斑3条），体侧褐色斑点色素细密、均匀分布，但颜色向腹部逐渐变浅，腹部为浅黄色或淡青色。

③形态鉴别。在繁殖季节，手握黄鳝将其腹面向上，膨胀不明显、腹腔内的组织器官不突显的为雄鳝；若见腹壁较薄，肛门前端有膨胀，微透明，显出腹腔内有一条7～10厘米长的橘红色（或青色）卵巢，卵巢前端显有紫色脾脏，则为雌鳝。

四、亲鳝培育设施

亲鳝可在稻田田间沟、塘（凼或溜）中采用网箱培育，网箱规格4米×2.5米×1.2 米，网箱设置在已消毒的繁育稻田田间塘（凼或溜）中，设置时间为亲鳝放养前7～10天。在箱内种植水葫芦，亲鳝投放应在5月初结束。

五、亲鳝营养强化培育

网箱入池7～10天后，可开始投放亲鳝，亲鳝投放密度8～10尾/米^2。将投饲食台放置于靠近进水口一侧，使饲料气味随水流遍布全池以吸引亲鳝摄食，这样持续几天后直至吃食正常。驯食采用蚯蚓和鱼糜；待吃食正常后，开始强化培育，饵料为鲜杂鱼和黄鳝料拌维生素C、维生素E制成的鱼糜。每天投喂2次，清晨投喂一次，占日投喂量的30%；黄昏投喂一次，占日投喂量70%。投喂量以2～3小时内吃完为准。总之，应确保亲鳝吃饱、吃好、吃匀为原则。每隔5天在饵料中适量添加一次绒毛膜促性腺激素（HCG）或促黄体素释放激素类似物（LRH-A_3）；每隔7天全箱泼洒HCG或LRH-A_3一次，促进未完全成熟个体发育成熟，使群体达到同步产卵。繁殖稻田最好有微流水，保持水质清新，使黄鳝处于良好的水质、水温中。进水口用40目筛绢过滤，以防敌害生物的进入。

六、性成熟亲鳝选择

经一个月左右的营养强化培育、催产素口服和浸浴后，每隔1～2天用笼子放入网箱中捕捞几尾黄鳝进行观察。性成熟雌鳝腹部膨大，卵巢轮廓明显，腹部呈橘红色、半透明，生殖孔红肿突出。从腹壁观察，可见卵粒排列整齐。雄鳝头较大，用手轻挤压腹部能挤出少许精液。把选好的已达性成熟的亲鳝，按雌雄比1∶2投放到供繁育的稻田中，让其自主配对，产卵受精、孵化。

1. 产卵期管理

产卵前，雄性亲鳝吐出特殊的筑巢泡沫，泡沫的气泡细小，借助口腔中的黏液形成，不易破碎，气泡巢往往借助草类隐蔽固定，然后产卵受精。受精卵借助泡沫的浮力而漂浮在洞口上面的水面，完成胚胎发育过程。受精卵为黄色或橘黄色，半透明，卵径吸水后一般为2.4毫米。亲鳝特别是雄性有护卵、护幼仔的习性，一般要守护到鳝苗的卵黄囊消失为止。亲鳝吐出泡沫作巢的作用可能有两个方面：一是将受精卵托浮于水面，而水面一般溶氧和水温均较高（鳝卵孵化适宜水温为21～28℃），有利提高孵化率；二是使受精卵不易被敌害发现，其间，雄鳝即使受到惊动也不会远离鳝卵孵苗现场，当遇环境不适时，亲鳝甚至会将受精卵吸入口中，应转移到适宜的环境继续孵化。

因此，稻田生态繁殖鳝苗应注意观察在繁殖稻田中有无泡巢出现，泡巢一旦形成，即说明再过3天左右雌鳝便会产卵，在此期间可见鳝洞口有2条黄鳝探头呼吸，若有其他雄鳝靠近，则洞内雄鳝则会进行攻击，一般来犯者便会退避三舍。因此，在此期间应保持环境安静，减少投料。若发现洞口只有1条黄鳝探头呼吸，则证明雌鳝已产完卵并已离去，仅留雄鳝守护卵块和幼苗。调查观察结果表明，这种原生态繁殖方法的受精率可达85%以上。

2. 受精卵孵化管理

黄鳝受精卵孵化适宜温度为21～28℃，在30℃左右水温中需要5～7天，25℃左右水温中需9～11天。自然状况下黄鳝卵受精率和孵化率可达95%～100%。但在人工孵化情况下，达不到如此高的受精率和孵化率。这说明自然状况下处于生殖期雄鳝所吐的泡沫巢有多种生理生化功能，既可以抑制水霉生长，又促进卵膜正常破裂。其生理功能仍有待进一步研究。

在繁殖稻田中一旦发现有受精卵的泡沫巢，一般5～7天后即会有仔鳝孵出。此时孵化水温最好能控制在25～28℃，同时，孵化稻田中应当适当布置一些水草，以便仔鳝隐蔽、栖息，也便于日后仔鳝的收集。试验表明，其自然孵化率一般为80%左右。

已产卵的亲鳝还应精心培育，经过15～20天后还可进行第二次产卵。

七、鳝苗培育管理

黄鳝受精卵在5～10天后陆续孵出鳝苗，刚孵出的鳝苗腹部有一个较大的卵黄囊，7～10天后卵黄囊消失，便散开开始觅食。鳝苗主要摄食浮游动物等天然饵料，可以通过施肥进行培育。

1. 施基肥

在繁育稻田消毒后，每亩施有机肥料（家禽粪便及人粪尿等）300～500千克。

2. 施追肥

在鳝苗孵出的前5～7天，每隔3～4天，每亩用尿素1～2千克或50～100千克沤熟的人畜禽肥全池泼洒，培育浮游生物。

3. 投饵

仔鳝孵出1周后，待卵黄囊消失，可投喂一些煮熟的蛋黄或水蚤，以后可喂丝蚯蚓、蝇蛆及切碎的蚯蚓、螺和蚌肉等。鳝苗摄食浮游生物一周后，开始投喂开水烫过的鲜杂鱼拌鳝苗料绞成的鱼糜，多点散投到水葫芦根系上，每天投喂3～4次，以夜间投喂为主，待培育15天后，每天改为投喂2次，清晨和黄昏各1次。

4. 日常管理

鳝苗培育期间，视水质、水位情况不定期加注新水，保持水位30～40厘米；清除过多的水葫芦；每天早晚观察鳝苗的吃食情况，同时捞取水葫芦检查依附在根系中的鳝苗生长情况；并及时用鳝笼捕捞已产卵的成鳝，以免争食和蚕食同类。

第四节　黄颡鱼苗种稻田生态繁育技术

一、繁育环境的设置

用于黄颡鱼生态繁育的稻田基本条件和设施设备配套与普通稻田生态渔业基本相同（见第四章）。用于繁育鱼苗的稻田面积以3～5亩为宜，并且应配备微孔增氧设备和进排水机泵。

在每年黄颡鱼繁殖季节到来之前，必须先将稻田田间沟、塘（凼或溜）中水排干，进行清淤修整，并搞好消毒清野。应在稻田田间种植蒿草、水浮莲、满江红等水生植物，作为黄颡鱼产卵巢。同时还要在稻田中施入腐熟的畜禽粪等，每亩用量为300～500千克，以培育天然生物饵料。

二、亲鱼培育与繁殖

1. 亲鱼来源和选择

黄颡鱼亲鱼主要来源于江河、湖泊中捕捞的性成熟个体或池塘养殖的商品鱼。用作繁殖的亲鱼要选择种质纯正、个体大、体质强壮、无病无伤且已性成熟。其雌鱼体重75克以上，雄性体重100克以上，雌雄比例为3：2。每年12月将选好的亲鱼放入暂养稻田中，暂养田放养量为5 000尾/亩。

2. 亲鱼培育

在2月底至3月初，繁殖稻田加过滤水至40～60厘米。繁殖稻田在黄颡鱼产卵前一周左右施用粪肥或绿肥，以培育浮游动物供鱼苗开口后摄食，一般每亩施腐熟粪肥300～400千克。

同时检查亲鱼性腺发育状况，将发育较好的亲鱼放入繁殖稻田，密度为

400～500尾/亩，雌雄比为3：2。

从3月开始进行强化培育，培育期间投喂自制的软饲料，饲料蛋白质含量保证在40%～42%，并添加适量饲料预混料。一般日投喂量为在田（塘）亲鱼体重的5%～8%，每天投喂2次。上午8:00—9:00投喂，投喂量为全天投喂量的1/3；下午16:00—17:00投喂，投喂量为全天投喂量的2/3。

还应注意水质的调控，透明度保持在30～35厘米，做到水草繁茂。并逐渐加注新水，加强产前流水刺激，到繁殖时田间水位保持在1.2～1.3米。一般5月中旬至6月上旬，雌鱼腹部饱满柔软，卵巢轮廓明显，生殖孔圆而红肿，成熟度较一致；雄鱼的生殖突明显。

3. 产卵期管理

当水温达22～24℃时，亲鱼开始追逐、发情交配，并产卵于鱼巢上。黄颡鱼有护幼习性，亲鱼产卵后便守护在鱼巢边，要防止其他鱼吞食其所产鱼卵，6～8天后便可发现田间沟坑中有鱼苗平游后，便可开始集苗，即一边进水一边出水，在出水口集苗，再放入苗种培育田。

三、苗种培育

培育黄颡鱼苗种的稻田应提前搞好天然生物饵料培育。大约在放苗前一周左右在苗种培育稻田中施用粪肥，以培育鱼苗适口饵料——浮游动物。一般亩施用腐熟粪肥300～400千克，或亩施绿肥350千克。然后适时将从繁殖稻田收集的鱼苗放入苗种培育稻田，放养量为3万～5万尾/亩。

另外，要根据鱼苗生长情况适当补充投喂，用新鲜、低经济价值鱼类或鸡蛋煮熟后将蛋黄用打浆机捣碎，过滤后泼洒到苗种培育稻田中。开始时，每天投喂量为鱼苗体重的100%～150%，每隔4小时喂1次，午后投喂量为全天的60%左右；2天后改成6小时喂1次。鱼苗经过7～8天的培育，约长到1.2厘米，可以进行分塘或销售。如再经过7～8天的培育，可长到1.8～2厘米，即成为乌仔。然后转入大规格鱼种培育。

黄颡鱼大规格鱼种稻田培育技术关键是投喂颗粒饵料，并要进行驯食，注意投喂饵料颗粒规格应该适合于苗种摄食。饵料粗脂肪为8%～10%，粗蛋白为40%～50%，并且适当添加维生素C和维生素E。要控制好稻田田间水深，田面保持在30～50厘米，3～5天加注一次新水，加水3～5厘米；7～10天换水一次，排出旧水1/4～1/3。要适度施肥，15～30天施肥一次；并适当使用微孔增氧设备和微生态制剂。

黄颡鱼稻田生态繁育的技术关键必须把握以下几点：一是亲鱼要挑选好；二是繁殖和苗种培育稻田消毒清野要彻底；三是作为鱼巢的水草要种好；四是进水一定要用40～60目筛绢充分过滤。

第五节　罗非鱼苗种稻田生态繁育技术

罗非鱼一般水温只要稳定在20℃以上，不需要进行任何人工催情和流水刺激，即能自然繁殖。所以罗非鱼稻田生态繁育技术非常简便，只需水温适宜，将成熟的雌雄亲鱼放入同一稻田水体中就能自然繁殖。并且，当水温稳定在25～29℃时，隔30～50天即可再繁殖一次鱼苗。在我国南方地区，罗非鱼一般一年可产苗5～6次，在控温条件下可常年繁殖。

一、繁育稻田准备

参照本书第四章内容对稻田进行改造和设施建设，并配备微孔增氧设备和水泵；同时，参照第六章进行清整、消毒。

二、培育水质

消毒数天后，用密眼网拉网，检查田间是否已彻底消毒，在确认无其他杂鱼、杂物后，即可回水（进水时进水口一定要用密网过滤，并要经常检查和清洗密网），并施足基肥，每亩施发酵粪肥300～500千克或绿肥500～800千克，把水色控制在呈茶绿色或黄绿色为宜（如施绿肥，应经常翻动，待全部腐烂后将草渣捞起，消毒7～10天后，便可试水放鱼）。

三、亲鱼培育

1. 亲鱼选择

用作亲本的罗非鱼，品种要纯，在同一种群中应选择规格较大的个体。一般越冬种鱼应在250克以上，雄鱼略大，去小留大。选用的亲本要求背高肉厚，鳞、鳍完整，色泽光亮、斑纹清晰、无病无伤、体形整齐，外部形态符合分类学标准。

2. 放养时间

亲鱼放入繁殖稻田时水温宜稳定在20℃以上，广东地区一般在3月中下旬即可进行配对产苗。放养亲鱼应选择在晴天进行，并一次放足数量。亲鱼放养前应对鱼体进行消毒，用3%～5%的盐水浸洗5～10分钟后再放入繁殖稻田。运输亲鱼时操作要轻、快，减少鱼体损伤。待全部亲鱼放入繁殖稻田后，用浓度为0.3毫克/升二氧化氯进行全田消毒，防止亲鱼伤口感染，预防水霉病。

3. 放养密度和雌雄配比

亲鱼放养密度一般为200～300尾/亩，规格250～300克，早晚可用塑料薄膜覆盖保温。

放养时必须适当控制好雌雄配比，根据各地经验，罗非鱼亲鱼雌雄配比以（2～3）：1为宜，繁育效果较为理想。如雄鱼配入较多，饲料不足时会大量吞食鱼苗，影响获苗量。

四、培育管理

亲鱼越冬后体质较弱，性腺发育较差，必须强化培育，可用施肥与投料相结合方法强化培育。投饵和施肥应视天气和亲鱼摄食情况而定，一般日投喂量为稻田亲鱼体重的3%～4%，为促使亲鱼性腺尽快发育成熟，可投放精饲料、青饲料相结合，力求品种多样化，营养全面化。亲鱼精饲料蛋白含量应在35%以上，常用饲料有豆粕、鱼粉、玉米、花生粕等，最好自购原料并自行配制成颗粒料。

亲鱼放入稻田后，要坚持早、中、晚巡田，及时捞除繁育稻田中蛙卵，清除生物敌害。还要加强水质管理，水色过浓或显示黑褐色时，要及时注水、换水或泼洒生石灰溶液，并开启微孔增氧设备，以防止因水质恶化而使亲本缺氧浮头、泛塘造成损失。坚持定期对繁殖稻田进行消毒和调节水质，一般每半月施用一次生石灰，用量控制在每亩5～10千克，并定期施用微生态制剂，以改变稻田微生物群落，改善水质环境。

五、繁育

1. 产苗

当水温上升到22℃时，经稻田强化培育的成熟亲鱼便开始发情、交配、产卵。受精卵孵化和鱼苗哺育都是在雌鱼口腔内进行，在水温为25℃时5～6天孵化出膜，28～30℃时4～5天孵化出膜。罗非鱼从亲鱼发情产卵到鱼苗脱离母体独立生活，整个过程10～15天，所以在亲鱼放养10天后要坚持每天沿稻田四周仔细观察是否有鱼苗活动，做到及时捞苗，以提高获苗率。

2. 捞苗

捞苗一般在早晨或傍晚进行，较好的方法是用手操网、小拖网，沿稻田四周捕捞，每3～4米起苗一次，将幼苗放入网箱中暂养。如此反复进行，每天应捞苗4～5次，做到当天孵化的鱼苗当天捕捞干净。捞苗时动作要轻、快，待捞到一定数量后，即可计数将幼苗移到培育稻田中，转入苗种培育阶段。

由于罗非鱼在幼苗阶段有互相残食的习性，体长1.5厘米的鱼苗，已能吞食刚离开母体的幼苗，在繁苗过程中要及时捞苗。捞苗一般用密眼网捕苗，网具底纲沉子要轻，让亲鱼能从网底逃逸。

六、注意事项

1. 水温掌控

亲鱼在越冬稻田转移到繁殖稻田之前，要对越冬稻田进行降温，待水温与外界稻田水温持平后再放养到繁殖稻田中，并在出池3天前停料并加冲新水，转田操作要小心细致，减少鱼体受伤，以防止亲鱼受伤后感染水霉病。转田要选择晴朗天气，将鱼体消毒后再放入繁殖稻田。

2. 水质调控

水质是罗非鱼稻田繁殖的关键环节。水质过肥，亲鱼极易缺氧浮头；水质过瘦，不利于培育亲本和幼苗开口饵料。要定期使用生石灰调节水质，高温季节应经常换去旧水，注入新水，并使用微生态制剂改善水质，增加溶氧。

3. 饵料营养

罗非鱼繁殖另一重要环节就是饵料。亲鱼饵料一定要保证营养，亲鱼只有吸收充足的蛋白和能量，才能缩短产苗间隔期，增加产苗次数，提高出苗率。

4. 雌雄分离

罗非鱼在夏季高温期间会出现停止产苗或减少产苗等现象，这会造成幼苗难以收集。此时可将亲鱼雌雄分开，进行分塘隔离培育，待水温降到30℃以下再进行配对产苗，这样可以较为集中批量收集幼苗，有利于苗种培育和越冬。

第六节　革胡子鲶苗种稻田生态繁育技术

一、繁育稻田准备

革胡子鲶繁育稻田条件可参见本书第四章内容对稻田进行改造和设施建设，繁育稻田要求面积3～5亩，水深以1.2～1.5米为宜。需配备微孔增氧设备和水泵；同时，参照第六章进行清整、消毒。

二、亲鱼雌雄区别

革胡子鲶雌鱼体表黏液较丰富，色素浅淡，体侧黑斑点略少。腹部丰满，外生殖突呈短圆状，泄殖孔呈长裂状，生殖突远离臀鳍起点，淡红色。

革胡子鲶雄鱼体表较粗糙，体色较深黑，体侧黑斑显著。腹部硬实不丰满，外生殖突长条状，泄殖孔圆而小，开口于末端，外生殖突后延超过臀鳍起点。

革胡子鲶成熟雌鱼腹部呈现有卵巢轮廓，以手抚摸有弹性柔软感，有时可压出碧绿色的卵粒，生殖孔呈圆管状，肛门略突，有时红肿。

革胡子鲶雄鱼体平直，很少腹部有膨胀，生殖孔呈细长管状，末端较尖，长达臀鳍基部，肛门略凹，有时呈微红色。

三、亲鱼培育

①放养密度以每亩放养亲鱼80～100千克（80～100组）为宜。

②投喂饵料以花生饼、豆饼为主，辅以鱼粉、蚕蛹、蝇蛆、鲜鱼肉或废弃

动物下脚料等。在进入生育期的前一个月，应以动物性饵料为主，以促进性腺发育。每天投饲量按体重的10%～15%投喂，分上下午两次投喂。

③水质管理应每周注新水1～2次，每次3～5厘米。定期启动微孔增氧设备，提高稻田水溶氧水平。

④革胡子鲶系热带性鱼类，但对低温忍耐能力高于罗非鱼，水温降至10～15℃，开始进入越冬期。亲鱼越冬时可覆盖塑料薄膜，并利用地下热水、温泉水、防空洞、土建地下温室或工厂余热水保证其安全越冬。

四、繁殖与孵化

革胡子鲶属多次产卵类型，一年可繁殖3～4次。繁殖季节为4—9月，繁殖盛期为5—7月。产卵适宜水温为22～32℃，最佳为27～32℃。低于20℃或高于32℃时产卵受抑制。18℃时基本不产卵。当水温升至20℃以上时，雌雄鱼发情追逐，雄鱼排精，雌鱼产卵。革胡子鲶产卵习性近似于鲤鱼、鲫鱼，卵呈碧绿色并具有一定黏性，粘于附着物上。因此，应在繁殖稻田设置鱼巢，设置方法同鲤鱼、鲫鱼。

亲鱼产卵完毕后，应及时将鱼巢放入苗种培育稻田中孵化。孵化可以集中在稻田进水口处孵化。保持水质清新和控制好水位是孵化的关键。静水孵化，每平方米水面可放卵2万～3万粒；微流水孵化时，其密度可大些，每平方米可放3万～4万粒。孵化水位以30厘米左右为宜，不宜超过50厘米。孵化水温适宜为22～30℃。水温22～25℃时，孵化需26～36小时；25～26℃时，需22～25小时；27～30℃时，仅需21～22小时。孵化过程中注水或充气应避免直接对着鱼巢，以防水、气冲击造成鱼卵从鱼巢上脱落。

刚孵化出来的鱼苗全长2.9～3.5毫米，体质娇嫩，游泳能力差，尚不具备主动摄食能力。孵出3～5天后，卵黄基本吸收完毕，鱼苗自由游动，便可进入鱼苗培育阶段。

五、苗种培育

革胡子鲶摄食量大且贪食，生长速度快，种内竞争激烈。一般规格10厘米以下的苗种，尤其是规格在2～8厘米的苗种，若饵料供应不足，便会发生大鱼吞食小鱼现象。根据以上特点，稻田培育革胡子鲶鱼种可分两阶段进行，主要利用稻田田间沟、塘（凼或溜）进行。

1. 第一阶段培育

在放苗10天前应施足基肥，每亩施放发酵粪肥300～500千克或绿肥500～800千克，把水色控制在呈茶绿色或黄绿色为宜（如施放绿肥，应经常翻动，待全部腐烂后将草渣捞起，消毒7～10天后，便可试水放鱼），以培育鱼苗生物活饵料。还要在稻田中分散设置经洗净消毒的水葫芦，用细竹竿等浮性材料围住水葫芦，供鱼苗栖息、作为食场和净化水质等。每亩稻田可放养10万尾水花鱼苗。鱼苗除摄食水中轮虫等生物饵料外，每天还应投喂混合饵料4次，上下午各2次。混合饵料用量：前3天平均每天投喂6个熟蛋黄和200克鱼粉；第4～7天平均每天投喂6个熟蛋黄、500克鱼粉和300克麦粉。投饵方式采用混合料兑水泼洒法，沿沟坑边和水葫芦垛处多泼些，其他区域少泼些。培育期间，每天适量加注新水，增高水位，最好保持田面微流水，到第7天池水深度应达到1米左右。鱼苗培育到第7天下午，此时鱼苗出池平均规格可达2厘米。在小池中反复拉网几次，经筛选后把个体特别大的少数鱼苗留在原池中继续养殖，其他鱼苗转入其他田块中进行第二阶段培育。

2. 第二阶段培育

根据革胡子鲶的生活习性，在大池内四周边缘设置若干个稻草堆（垛）用石头压住沉入水中，供苗种栖息，作食场和育肥池水用。每亩放养规格为2厘米的鱼苗5万尾。投喂混合饵料（配比为：鱼粉50%、麦粉40%、面粉10%）。每天投喂3次早、中、傍晚各一次，日投饵量控制在鱼体重的12%左右。每次投饵时，先用少量水加入混合料中，用手不停地搅拌，使粉状饵料变成细微颗粒状，然后将饵料投入池中，重点投在池内边缘和草堆（垛）上，也可以用规模较大的厂家生产的微颗粒饵料。培育期间，每隔3天注水一次，每次增加水位10厘米左右，到起捕时，田间沟、塘（凼或溜）水深达1.3～1.5米。每隔5～7天拉网一次，将个体特别大的苗种挑选出来。为保证稻田水体中有丰富的天然饵料，中途可追施腐熟粪肥一次，施肥量为100～150千克/亩。经过以上两个阶段共25天左右的强化培育，革胡子鲶水花鱼苗可以长成平均全长10厘米规格的鱼种，这时便可直接下稻田进行商品鱼养殖，成活率可达80%～90%。

第七节　斑点叉尾鮰苗种稻田生态繁育技术

一、亲鱼选择

选择3～5龄、体重2.5～3.5千克的亲鱼。雌雄鱼在非生殖季节，雄鱼头部稍宽，体色偏黑，雌鱼头部稍窄。生殖季节雄鱼头部两侧有较大的肌肉瘤，其生殖孔具乳突，腹部较硬而且不易弯曲；雌鱼生殖孔圆形、凹陷，腹部柔软且膨大，呈淡灰色。雌雄配比为3∶2。

二、亲鱼培育稻田准备

1. 培育稻田条件

稻田面积3～5亩即可，稻田田间沟、塘（凼或溜）水深可增加至1.5米左右。并应配备微孔增氧设备与进排水机泵。

2. 设置鱼巢

亲鱼培育稻田也可作为产卵稻田，并应在其中设置产卵巢。产卵巢可用大小能容纳一对亲鱼的塑料桶、铁桶、水缸、木箱等材料制作，规格为72厘米×41厘米×25厘米，箱端开一圆口，直径16～18厘米。亲鱼催产后，将鱼巢放置在离田埂3～5米，水深0.5～1米的水底；鱼巢间距5～10米，鱼巢放置数量为放养亲鱼数的50%。产卵巢一端开口应朝向繁育稻田中央，可让亲鱼自由出入，另一端用尼龙筛绢封闭。并在产卵巢上系一浮子以便于操作。箱顶有盖，便于检查和收集鱼卵。产卵时雌雄比为1∶1，以控制其在箱内成对产卵。雄鱼一般可利用2～3次。

三、亲鱼培育与催产

1. 亲鱼培育

斑点叉尾鮰亲鱼每亩稻田放养量为20～30组。水温高于13℃时开始投喂专用配合饲料，水温21℃以上时，投饵率为2%～4%，并适当补充动物性（剁碎的小鱼虾）和植物性（大麦芽）饲料。每隔5～10天冲水1次，刺激亲鱼性腺发育。

2. 催产

催产剂有鲤鱼、鲫鱼脑垂体（PG）、绒毛膜促性腺入激素（HCG）和促黄体生长素促性腺激素及其类似物（LRH-A）。每千克雌鱼用PG 4～6毫克，或HCG1 000国际单位，或LRH-A 2～2.5毫克，或PG+HCG混合剂2毫克+600～700国际单位。雄鱼剂量减半。

四、鱼卵收集与孵化

1. 收集

水温21℃以上时，每天上午10:00—11:00将鱼巢略提一下，赶走亲鱼，若有卵块，就轻轻取出，放入有池水的内壁光滑的桶内。鱼卵孵化要求水温为25～28℃，pH值为6.5～8，溶解氧浓度6毫克/升以上。

2. 孵化

鱼卵可在稻田中自然孵化，孵化适宜水温为25～29℃时，受精卵出膜时间约为110～120小时，从仔鱼到幼鱼期约为10天。也可用孵化槽人工孵化，受精卵在水温23～27℃时，约5～7天即可破膜而出苗，此法目前应用最广。

3. 防止水霉

可用水霉净或福尔马林交替使用，以防止水霉感染，在鱼卵变成红色以前，每天1次，水霉净60～65毫克/升浸洗时间10～12分钟，100毫克/升甲醛溶液浸洗时间4～10分钟。

五、苗种培育

1. 施肥培饵

鱼苗放养前10天，经过滤后注水至水深0.6～1米，施用发酵腐熟的有机肥（粪肥、饼肥均可），用量为300～500千克/亩，以培育稻田中天然生物饵料。

2. 鱼苗放养

鱼苗孵出后3～4天可长成4～5厘米的夏花，可采用与鲤鱼、鲫鱼苗种培育相似的方法，每亩稻田放苗3万～5万尾，约需20～30天，然后分田转入鱼种培育阶段。从夏花培育成50克左右大规格鱼种，每亩稻田放养夏花4 000～5 000尾，同时搭配放养鲢鱼、鳙鱼夏花500～800尾。

3. 饵料投喂

刚下到稻田的鱼苗4～5天内不投喂饲料，主要摄食稻田水体中浮游动物，当规格达到4.5厘米以上时，开始投喂配合饲料。投喂时要进行驯食，方法为：喂料前用鱼盘在投饵处拨水以发出声音刺激鱼种（如开启投饵机），然后撒一小把饵料，如此反复，每隔十几秒重复一次，每次驯食10～20分钟，如此循环4～7天，即可使鮰鱼形成群体摄食的习惯。配合饵料蛋白质含量为40%左右，每天投喂2次，投饵率为3%～5%。

4. 日常管理

要求溶氧大于3毫克/升，pH值为6.5～8.3。饲养期间每隔7～10天注换新水1次，水深随鱼体长大而加深，逐渐加深到1.5米左右；定期使用浓度为0.5毫克/升的二氧化氯全池泼洒，以消毒水质和预防鱼病。

第八节　青虾苗种稻田生态繁育技术

一、繁育稻田的准备

1. 繁育青虾稻田的条件

青虾繁育稻田面积以3～5亩为宜，水深1～1.2米。稻田田埂和田间沟、塘（凼或溜）坡比为（2.5～3）：1，在排水口处设置集虾潭20～30平方米。繁殖青虾的稻田应选择水源充足，水质清新且无污染，排灌方便的田块。并应配备微孔增氧机械与水泵。

2. 繁育青虾稻田的清整

在繁育虾苗前1个月进行稻田修整、改造及干塘暴晒等工作，投放抱卵亲虾前15天，先将稻田注水至10厘米左右，按100千克/亩用生石灰进行稻田消毒，清塘后5～7天开始进水，水位约在80厘米左右，进排水口用双层的80～100目筛绢过滤，以防野杂鱼、蛙卵等敌害生物进入繁育稻田中。用于青虾繁育的稻田应进行消毒和杀野，防止病原菌和生物敌害对青虾种虾和虾苗的危害（方法参见第四章）。

3. 青虾产卵和孵化网箱制备

青虾在春、夏季能持续产卵两次并于产卵后陆续死亡。为便于操作，提高孵化成活率和减少成本，宜将青虾放养于网箱中孵化。网箱规格为1.5米×1米×0.8米，网箱的网目大小以大虾不能通过，虾苗能顺利通过为准，一般选用聚乙烯网。新箱应在稻田水体浸泡一周后使用，旧箱要清洗干净后使用。

二、饵料生物的培养

饵料生物丰歉程度是影响繁育青虾幼体成活率的关键因素。丰富的浮游生物是青虾蚤状幼体发育期间理想的开口饵料，其营养价值比人工饲料更全面。因此，在抱卵亲虾放养前5～7天，繁育稻田应施入发酵后的有机肥300～500千克/亩。

三、亲虾的选择与运输

1. 亲虾的选择

青虾的抱卵亲虾一般在5月中下旬从湖泊、水库、沟渠、稻田等大水面中捕获。挑选行动活泼、肢体完整、体长5厘米以上、卵巢成熟或接近成熟的雌虾作为亲虾，这样规格的亲虾怀卵量在2 000粒左右，最多可达5 000粒。虾体要求健壮无病，附肢完好无损，身体呈半透明。游泳迅速，弹跳敏捷有力。

（1）性腺成熟亲虾的选择标准

卵巢体积几乎覆盖整个背面，前端抵达额角基部，卵子的颜色为绿色或橘黄色。未产卵的雌虾可根据头胸部背面颜色判断，临产前的亲虾，卵巢呈黄绿色，其前端已抵达额角的基部（如果颜色呈灰褐色，并出现眼点，说明已孵化，极易从母体上脱落，不便运输和操作）。

（2）抱卵虾的选择标准

刚刚产出前期卵呈黄绿色，孵化10天后渐变成淡绿色，大约18天左右受精卵变为灰褐色，为即将孵化的虾卵，除少数卵黄和1对复眼呈黑色外，其余部分几乎无色。应将抱有上述不同颜色虾卵的亲虾分池放养。

2. 亲虾的运输

将帆布桶绑扎在车上，桶中装水1/3～1/2，每立方米水可装虾1～2千克，如有充氧设备可增加至4千克/米^3。船舶运输参照车运，因船速较慢可适当减少装运密度。

四、亲虾放养与幼体培育

1. 亲虾放养与孵化

抱卵亲虾的稻田放养量为5～10千克/亩为宜。如放养未抱卵的亲虾，则还需要放入与雌虾同等数量的雄虾。

为便于操作，对抱卵亲虾及蚤状幼体的培育，采用小面积的强化培育方式效果比较好。具体操作方法是：用网目为0.5厘米，高为1.2米的聚乙烯网片，网片的底边埋入泥中并压实，围栏在稻田的一角，面积为50～60平方米，沿围网的一周投放水草，如水葫芦、水花生等新鲜水生植物，占围网内水面的20%～30%，将抱卵亲虾或成熟亲虾放入围网中进行培育。亲虾投放到制作好的网围后，每天检查虾卵的发育情况，待蚤状幼体全部脱离母体，将网围中的亲虾捞出上市。此时，在培育稻田中按150～200千克/亩施入发酵后的有机肥，继续培养虾苗的饵料生物。

另一种方法是可将亲虾集中放养于网箱中产卵和孵化，孵化出的幼体可直接进入培育池网围中。与上述方法相同的是，应在网箱里悬放些用棕皮或杨树须扎成的虾巢，或放养水葫芦，供虾栖息。孵化期间可多投喂一些动物性饵料如绞碎的小杂鱼、螺肉、蚬肉等，每天清除一次残饵。定期检查受精卵的发育情况，如发现胚胎出现眼点，表明不久即将孵化。虾卵孵化结束，将亲虾捞出，进行幼体培育。此时要做好稻田内的浮游生物培养工作，每亩稻田放入用益生菌团发酵好的鸡粪或猪粪200千克左右，以培育蚤状幼体所需的浮游生物。

放养量根据每亩育成苗种数量来估算。通常每亩育苗池能产体长1厘米左右的幼虾40万～60万尾，然后根据亲虾的怀卵量、受精卵孵化率，由蚤状幼状幼体至幼虾的成活率进行推算。孵化率一般在90%以上，蚤状幼体至幼虾的成活率一般为30%～50%。

2. 幼体培育

孵出的蚤状Ⅰ期幼体，培育至体长1厘米左右的幼体前在原孵化稻田进行培育。

（1）饵料生物的培养

刚孵出的蚤状幼体，前2天内不摄取外源饵料，靠自身的卵黄营养。第三天开始摄食饵料主要是一些浮游动物如轮虫、枝角类、桡足类，也可用熟蛋黄微细颗粒、虾片或熟鱼糜。为了使水体中的饵料生物维持高密度，每隔4天追施一次肥水膏和益生菌团，用量分别为1千克/(亩·米)和500克/(亩·米)，用水稀释后全池泼洒。

（2）投喂人工饵料

蚤状幼体第二天起每隔6小时泼洒豆浆一次，供蚤状幼体和浮游动物食用。用量为每亩用2千克左右的干黄豆或3千克左右的豆粕。还可以用熟鱼糜和熟蛋黄培育蚤状幼体，鱼糜与蛋黄均以60～80目筛绢过滤后进行泼洒，每天4次，每万尾幼体以鲜鱼0.5千克和蛋黄2个加工后投喂。随着幼体的长大，饵料也随着不断增加。培育中后期，浮游动物生物量减少时，可以增投一些鱼粉、血粉、蚕蛹粉等动物性饵料，用量视摄食强度而定，每天于8:00、15:00和21:00，分3次投喂。

（3）水质调节

蚤状幼体刚孵出时水深70厘米左右即可，一般每追肥一次，加注新水10～20厘米。加水时用120目的筛绢过滤。当透明度低于30厘米时，应进行适当换水，以确保水质清新。

投喂饵料要适量，并及时清除残饵和排泄物。每4天按照说明书施用一次益生菌团或微生态制剂，以保持良好的水质，提高蚤状幼体成活率。

五、虾苗培育

1. 适量施肥与注排水

在控制好稻田水体肥度的同时，也要满足虾苗摄食天然饵料生物的生长需要，一般虾苗培育稻田一个月施肥2～3次，每次施入腐熟有机肥150～200千克，并根据池水透明度及时注排水。青虾苗种培育后期稻田水深需加到1～1.2米，以确保青虾苗种在良好的环境中生长。

2. 科学投饵

蚤状幼体经一周强化培育，其体长已达0.5厘米左右，可小心拆去围网进行苗种培育。苗种培育前期改鱼糜和蛋黄为豆浆，每天用黄豆3千克/亩左右磨成豆浆分3次投喂，经过15天左右培育，虾苗体长约达1厘米。除每天投喂豆浆外，还要增加投喂人工配合饲料，投喂量占虾体体重的5%左右，每天投喂2次，上午投喂量占全天投喂量的20%，下午投喂量占80%，并沿池边浅水区域多点定点投喂。

3. 水质管理

青虾繁育水质管理的关键是确保有丰富的饵料生物、充足的溶解氧和适宜的酸碱度。青虾喜生活在微碱性的水体中，随着人工饵料和有机肥的投入，水体pH值缓慢下降，应每周测试1次水体酸碱度，若pH值小于7，则用生石灰5千克/亩全池泼洒，既能调节水质，增进幼体蜕壳生长，又能起到防病的作用。

六、虾苗捕捞

幼虾培育至体长1.5～2厘米需要35～40天，这时，青虾苗种密度已相当大，为提高单位面积出苗率，应及时进行分塘或出售。虾苗的捕捞工具可用鱼苗网轻轻拉出，也可根据青虾苗种具有集群趋光的特性，进行灯光诱捕，采用30～40目筛绢制作成的三角形手抄网，反复在池边抄捕。

第九节　小龙虾苗种稻田生态繁育技术

小龙虾稻田生态繁育是依据小龙虾生物学特性，运用生态学原理，利用优质水稻与小龙虾共作，通过科学留种、保种、稻田改造和水位调控等措施，使小龙虾在稻田内自繁自育，并批量生产苗种。

一、稻田的选择与准备

用于生态繁育小龙虾的稻田必须是稻虾连作的稻田，并按照小龙虾养殖的要求进行改造（见第四章）。

二、施基肥

基肥以有机肥为主，要施好施足，保证水稻中期不脱肥、后期不早衰。插秧前的10～15天，施有机粪肥200～300千克/亩或复合肥25～35千克/亩，均匀撒入田中并用机器翻耕耙匀。

三、小龙虾种苗投放

1. 投种量

新建养虾稻田只需第一次投种，此后就可以自行留种、保种或适当补充虾种。投种量与投种季节有关：一是在8月底至9月初投放规格30～50克的亲虾，投放量为20～30千克/亩，雌雄比例为3：1；二是在4月投放规格在160～400只/千克的虾种，投放量为25～50千克/亩。以上均为自繁自育。小龙虾可常年繁殖，如果专门用作繁育小龙虾虾苗的稻田，在温度适宜的情况下，虾卵孵化时间大约为14天。在稻田肥水一周后，选择怀卵量较大、色泽鲜艳、健康无残缺的抱卵虾于晴天上午分散投放。一般每亩稻田投放抱卵小龙虾50～75千克或30克以上大规格种虾40～50千克。亲虾肢体完整、活力强、硬壳深红，就近选购，雌雄比为（3～4）：1，专用育苗田每亩可提供2～3亩养殖稻田的龙虾苗种。

2. 投种方法

虾种一般采用干法淋水保湿运输，如离水时间较长，放养前需进行如下操作：先将虾种在稻田水中浸泡1分钟左右、提起搁置2～3分钟。如此反复2～3次，让虾种体表和鳃腔吸足水分。其后用5～10毫克/升浓度的聚维酮碘溶液（有效碘1%）浸洗虾体5～10分钟，具体浸洗时间应视季节、气温及虾体忍受程度灵活掌握。浸洗后用稻田水淋洗3遍，再将虾种均匀取点，分开轻放到浅水区或水草较多的地方，让其自行进入水中。

3. 留种

从翌年开始留种，稻田自留亲虾20～30千克/亩。操作方法：在5—6月，在环沟中放3米长地笼，地笼网眼规格为1.6厘米，密度为30条/亩。当每条地笼商品虾产量低于0.4千克时，即停止捕捞。剩下的小龙虾作为培育亲虾。

4. 种质改良

为了保持小龙虾优良性状，避免因近亲繁殖造成种质退化，应定期补种。每年8月底至9月初可以从长江中下游草型湖泊中采捕或选购规格40克以上的大规格亲虾补放到已养稻田中，补种量为5千克/亩。

四、水位控制

3月，稻田水位控制在30厘米左右；4月中旬以后，稻田水位应逐渐提高至50～60厘米。整田至插秧期间保持田面水位5厘米左右。插秧15天后开始晒田，晒田时环沟水位低于田面20厘米左右，晒田后田面水位加至20厘米左右，收割前的半个月再次晒田，环沟水位再降至低于田面20厘米左右，收割后10～15天长出青草后开始灌水，随后草长水涨，直至田面水位达到50～60厘米。

五、饲养管理

1. 施肥投饵

亲虾和幼虾均能以稻田内的有机碎屑、浮游动物、水生昆虫、周丛生物、水草以及中稻收割后稻田中未收净的稻谷、稻草稻蔸内藏有的大量昆虫和卵等丰富适口的天然饵料为食。稻田天然饵料可通过施入经发酵腐熟的农家有机肥进行培育，一般施用量为100～200千克/亩。

饵料投喂时间从3月下旬开始，至7月底结束，其余时间一般不需投喂。投饵量一般占虾体重的2%～4%，投饲时间为下午16:00—17:00时，每天投饲1次。饵料可选用米糠、菜饼、豆渣、螺蚌及优质人工配合饲料等。与此同时，还需适当补充青饲料，如莴苣叶、黑麦草等。投喂时，尽量做到动物性饵料、植物性饵料和青饲料合理搭配，确保营养均衡、全面。并做到定点投喂，以利于在田小龙虾养成集中定点觅食习惯，减少饵料浪费。

2. 水质调控

根据水色、天气和虾的活动情况，适时适量加注新水（加水量为在田蓄水量的3%～5%或加深2厘米左右），每次注水前后水的温差不能超过3℃。

3. 水草管理

水草保持在环沟面积的50%左右，在高温季节注意控制水草长势，及时割除过多的水草，以防腐烂败坏水质。

4. 巡田

经常检查虾的吃食情况、有无病害，检查防逃设施，并监测水质等，发现问题时及时处理。做好生产养殖记录、药物使用记录。

六、繁殖与孵化

每年4—5月，水温18℃以上时，亲虾开始交配。雄虾将精子排入雌虾的纳精囊内，受精卵在雌虾腹部附肢游泳足的毛上孵化为稚虾，适宜孵化温度为22～28℃。水温在18～20℃时，孵化期为30～40天，水温在25℃时只需15～20天。稚虾孵化后在母体保护下完成幼虾生长发育过程。稚虾一旦离开母体，便能主动摄食，独立生活。当发现繁殖稻田中有大量稚虾出现时，应及时采捕幼苗放养到养殖稻田中。

七、虾苗培育

在亲虾抱卵后，每亩稻田应施用腐熟的人畜粪500千克，培育稚虾喜食的天然饵料，如轮虫、枝角类、桡足类等浮游生物。繁育稻田中除设置树根、竹筒等物外，还要种植一定数量的沉水及漂浮植物，供稚虾攀援栖息、蜕壳和隐蔽。稚虾孵化后，稚虾存田（或放养量）一般为每亩10万～15万尾，虾苗规格尽量保持一致，可投喂豆浆，每天投喂3～4次；第2周开始投喂小鱼虾、螺蚌肉、蚯蚓、蚕蛹等动物性饲料为主，适当搭配玉米、小麦、鲜嫩植物茎叶等混合粉碎加工成的糊状饲料，早、晚各投1次，晚上投喂量为日投饵量的70%。日投饲量早期每万尾稚虾为0.25～0.4千克，以后按池内虾体重的10%左右投饲。培育过程中，每7～10天换水1次，每次换水1/4～1/3；每隔15～20天以20毫克/升的浓度用生石灰化水全池泼洒1次，以调节水质和增加水中游离钙含量，提供稚虾在蜕壳生长时所需的钙质。幼虾经25～30天培育，通过5～8次生长蜕壳，体长可达3厘米，便可进行成虾饲养。

八、越冬期管理

10—11月水稻收割后至翌年2月，应做好亲本小龙虾、苗虾越冬管理等工作。可以将部分粉碎的秸秆还田，晒田3～4天后，大田即可进水，3天后重新换一次水，此时大田里水深应保持在20～50厘米，以利于小龙虾顺利越冬。并对大田进行消毒，7～10天后可移栽伊乐藻等水草，20天后水草已扎根发芽，此时可提高水位淹没虾沟，虾沟中的亲虾及新孵化出的小虾苗可将秸秆、嫩芽、水体中的浮游生物和底栖生物作为饵料。进入12月，随着气温不断下降，龙虾进入冬眠阶段。

九、捕捞种虾

翌年随着气温逐步回升，水温达15℃以上时小龙虾逐步开食，此时可根据稻田水体中水草、生物饵料丰歉程度适当投喂，一般为存塘龙虾体重量的1%～2%；在水温达20℃以上时，应及时捕出上年投放的小龙虾亲本上市销售，以防其陆续死亡造成损失（此时小龙虾市场价格全年最高）。待亲虾基本捕完后，可根据水体环境、苗种情况补放一些外源苗种，既有利于提高产量，也可以充分发挥种群远缘交配优势。如果发现小龙虾苗种密度过大，则应捕出部分销售，以防因密度过高导致小龙虾生长缓慢，造成商品虾规格偏小或生病。

第十节　中华鳖苗种稻田生态繁育技术

一、亲鳖选择

亲鳖应选用长江流域野生中华鳖，不用杂交种或近亲繁殖后代，亲鳖年龄在5～7冬龄或以上，体重2千克以上。选择亲鳖应注意以下几方面。

①应选择体表无伤无病、外形正常无异、皮肤光亮、背面体色为墨绿色的亲鳖。

②应选择活泼健壮、体形厚实、两眼有神、颈伸缩自如、行动敏捷的亲鳖。

③用高精度金属探察仪探察食道部位是否有针钩。

④用手摸亲鳖后腹部两侧是否浮肿。

⑤检查甲鱼颈缩入甲板内时，上下甲板是否紧缩，紧缩者为正常甲鱼。

⑥让甲鱼咬住竹竿或小木棍，拉出鳖颈后，观察其颈部是否有出血点。

二、亲鳖饲养管理

1. 放养密度

亲鳖放养密度通常根据其个体大小来决定。一般每2～3平方米水面放养1只，规格1.5～2千克，即每亩水面250～300千克。折合到稻田大致为30～50只/亩，40～60千克。放养密度不宜过大，以免影响鳖正常发情和交配。

2. 雌雄比例

亲鳖雌雄搭配比例以（5～8）：1均可。据江西省黎川县农技推广中心比较试验，雌雄比为8：1、7：1、6：1、5：1四个组合，对雌鳖所产卵的受精率和孵化率没有显著影响。如果雄性过多，还会与雌鳖争抢饲料，又会因交配权发生争斗，影响雌鳖性腺发育和产卵。

3. 投喂

当水温达到18℃以上时可开始投饵，此时鳖摄食量较少。投饵可在晴天上午10:00左右进行，先用新鲜优质动物性饵料诱食，每隔3天投喂1次。

水温超过20℃时可正式投饵，每天1次。当水温升至28℃以上时，鳖新陈代谢旺盛，每天投喂2次，上午和下午各1次。投饵都应该在固定的饲料台（晒台）上进行。夏季饵料台上要遮阳以防止饲料变质。投喂饵料要保证质量，以蛋白质含量较高的动物性饵料为主，要求新鲜、不变质。也可自制或购买配合饲料饲喂。每日投饵量一般为亲鳖总体重的15%～20%。但应根据亲鳖当天吃食情况及时调整投喂数量。

4. 水质管理

繁殖用稻田水质应保持清新活爽。水色呈淡褐色或淡绿色，透明度为30～40厘米。如水质过肥，水色浓，透明度小，应及时换水。在亲鳖交配时不要换水，以免因其发生应激反应导致交配不成功。平时换水水流要平缓，不要有流水声。并投放螺蛳或种植水花生等水生生物，既净化水质，又作为甲鱼辅助饲料。

5. 日常管理

应做好“四防”工作，即防病、防逃、防敌害、防盗。

三、繁殖

1. 交配

当水温达20℃以上时，性成熟的中华鳖开始发情、交配。亲鳖发情交配一般晚上在水中进行。雄鳖发情时在浅水处追逐雌鳖一定时间后，雄鳖后裙边稍作上下震动，爬伏在雌鳖背上，用前肢抱持雌鳖前甲，尾部下垂，阴茎自泄殖孔伸出，与雌鳖泄殖孔交接，阴茎将精液射入雌鳖生殖管道内，整个交配过程3～5分钟，然后潜入水中。雌雄亲鳖交配后体内受精，雄鳖精子在雌性输卵管存活并具有受精能力的时间达半年以上，越冬前交配的雌鳖，在翌年生殖产出的鳖卵，仍能受精孵化。

2. 产卵

雌鳖交配后2周左右开始产卵，产卵最适气温为25～30℃，每年6—7月为中华鳖产卵高峰期。雌鳖产卵通常在夜间进行，产卵时先用后肢挖掘洞穴，然后将尾巴伸入洞穴产卵在其中。待产卵完成后，用后肢将两侧沙土覆盖洞穴，抹平洞口并用身体压实。雌鳖一年产卵3～4次，每次产卵5～40只，两次产卵前后相隔2～3个星期。

四、孵化

正常鳖卵呈乳白色，重2.5～9克。

1. 自然孵化

中华鳖受精卵在潮湿的泥沙中孵化，在野外自然孵化需60～80天。孵出的稚鳖经1～2天后脐带脱落。养殖中华鳖稻田田间设施中已设置了产卵设施，可以在其中孵化。如产卵设施上加盖了顶棚，具有防雨挡风的作用，则无须转移，直接在其中孵化，并可以取得较高的孵化率。

2. 人工孵化

鳖卵人工孵化是提高孵化率的重要措施，有条件的稻田甲鱼养殖单位和个人，都应该尽可能采用人工孵化方法。

（1）采卵

亲鳖从5月开始产卵，采卵工作随即开始。每天早晨在产卵场观察雌鳖产卵留下的足迹仔细查找卵穴，并在卵穴处做好标记。但不要急于采卵，最好在产出30小时后再采。每次采卵时。还要仔细检查产卵场之外的空地是否也有产卵。采卵可用采卵箱或脸盆等容器，亦可直接用孵化箱收集。采卵时在采卵容器内铺上一层细沙或稻壳，将动物极朝上整齐地排放。注意不要碰破卵壳。采卵结束后，应将卵穴重新平整但保持一定倾斜度，然后洒一些水使沙土保持湿润，以方便下一拨亲鳖产卵。

（2）受精卵的鉴别

通过观察鳖卵外部特征判断是否受精。受精卵卵顶部有一个白点，白点周围清晰光亮，随着时间推移白点逐渐扩大到卵中央部。若卵一端无白点或白点不规则不整齐，则判断为未受精卵。通过观察及时剔除畸形卵、卵壳破裂的卵、死卵和未受精卵，以免影响受精卵孵化。

（3）孵化

人工孵化主要有孵化房孵化和室内孵化器孵化两种。孵化房孵化，先在地势较高、向阳避风、排水条件好、离产卵场近、便于管理的地方建造孵化房，面积一般为4～10平方米。室内地面上铺一层碎石或粗沙，在其上铺30～50厘米厚的细沙。孵化时将受精卵排放在沙面上，排成数层，层与层之间间隔2～3厘米，在最上面的卵上铺一层细沙。孵化房温度应控制在30℃左右，湿度控制在75%～85%。每天要定时开窗通风，湿度太大时还应开动排风扇排出雾气。室内孵化器孵化采用的孵化器有多种形式，如木箱、盆、罐等均可。孵化器规格一般为60厘米×30厘米×30厘米。孵化器底部要钻若干个滤水孔。孵化时先在孵化器底部铺上细沙，然后排放鳖卵，最后再铺一层细沙。接近孵化末期将孵化箱置于水池上方以便稚鳖的采集。

在稚鳖未全部出壳之前，应注意观察，当一只孵化箱出壳达5%～10%时，就可以人工控制整齐出壳。此时可将孵化箱未出壳的鳖卵放到小型容器中，然后加放30℃的水淹没全部鳖卵，约10分钟后，所有发育完成的稚鳖可全部出壳，少数未发育完成的可放入孵化箱继续孵化。试验表明，此法短时间内孵化率达95%以上。

3. 稚鳖培育

（1）搞好消毒

稚鳖饲养前，鳖池底质用100～200毫克/升的生石灰或10～20毫克/升漂白粉溶液消毒；水体可用2～3毫克/升漂白粉溶液消毒。用25%食盐溶液浸洗鳖体10～20分钟或用浓度为15～20毫克/升的高锰酸钾溶液浸洗10～15分钟进行消毒。

（2）幼鳖培育

稚鳖有趋水性，但不宜马上放入水中，宜先在湿沙盆内暂养1天，次日再转入稚鳖池中。仔鳖暂养密度50～100只/米^2。入池后先投喂少量红虫或小糠虾。随后，用熟蛋黄搅拌成糊状，每天正常喂食，上下午各投饵1次，投饵量为全池稚鳖总体重的2%～3%。并注意保持池内水质清洁，经常清除池中残饵，每隔3～5天换1次新水，水体透明度保持在40厘米，池水深度控制20～30厘米。经过15～20天培育，稚鳖体重可达4～10克，此时应搬移到幼鳖池进行培育，放养密度改为50～60只/米^2，再经50～60天培育，幼鳖体重达30克以上，便可以移入室内进行人工加温养殖或自然越冬。

第六章
稻田渔业天然饵料生态利用与投饵施肥技术

稻田生态渔业的重要特点就是利用稻田田间水蚯蚓、水生昆虫、浮游动物、底栖动物等天然饵料资源和稻田害虫、杂草等有害生物作为水产动物饵料，适度施用有机肥料和无机肥料，以促进水稻健康成长并培育增殖稻田天然饵料；同时，增加人工饵料投喂，以求获得较高的水产品产量和经济效益。

第一节　稻田宜养主要水产动物营养需求

适宜在稻田养殖的大部分水产动物的食性为杂食性，其中有的偏植物食性，有的偏动物食性，极少数为肉食性，并可搭配滤食性的鲢鱼、鳙鱼，还可搭配兼有腐殖质食性和滤食性的螺蚌等贝类。新型稻田渔业中养殖的水产动物除部分利用稻田原有的天然饵料资源及害虫、杂草等其他饵料资源外，为了获得稳定且较高的水产品产量和良好的经济效益，日常增加人工配合饵料投喂是高产稳产的重要技术措施。

作为稻田渔业增产手段的投饵，与一般高产池塘有较大的差异。必须在设定的稻田渔业单位面积产量中，考虑充分利用稻田原有天然饵料，全面发挥稻田宜养水产动物的生态功能，同时，要发挥水产动物抑制杂草、控制害虫、利用其他稻田废物的生态作用，增加水产品产量。因此，必须按照主养水产动物的营养要求投喂营养适宜、规格适合、风味适口、数量适当的人工配合饵料。设计的稻田主养水产动物的营养成分必须高于一般池塘和网箱等集约化养殖方式的营养成分。稻田的天然饵料总体是以植物性为主，营养成分与主养水产动物的营养需求存在一定差距，所以在设计稻田养殖水产动物营养成分配方时应取营养要求的高值，尤其是蛋白质和脂肪。表6-1中是有关研究机构在试验分析后认定的配合饵料中主要营养成分需求，可作为稻田渔业设计人工饵料配方的主要依据。

表6-1 适宜稻田主养水产动物的营养需求

名称	蛋白质	脂肪	碳水化合物	维生素
鲫鱼、鲤鱼	30%~38%	5%~7%	25%~41%	15种
泥鳅	30%~45%	7%~10%	38%~50%	15种
草鱼	20%~30%	4.2%~4.8%	36.5%~42.5%	15种
团头鲂	25%	4.5%	12.2%	15种
鲮鱼	15%~20%	4%~5%	28%	15种
黄鳝	35%~45%	3%~4%	24%~33%	15种
罗非鱼	30%~38%	6%~8%	25%~36%	15种
斑点叉尾鮰	32%~37%	1%~2%	20%~30%	15种
鳜鱼	44.7%~45.8%			
肉食性鱼类	42%~56%	1.5%~3%	20%	15种
中华鳖	40%~50%	6%~8%	20%~30%	15种
河蟹	35%~42%	3%~8%	20%~30%	15种
虾类	22%~46%	6%~9%	20%	15种
罗氏沼虾	36%~42%	6%~12%	22%~30%	15种

第二节 稻田渔业天然饵料资源的开发利用

一、根据稻田饵料资源设计水产养殖结构

1. 稻田主要饵料生物资源

稻田水产动物养殖结构除必须根据稻田水域生态环境特点外，其重要依据是稻田可利用饵料品种和资源量，设计的稻田水产动物养殖结构必须是可能利用稻田主要饵料资源的品种，其摄食量必须大于稻田饵料资源量，以免浪费。据四川省农业科学院水产研究所1984年调查研究，稻田中处于初级生产的浮游植物共

有7个门67属，其中绿藻门27属，硅藻门18属，蓝藻门12属，裸藻门和甲藻门各4属，金藻门和黄藻门各1属。处在次级生产力的浮游动物共有77种，其中原生动物10种，轮虫45种，枝角类9种，桡足类11种，介形类2种。以轮虫的种类最多，占总数的58.4%，其中浮游性、底栖性或兼营二者生活的种类都有。主要作为第三级生产力的底栖动物共有10种，这些主要采集的是泥土里生活的种类。其中环节动物4种，软体动物2种，水生昆虫4种。常见种和优势种有苏氏尾鳃蚓、霍甫水丝蚓、环足摇蚊幼虫和羽摇蚊4种。与河流、湖泊、池塘等水域相比，其种群结构较简单。其他如水生植物在试验稻田中仅有绿浮萍和引种的细绿萍。

2. 为充分利用稻田饵料资源，稻田以主养底栖型杂食性或草食性水产动物为宜

从整个稻田饵料生物种群结构来看，是以浮游生物、底栖生物和水生维管束植物组成的多样性群落，生物量则以底栖动物最大。在浮游生物中，前期以浮游动物为主，后期以浮游植物为主，但总的生物量都没有底栖动物生物量多。因此，养殖鱼类应以杂食性或底栖食性的鱼虾蟹龟鳖类为主，在水生维管束植物比较丰富的稻田，才能养殖一部分草食性鱼类。即使可放养草食性鱼类的稻田，在稻谷收割后也应投喂一定数量的青饲料。如据四川省农科院水产研究所在本省试验，稻田中虽未放养草鱼，但绿浮萍的生物量到10月才达到高峰期，而在此以前的生物量都不高。放养草食性鱼类后其生物量可能还要少得多。

3. 在水稻生长前期和后期应适当节制投饵以利用稻田饵料，中期加强投饵

在稻田中水产动物饵料生物种群在水稻栽秧后的前期，即5—6月都相当丰富，如浮游生物中浮游植物共有67属，几乎占种群组成的50%；浮游动物共有77种，几乎超过总数的一半。浮游植物生物量的个体数和质量变化曲线几乎相平行。养鱼稻田浮游植物生物量一般在5月和9月有两个高峰期，7—8月为低谷期。而未养鱼的对照田，5月以后生物量还有增加的趋势，直到7—8月才有略有减少，自此以后又增加形成另一个高峰期。形成低谷期的原因在未养鱼稻田，主要是水稻植株封行后稻株生长茂盛，光照强度降低所致。而在养鱼稻田中除上述因

素外，还有鱼类的摄食压力。在放养密度小的稻田中，浮游植物生物量是放养密度大的稻田6倍多。稻田浮游动物生物量也呈现规律性变化，高峰期都是在5月，这是由于栽秧前施用了大量基肥，水温又在20℃左右的适温范围，浮游动物大量繁殖。在投放鱼种后浮游动物急剧减少，尤其放养密度较大的稻田更为显著，未养鱼的稻田在9月浮游动物生物量仍有一高峰期，而养鱼稻田则仅稍有增加。这也说明与主要放养鱼类——鲤鱼的摄食变化规律有关。有研究表明，鲤鱼在夏、秋季以食动物性饵料为主，养鱼稻田浮游动物生物量本应在9月出现的峰值因被鱼类摄食所抑制而未出现。底栖动物生物量变化，一年中都是在6月和9月出现两个峰期，低谷期皆在7月和11月。9月出现的第2个高峰期则随着鱼类放养密度的增大而逐次降低。水生维管束植物由于细绿萍生长繁殖迅速，在5月每平方米达到765克，到6月细绿萍随着水温升高而全部死亡。7月后细绿萍开始繁殖生长而逐渐增多，至10月达到高峰，也有随着鱼类放养密度大小而相应增减的规律。生物量只有一个高峰期，以后随着水稻生长茂密，气温升高，水温高于25℃时，各类饵料生物都处于低谷期。所以，稻田渔业一定要争取早放水产苗种，以充分利用稻作前期的饵料生物资源。投放鱼种应尽量为大规格。饵料生物的生物量前高峰期主要是浮游动物中的桡足类和底栖动物的水蚯蚓。据调查，3厘米及以下的水产苗种皆不能充分利用这些饵料资源，并且小规格苗种由于受到稻田中难于清除的敌害生物吞食，成活率也受到严重影响。另外，稻田栽秧后为了有利于秧苗生长，水体深浅经常变动，生态环境尤其是非生物环境变化较大，过小的水产苗种难以适应，容易引起死亡。据有关单位试验，在稻田中放养体长为2.7厘米，体重为0.2克的小规格乌仔鱼种，成活率仅有20%左右。

在四川省等西南地区，稻田水体中所有饵料生物量具有明显变化规律，在未养鱼稻田中9月皆可出现另一个高峰期。但在养鱼稻田中除浮游植物生物量峰值较高外，浮游动物、底栖动物生物量都不高。此时水稻已经收割，光照充足，水位也已尽可能加深，水温又在20～25℃的最佳范围，这也是全年鱼类增重最快的时期，但稻田中天然饵料生物量难以满足水产动物生长需要。为了解决这一矛盾，加速水产动物生长，养殖户应该在这段时期加强人工投饵，否则水产品产量就会受到严重影响。要想稻田渔业取得高产，除水产苗种规格和放养密度等因素要得到合理妥善解决外，收割稻谷后，应尽可能加强饲料投饵。

4. 主养鲤鱼、鲫鱼、河蟹、中华鳖等水产动物均能充分利用稻田饵料资源

湖北有关专家也对养蟹稻田天然饵料进行了研究，稻田中已知的原生动物有23科66种，轮虫有8科36种，叶足类的丰年虫有4科5种，稻田藻类23科209种，水生植物41科209种和变种，还有大量底栖动物、水生昆虫，水稻害虫的水栖幼虫、蚊虫幼虫等。这些生物绝大部分是稻田主养水产动物喜食的饵料，能较好地满足不同水产动物的摄食需求，可以提供每亩15～20千克的水产品产量。另据浙江大学“稻鱼系统中田鱼对资源的利用及对水稻生长的影响”研究，通过摄像观察稻鱼系统中田鱼的活动，采用稳定性同位素分析田鱼对稻田资源的摄食，并测定水稻的生长发育进程和水稻产量。研究发现，在稻鱼共作不投喂饲料情况下，稻田中浮萍、浮游植物、田螺3类水生生物对田鱼食物的贡献率分别为22.7%、34.8%和30%；而投喂饲料情况下，这3种水生生物对田鱼食物的贡献率分别为8.9%、5.9%和1.6%，饲料的贡献率为71%。而养鱼田水稻与水稻单作比较，水稻分蘖期和灌浆期的叶片氮含量增加显著，延长分蘖期10～12天，并显著提高成穗率和产量。这表明，稻鱼共作通过田鱼摄食稻田资源并转化为水稻可利用养分，促进了水稻生长，实现了水稻产量的提升。另据浙江大学进行的“水产动物对稻田资源的利用特征：稳定性同位素分析”研究表明，在投饵稻鱼共作模式中，水产动物在稻田系统中主要食物来源是人工投喂的饲料。在稻—鲤共作系统中，除去本底值，饲料和自然资源的贡献率分别为59.15%和40.85%，这表明鱼在取食人工投喂饲料的同时，也能够充分利用稻田中自然饵料资源，并且食性杂，没有特殊的偏好食物。在稻—蟹共作系统中，人工饲料和自然饵料资源贡献率分别为62%和38%，表明螃蟹对稻田饵料资源具有较高的利用率，底栖动物是河蟹的重要饵料，其中以有机物和底栖动物贡献率较大。在稻—鳖共作系统中，除去本底值，人工饲料和自然饵料资源贡献率分别为22.32%和77.68%，这主要是中华鳖要求水温较高，生长速度较慢所致。以上3种水产动物对稻田系统中大部分自然资源如浮萍、水绵、水花生、底栖动物、田螺等都有利用，可以适当减少人工饲料投喂量，可以提高自然饵料资源利用率，节约成本，增加收入。

以上试验结果表明，即便在投喂饵料的情况下，天然饵料仍然发挥重要作用，应该在调查观测稻田天然饵料的基础上，在天然饵料丰富时适度减少人工饵料的投喂，以发挥天然饵料的增产作用，尤其是田间杂草和水产动物可摄食的害

虫较多时，通过减少人工饵料的投喂，可发挥水产动物防控杂草和害虫的作用。同时，天然野生水产动物具有独特风味的重要原因除了自然水体水质良好处，其重要原因是多样化的天然饵料来源。天然饵料具有多种营养成分和难以定量的活性物质，这有利于促进水产动物健康成长，并改善水产品风味。另外，稻田安装使用灭虫灯可以进一步增加水产养殖产量。

二、移植适宜稻田生活的水产饵料生物

20世纪中后期，化肥、农药等石油工业产品在我国水稻生产中用量急剧增加，加上耕作制度的变革，使许多地区原本在稻田中长久生活的大量水生生物品种大量减少，生物量急剧下降，一些天然饵料品种甚至从稻田中绝迹。在我国一些传统稻田渔业产区，自20世纪八九十年代开始，稻田水产品单位面积产量不断下降，水产品商品规格变小，品位和效益也在不断降低。在这种情况下，积极开展稻田饵料移植，有利于恢复和提高稻田渔业自然生产力，修复稻田自然生态，促进稻田渔业经济效益的增加和生态效益的提升。其方法途径有以下几种。

1. 直接投放螺蛳、河蚌、水蚯蚓等底栖型水生动物

螺蛳、河蚌既可以作为稻田主养水产动物，也可以作为河蟹、中华鳖等高档水产品的饵料生物培育。这些动物都能较好地在稻田中生长、繁殖，并且能利用稻田施用的有机肥料、水产动物的粪便、残饵，水稻残枝败叶以及稻田部分杂草，培育水产动物喜爱的高营养、高价值饵料，进一步提升了稻田的生态功能。螺蛳一般每亩稻田可移植100 ~ 150千克（参见第四章第五节）。水蚯蚓是黄鳝、泥鳅等多种名贵水产动物的优质适口活饵料，也是多种名贵水产动物的开口饵料。许多水产动物由幼体培育为规模养殖的苗种时，必须以此诱食才能驯食成功，尤其对黄鳝养殖的成活率和生长影响很大。另外，水蚯蚓还是垂钓的主要活饵料。福建省武夷山市水产技术推广站进行的“山区稻田培育水蚯蚓生态养殖福瑞鲤试验”表明，4月时，每亩稻田移植从城市生活污水水体捞取的水蚯蚓10 ~ 15千克。移植前在稻田施用足够的畜禽粪便等有机肥料作为基肥，为水蚯蚓提供充分的食物。稻田中养殖的福瑞鲤以水蚯蚓作为主要食物，平均亩产64千克，比对照田增产1.37倍；每亩经济效益达2 424元，比对照田增收85.7%。

2. 利用稻垄（畦面）培育蚯蚓

江苏盐都县义丰镇双官村养鳝专业户张志华在“畦面育蚯蚓，水沟养黄鳝”试验中，在1.5亩稻田建畦（垄）种稻养蚯蚓，沟中养黄鳝，在6月初投放蚯蚓，按每平方米投放“大平2号”蚯蚓种0.5千克，并在畦面铺上一层薄稻草，起遮阳保湿作用。视蚯蚓繁殖生长情况定期或不定期补充米糠或牛粪等饲料并翻松土层，保证蚯蚓正常生长，为黄鳝提供营养丰富的适口活饵料。结果每亩收获黄鳝200多千克，亩产稻谷550千克，经济效益显著。福建省周宁县水技站进行的稻田“畦面培育蚯蚓、水沟养黄鳝的养殖技术研究”，采用与上述试验相似的方法，每平方米投放“大平2号”蚯蚓种1千克，培育后供黄鳝摄食。每亩稻田产商品黄鳝1 760千克，养殖成活率为92%。亩产值4.4万元，亩利润23 570元，投入产出比1：1.8。

3. 栽植适口性好、适应性强的水生植物

水生植物既是稻田养殖水产动物的环境植物，又是稻田养殖主养水产动物的饵料植物，是为稻田养殖水产动物维持良好生态环境的重要条件。具体植物品种和栽植方法在第四章已进行了详细阐述（参见第四章第五节）。另外，还可以引入紫背浮萍、红萍（卡洲满江红）、芜萍、槐叶萍等漂浮植物，作为草食水产动物的饵料。20世纪90年代农业部曾重点推广“稻萍鱼综合丰产技术”，生产水产品10～60千克，并使水稻增产25%以上。据福建省农业科学院红萍研究中心试验，红萍作为饵料对尼罗罗非鱼生长有良好效果。早、晚季稻田养殖罗非鱼对红萍氮素利用率分别为21.73%和23.76%，早晚季水稻对鱼体排泄物中氮素利用率分别为18.9%和16.59%，总氮利用率分别为40.63%和40.35%。而红萍直接压施作肥料，早晚季稻对萍体氮素的利用率分别为28.84%和24.3%。该中心以红萍为稻田养鱼饵料，以萍养鱼、鱼粪肥田，使萍体氮素得以充分吸收利用。草鱼和尼罗罗非鱼对红萍氮素消化和吸收率均为60%，其中30%红萍氮素转化为鱼体蛋白，另外约30%氮素排出体外。在稻萍鱼体系中，当季红萍氮素的总利用率可达45%～50%，而红萍单一作肥料处理其利用率只为30%～36%，第二季作物对红萍残残留氮素回收率可达7.83%～9.64%，比红萍单作肥料处理高3.33%～4.11%。第二季残效明显优于红萍压施处理，晚季稻谷产量增产率可达

13%～25%，比压施红萍作肥料处理高7%～9%。又如湖南省慈善利县环城乡零溪村刘宪琪1986年采用稻萍鱼综合丰产技术，亩放鲜萍（细绿萍与卡洲萍）600千克，实现亩增产鲜鱼105.5千克；亩产稻谷626千克，比上年增产276千克；另产鲜萍3 500千克；亩产值712.2元，比上年单种水稻净增4倍。另外，吉林省通化市农科院2002年开展了“稻—萍—蟹农业生态模式技术研究”，他们通过在水稻田里引入细绿萍和河蟹，建立了以水稻为主体的三个层次的立体结构：第一层是水面上层以上生长的水稻；第二层是浮在稻水面上的细绿萍；第三层是水面下生长的河蟹。水稻能利用光能进行光合作用，生产碳水化合物，同时为喜阴的细绿萍和河蟹遮光、降暑，稻根为河蟹提供良好的栖息场所。细绿萍在系统中一是可利用太阳能进行光合作用，生产大量的萍体；二是与蓝藻共生发挥固氮和富钾作用；三是通过覆盖水面控制水面下的杂草；四是萍体可直接为蟹提供饲料，并为之提供隐蔽、栖息、遮光、降温作用；五是萍体改良土壤为水稻提供营养物质；六是漂浮在水面上的细绿萍还能减少鸟类对水产动物的掠食。

4. 引入天然水源的浮游植物和浮游动物

在稻田引水时，尽量从河流、湖泊、水库等较大的自然水源引水，可以随排灌用水将多种浮游植物和浮游动物引入稻田水环境。尤其是施肥、搁田后的引水，应尽可能引入自然水域中上层水。自然水域上层水水质好、溶氧高且浮游生物丰富，可以充分利用稻田水中较为丰富的氮、磷等营养成分，增加稻田初级生产力，为滤食性鱼类和底栖动物增加饵料来源。

5. 利用稻田田埂种植牧草、瓜果菜等农作物，增加稻田渔业的饵料来源

开挖稻田田间沟、坑（凼）的土方可以用来加高加宽池埂，形成稻田“生态带”，既可以用于种植瓜果蔬菜等经济作物，或开展畜禽养殖，增加收入；也可以用来种植黑麦草、苏丹草、鹅菜、南瓜、番薯等水产动物食用的青饲料或玉米、大豆等精饲料作物。“生态带”有利于实现稻田生物多样性，并成为水稻害虫天敌生物的幼体培育基地和稻田使用农药后天敌生物的“避难所”。

三、促进稻田害虫和杂草资源饵料化

对水稻有害的各类昆虫，都是稻田中宜养水产动物的优质饵料，它们一旦

落入稻田水中，便为水产动物捕食。因此，如何将它们引入水中，也是稻田渔业兴利除害的关键措施。主要有两种途径，一是装置稻田灭虫灯。利用各类昆虫的趋光性，夜晚开灯诱虫并击落到水中，可以直接为水产动物提供饵料来源。具体设备安装方法，在第二章已有详细叙述（参见第二章第四节）。具体使用方法极其简单，就是在每天天黑之后打开灭虫灯的电源，也可安装定时装置。灭虫灯不仅消灭了水稻害虫，而且在灭虫灯灯光所及农田中的害虫，也会被吸引并落入水中，增加了稻田水产动物的饵料来源。二是在稻田害虫高峰期，短时间内加高稻田水位，将稻秆中下部淹入水中，使其下部的害虫为水产动物所摄食。另外，还可以采用人工的方法，将稻叶或稻秆上的害虫打入水中。如两人共拉一根细绳，从稻田两侧的田埂上走过。细绳经过每株水稻顶部，带动水稻稻秆摇动，使部分害虫落入水中，以利水产动物捕食。

另外，稻田放养的食草或兼性食草的水产动物，如草鱼、团头鲂等主食水草的水产动物，除草效果十分显著；而鲤鱼、鲫鱼、罗非鱼、泥鳅、河蟹、小龙虾、青虾、罗氏沼虾等水产动物都是兼食水草的杂食性动物，在稻田中也可以发挥除草作用。在稻田杂草旺发时适当控制投饵量，可促使其大量摄食利用稻田杂草，节省人工投饵成本。

第三节 稻田渔业饵料投喂方法与注意事项

一、稻田渔业饵料投喂的基本原理

在稻田渔业田块中有杂草、昆虫、浮游生物、底栖生物等天然饵料供水产动物摄食，每亩可形成15 ~ 20千克的天然水产品产量。要想进一步增加水产品产量，必须要采取投饵措施。水产动物都是生活在水中的变温脊椎动物，其体温随水温变动而变化，摄取的饵料主要用于增加体重，而非维持体温。水产动物的营养特点是饵料系数比较低，一般专用配合饵料1.2 ~ 2.5；水产动物的饵料转化率比其他动物高（鱼15% ~ 28%）。水产动物肌肉蛋白质含量比一般动物高（鱼肉蛋白含量14% ~ 26%，牛肉17.7%，猪肉9.5%，鸭肉16.1%）；同时，水产动物消化腺不发达，其对食物消化吸收较陆生动物差；又因水产动物生活在水中，饵料投入水中后极易溶解扩散，损失较大，需相对增加饵料添加量。因此，根据水产动物的生活环境和对营养的特殊需求，水产动物饵料要有特定的科学配方，不要随意使用畜禽饵料等其他非渔用饵料投喂水产动物，否则会影响水产动物健康生长，也影响饵料利用率。

二、稻田渔业饵料投喂原则

为了使水产动物吃好吃饱，加速生长，并降低饵料系数，投饵必须坚持“四定”原则。

1. 定时

在正常情况下，稻田渔业每天投饵时间要相对固定，从而使水产动物形成按时摄食的习惯，以利于投喂的饵料能及时高效被摄食，而减少浪费。各类水产动物习性不一样，投喂的时间也有所不同。鱼类大部分有白天摄食的习惯，所以，投喂主要在白天进行。虾蟹类有趋光的习性，夜晚活动量大，摄食多，所以应主要集中在晚上投喂。还应注意的是，河蟹、小龙虾和青虾的投喂时间可按以下方法执行：当水温低于15℃时，可隔天投喂一次；水温15～20℃时，可每天投喂一次；当水温高于22℃时，每天投喂两次；当水温高于30℃时，每天应在晚上进行投喂。罗氏沼虾和南美白对虾与一般水产动物投喂次数相同。

2. 定质

用于稻田渔业投喂的饵料必须新鲜、干净，不应有霉烂变质，以免影响水产动物的摄食，甚至中毒，或发生疾病和产生其他不良影响。稻田渔业的主要养殖对象大都是杂食性水产动物，所以应该精、粗（青）结合，动物性饵料与植物性饵料结合。但一般稻田都有一定量的杂草，加上田间沟、塘（凼或溜）中又种植了一定数量的水草，所以粗（青）饲料是无需投喂的。主要投喂的是高营养的全价配合饵料。所谓定质，还包括饵料的营养成分配方在每个生长阶段相对固定，配方（口味）和饵料规格基本稳定，不可随意变动以引起其不适而影响摄食。

3. 定位

稻田渔业投喂的饵料必须有固定地点，以使水产动物形成在固定地点摄食的习惯。但是，由于各类水产动物栖息习性和摄食习惯不一样，所以，投喂的地点也有所不同。鱼类属游泳动物，游动速度较快，每当投喂形成固定声响，便会形成条件反射，很快就能集中摄食，一般可以3～5亩稻田设置一个饵料台固定投喂。如果驯食较好，还可用投饵机固定投喂。中华鳖和蛙类也有较强的游泳能力，也可用固定饵料台投喂。但是，虾蟹类大多属于底栖动物，游泳能力弱，并且有占据一定范围，相互争斗的习性。所以，不能在一个小范围内的一个固定地点投喂，而应根据其日常活动范围，形成固定投饵带或投饵区，减少它们因摄食而发生争斗。同时，还要根据虾蟹的趋光性形成的白天活动少，夜晚活动多；白天集中在深水区，夜晚活动在浅水区的特性行进调整，白天投喂量要小，晚上投喂量要大；白天投喂在深水区，晚上投喂在浅水带；以减少饵料浪费。

4. 定量

稻田渔业投喂的饵料数量既要根据稻田养殖的水产动物载田量而相对稳定，又要根据其生长速度和稻田田间水的温度及时调整。无论是投喂量过多或过少，都会影响在田水产动物的摄食和生长。

同时，稻田渔业的投饵数量受多种因素影响。一是水产动物品种不同摄食率高低也有所不同。二是水产动物个体大小不同摄食率（投饵率）也不同。在水产动物幼体阶段由于新陈代谢旺盛，生长快，摄食率高；随着生长阶段的推移，体重不断加大，投饵率逐渐降低，如鲤鱼在水温在20℃时，50～100克的鲤鱼投饵率为3.4%，而700～800克的鲤成鱼投饵率为1.5%。三是水温不同摄食强度也不同。水产动物大多是变温动物，其摄食强度随水温升降而变化。如鲤鱼100～200克，水温在15℃投饵率为1.9%，20℃时2.7%，25℃3.8%。四是水质不同，摄食差异也十分明显。养殖水体水质好，水产动物摄食快且摄食量大，生长快，饵料利用率高，尤其对水中溶氧影响最大。有资料表明，鱼在适温条件下，水中溶氧在3.5毫克/升以下和3.5毫克/升以上时饵料系数几乎相差一倍，草鱼在水中溶氧为2.5～3.4毫克/升时的饵料系数是溶氧为5～7毫克/升时的1.34倍，摄食量下降35.9%，饵料消化率下降61.2%，生长率下降64.4%。一般认为，养殖成鱼投饵率为3%～5%，当水温为15～20℃时，投饵率为1%～2%，水温为20～25℃时，投饵率为3%～4%，水温为25℃以上时，投饵率为4%～6%。幼鱼投饵率为5%～10%。

在投饵过程中，除坚持“四定”外，还要注意天气变化，鱼活动情况以及水质情况，如水温变化、溶解氧、pH值等，做到灵活掌握，使水产动物吃饱、吃好。还可以根据对投喂后摄食情况的直接观察，调整投饵量。在生长季节，一般饵料投喂后1～2小时内吃完较为适宜。若剩余量较大，则应减少喂食；若毫无剩余，则应适当加大投喂。如果使用投饵机则更利于观察，当大部分鱼类停止抢食，分散离开后，即可停止投喂。表6-2是国外对鲤鱼投饵情况的深入研究，可供稻田渔业投饵时确定参考投饵量。

表6-2　鲤鱼成鱼投饵率（%）

水温（℃）	鱼体重（克）					
	50～100	100～200	200～300	300～700	700～800	800～900
15	2.4	1.9	1.6	1.3	1.1	0.8
16	2.6	2.0	1.7	1.4	1.1	0.8
17	2.8	2.2	1.8	1.5	1.2	0.9
18	3.0	2.3	1.9	1.7	1.3	1.0
19	3.2	2.5	2.0	1.8	1.4	1.0
20	3.4	2.7	2.2	1.9	1.5	1.0
21	3.6	2.9	2.3	2.0	1.6	1.2
22	3.9	3.1	2.5	2.2	1.7	1.3
23	4.2	3.3	2.7	2.3	1.8	1.4
24	4.5	3.5	2.9	2.5	2.0	1.5
25	4.8	3.8	3.1	2.7	2.1	1.6
26	5.2	4.1	3.3	2.9	2.3	1.7
27	5.5	4.4	3.5	3.1	2.4	1.8
28	5.9	4.7	3.8	3.3	2.6	1.9
29	6.3	5.0	4.1	3.5	2.8	2.1
30	6.8	5.4	4.4	3.8	3.0	2.2

日投饵量确定后还要确定投饵次数、时间。由于不同品种的水产养殖动物

摄食量受季节、水温等因素影响，其投饵次数也不相同，在一般情况下，3—4月，每天投喂1～2次；5—6月，日投喂2～3次；7—8月，日投喂3～4次。10月以后，日投喂1～2次。表6-3至表6-6列出了有关水产动物的日投饵率和投饵次数的参考数据，供选择。

表6-3 一般水产动物不同月份投饵率和日投次数参考（长江流域）

月份	投饵率（%）	日投饵次数
1—2	0.51	1
3—4	1～2	1～2
5—6	3～4	2～3
7—8	4～5	3～4
9—10	1～3	2～3
11—12	0.5～1	1～2

（引自《内陆水产》2008年第6期）

表6-4 不同温度一般水产动物投饵率和日投次数参考

水温（℃）	投饵率（%）	日投饵次数	投饵时间
8（开食）～15	0.5	1～2	1次（12:00）
15～20	0.6～0.8	2～3	2次（9:00、14:00）
20～25	1～2	3	3次（9:00、12:00、15:00）
25～32	2.5～3.5	3～4	4次（8:30、11:30、13:30、15:30）

（引自《内陆水产》2008年第6期）

表6-5 河蟹与小龙虾不同月份投饵率和日投次数参考（长江流域）

月份	2	3	4	5	6	7	8	9	10
投饵率（%）	1	2	2.5	3～4	4～5	4～5	4～5	5	4～5
日投饵次数	0.5～1	1	1～2	2	2	2	2	2	2

注：鲜活饵料应减去含水量，一般可乘以2～2.5，即为鲜活饵料的投饵率。

表6-6 罗氏沼虾体重与投喂饵料比例参考

投饵量占体重比（%）	放养时间（天）	虾体长（厘米）	虾体重（克）
60	15	1.8 ~ 2	0.3
40	30	3 ~ 3.2	0.6
15	45	5 ~ 5.3	2.5
10	60	6.2 ~ 6.5	5.2
8	75	7 ~ 7.4	9
7	90	7.7 ~ 8	10.7
6	105	8.4 ~ 8.8	15
5	120	8.8 ~ 9	17
5	135	9.2 ~ 9.5	17.8

如果是稻田养殖小龙虾，一般7—9月除投喂专用配合饵料外，还可以主要投喂菜粕、麦麸、水陆草、瓜皮、蔬菜等植物性饵料，日投喂量为虾体重的6% ~ 8%，早、晚各投喂1次，晚上投喂占日饵量的70%；10—12月多投一些动物性饵料，冬季每隔3 ~ 5天投喂1次，投喂应在日落前后进行，投喂量为虾体重的1% ~ 2%；翌年4月，逐步增加投饵量，确保小龙虾吃饱、吃好。

如果是稻田养殖河蟹，投喂饵料品种可以有米糠、谷粉、浮萍、大米、稻谷，还有鱼粉、豆饼、蚯蚓、轧碎的螺蛳、动物内脏等。一般上、下午各投喂一次，投喂地点应在水沟两侧的沿岸浅滩，或投喂在预先设好的食台上，投喂量每天应根据季节（水温）、天气、估算的河蟹总体重灵活掌握。

三、稻田渔业饵料投喂方法

1. 人工投喂法

手抛法的好处是可直观感受水产动物活动情况和摄食情况，发现变化时及时调整。缺点是投料不匀，影响摄食效果，而且花费时间多，劳动强度大。对鱼类投饵，手抛时要尽量抛匀，还要掌握不要让鱼吃得过饱，以“八分饱”为好。一则可保持鱼食欲旺盛，二则可减少饵料浪费，节约成本，又可减少对水质污染。

对虾蟹类投喂，要按照每天固定的路线或固定的区域定量投喂，并尽力做到散开，投喂到较大范围内，以利虾蟹类觅食。由于虾蟹类投饵一般按“区、带”投喂，但要在重点投饵区设立小型饵料台，以观察其摄食情况，以便及时调整投饵量。一般可用竹条制作框架，筛绢包裹做成食台沉在水底，用细绳连一块泡沫浮在水面上，只要快速拎起，就可以检查饵料的吃食情况，以及水产动物的体质状况和是否发病。

2. 饵料台投喂法

此法节省时间，但水产动物摄食活动情况不够直观，只能根据饵料消耗量来判断。由于稻田水浅，可将饵料直接投放在田间沟、塘（凼或溜）里。如果是冬闲田专田养殖，水位较深，可在固定地点设立饵料台。饵料台的多少视养殖面积而定。食台以位于水下50～60厘米为宜。

中华鳖则是用浮水的木板做成饵料台并兼作晒台，更利于观察摄食情况。

蛙类饵料台则更为特别，一般设置在陆地上，四周用木质框架固定，中间用富有弹性的材料做成网蒙上。在网布上撒颗粒饵料，先用活饵料诱食，当蛙类跳上饵料台时，网布的颗粒饵料便蹦跳起来，使蛙类将其误认为活饵而摄食。

3. 投饵机投喂法

投饵机投喂均匀，饵料利用率高，成本比人工手抛喂省10%左右，也有利于提高投喂效率。稻田渔业由于水浅，又兼顾种植水稻，目前都是人工手抛喂或饵料台投饵，如果是专田养鱼，水位较深，可采用投饵机投饵。投饵机应安装在离塘埂3～4米，已架设好的跳板。投饵前要对鱼进行驯食，使鱼形成条件反射，定时集群到投饵机附近摄食。

虾蟹养殖也可采用投饵机投喂，可以采用两种方式。一种将投饵机固定在船上投喂，以蓄电池提供电力，边行船边投喂；上午可投喂在稻田田间沟、塘（凼或溜）里，傍晚可以投喂在稻田田面上，但必须坚持每天固定投喂到固定的投饵带上。另外一种，如果稻田渔业田块不大，也可将投饵机安装在手推车上，以蓄电池提供电力，沿着稻田田埂边行进边投喂。

四、几种农家饵料利用方法

1. 谷芽

谷芽是稻谷发芽而成。谷芽中含有丰富的胡萝卜素、核黄素、维生素A和维生素E等物质。利用谷芽投喂不仅能代替部分精（青）料，还能有效补充维生素不足，促进水产动物生长，增强抗病能力。

（1）谷芽制作

把谷洗净去杂放在25～30℃温水中浸泡一昼夜，待谷籽浸胀后捞出摊放在木盘上或其他容器中，厚度为3～5厘米，盖上纱布或麻布，室温在18～25℃，每昼夜喷水3～4次，同时略加翻动，2～3天后即可长出毛根和胚芽，此时揭去纱布，5～6天后嫩芽长出后即可投喂。

（2）投喂方法

谷芽可直接投喂，日投喂量为水产动物体重的3%～8%，投喂次数可参照上述标准进行。

2. 菜籽饼

菜籽饼含有黄曲霉素等毒素或抗营养因子，长期使用可能造成水产动物慢性中毒。为了提高其使用效果、避免慢性中毒，可采用冷水或热水浸泡数小时后再投喂的作法，其好处是此法有降低毒素作用，但也会损失部分营养。目前各地普遍采用在混合饵料中添加30%左右菜籽饼投喂，效果较好，既能提高饵料蛋白含量，又能减少对鱼的毒性影响，而且方便实用，值得推广。

3. 绿萍

绿萍是种很好的青饵料，绿萍中的芝麻萍、青萍、紫背浮萍都是稻田鱼的适口饵料。绿萍繁殖力强、产量高，如果用不完可将萍晒干储存起来，待以后缺乏饵料时再将萍干与麦谷或其他原料混合粉碎后投喂，可解决饵料不足的困难，而且成本省、效果好。绿萍养殖要注意田中留有一定空间，防止满田是萍。绿萍过多会使田水缺少阳光，氧气含量低，影响水产动物生长，甚至死亡。养萍时还要做到多萍混养，由于各种萍营养成分不同，水温要求不同，混养后可为水产动物提供选择余地，且可延长供萍时间，降低生产成本。

4. 豆腐渣及豆饼

豆腐渣是制作豆腐后的副产品，蛋白质含量高。豆饼是大豆榨油后副产品，营养价值更高。但豆腐渣、豆饼都含有一种抗胰蛋白酶，它能阻碍水产动物体内胰蛋白酶对蛋白质的消化吸收，因此，不宜直接生喂。科学的方法是，投喂前先将豆腐渣或豆饼加热煮沸15分钟左右，可破坏抗胰蛋白酶，从而使饵料中蛋白质得到充分利用。豆腐渣蛋白含量高，但它无氮浸出物，维生素及钙和磷含量很少。因此，用豆腐渣和豆饼投喂时，一定要搭配适量的其他营养物质与饵料原料，如投喂宜搭配些水草、鲜菜叶等青料，并使用黏合剂。还要注意不宜投喂过多，更不能用腐败变质的豆腐渣和发霉的豆饼投喂，因为变质的豆腐渣和豆饼中含有黄曲霉菌等易使水产动物慢性中毒，应禁止使用。

5. 糠麸

农村稻米加工后会产生大量米糠，小麦加工成面粉后会产生麸皮。这些农产品加工的副产品含有丰富的营养成分，作为辅助饵料补充投喂稻田鱼类及虾蟹，有利于稻田增产增收。但不可作为主要饵料投喂，最好在稻田及周边农田害虫的高发期，一方面利用灭虫灯，为稻田所养水产动物提供高营养的活饵料，另一方面投喂这些饵料作为补充，达到营养均衡。

6. 畜禽屠宰和水产品加工下脚料

稻田养殖的水产动物虽然大部分都是杂食性，但它们更喜食动物性食物，只不过是天然饵料中这类饵料来源少，难以获得。如果在稻田渔业基地附近有畜禽屠宰和水产品加工企业，其下脚料和副产品可将其作为稻田渔业的动物饵料来源。但是在利用时应科学合理，需加工成新鲜配合饵料进行利用。即将其粉碎后与豆饼、菜籽饼、麸皮、米糠等农家饵料混合后，加入黏合剂制成面饼状或用绞肉机绞碎后挤压成细条状投喂。利用畜禽屠宰和水产品加工时，必须保证原料新鲜，不可直接投喂，既造成浪费，又污染水质。

7. 投喂发酵饲料

充分利用当地各种饵料资源，包括各种农家饵料混合发酵成饲料进行投喂，可以促进稻田水产动物快速成长。发酵饲料的优势在于：一是可增强饲料诱食性（发酵后饲料味香）；二是能提高饲料适口性（发酵后的饲料柔软，口感好）；三是有利于促进饲料消化和营养转化，降低饵料系数，缩减饲料成本10%以上，同时提高水产动物日增重，提高水产品上市规格，提高养殖效益；四是防止饲料污染，预防病从口入（发酵饲料富含有益菌），饲料在发酵过程中，可有效消除饲料中的各种霉菌毒素；五是长期添加有益菌种，提高消化道有益菌优势，增强消化能力，有效防控消化道疾病；六是水产动物粪便含有有益菌种，粪便由稻田污染源变成了有益生物底改产品，不仅可降解排泄物中的剩余营养，还可降解其他池底有机污染物；在饲料中添加有益微生态制剂进行发酵处理，虽然增加工作量，但消除了病害和水质败坏的隐患，为健康养殖奠定了坚实的基础。

五、稻田渔业饵料微生态制剂添加方法

在水产动物饵料中添加光合细菌、芽孢杆菌和乳酸菌等微生态制剂，有利于改善水产动物的胃肠环境，提高对投喂饵料的消化吸收效果。自20世纪90年代以来，微生态制剂在水产养殖业得到广泛应用。一些科研推广机构和生产单位也将微生态制剂在稻田渔业中进行了应用研究和推广。

2000年，辽宁省盘山县进行了“光合生物液在稻田养蟹上的应用效果”试验，在培育扣蟹的饵料中掺入光合生物液，饵料为煮熟后粉碎的泥鳅混合稻糠、玉米面。投喂时间6月25日至9月11日，试验田按每次投放饵料量的3%拌入光合生物液，折合亩用光合生物液6.7千克。光合生物液为以光合细菌（PSB）为主体，利用现代生物工程技术研制成的新型活性生物制品。试验结果表明：试验田水稻亩产量614千克，比对照田稻谷增产21.05%；试验田亩产扣蟹9 705只，蟹苗成活率为12.1%，试验田蟹苗成活率比对照田高22.2%；试验田扣蟹亩产量80.04千克，比对照田扣蟹产量高23.1%；平均单只扣蟹重8.25克，略大于对照田个体重。亩净效益2 594元，比对照田高17.9%。研究表明，试验养蟹田所用光合生物液内含丰富的蛋白质、氨基酸、维生素、促生长因子、抗病毒活性因子、辅酶Q及多种生理活性物质，对河蟹有助消化、促生长作用，促进了河蟹生长发育，增强抗病能力，提高成活率，增加扣蟹产量。同时，光合生物液中一部分溶于稻田水体，改善了稻田土壤养分状况，提高了光合作用，增加了水稻产量。在上述成功探索的基础上，盘锦市扩大推广应用并完善了该项技术，2004年规模达6 000亩。一是水稻采用光合细菌液拌种，在水稻育秧期间向田间泼洒2次光合细菌，在水稻分蘖期和孕穗期各泼洒一次光合细菌液；二是在河蟹养殖中分别在稻田水

体泼洒2～3次光合细菌液，同时在河蟹饵料中按饵料质量的2%～3%拌入光合细菌原液。推广结果表明，水稻株高、穗长、穗数、结实率和千粒重等各项参数均明显高于对照田块，实现稻谷亩产642.2千克，比对照稻田增产11.3%。河蟹生产状况明显提高，河蟹成活率达40%，比对照田提高5%；每千克蟹苗生产扣蟹297千克，比对照田提高17%；稻田扣蟹亩产达76千克，比对照田增产20.6%。

六、稻田渔业投饵注意事项

稻田渔业的饵料投喂，必须首先利用稻田天然饵料资源，并积极引导稻田水产动物摄食稻田田间杂草和害虫，将杂草和害虫转化为饵料资源，降低生产成本，提高经济收益。

1. 稻田养殖一般水产动物投饵注意事项

稻田养殖的水产动物和其他所有动物一样，都优先选择最有营养、最适口饵料摄食，在动物性饵料丰富的情况下，往往不会先摄食植物性饵料。所以，在饵料投喂过程中，应注意观察稻田草情、虫情和病情。当稻田杂草高发时，应降低人工饵料的投喂量，促使其主动摄食田间杂草；当稻田害虫高发时，应降低人工饵料的投喂量，尤其是动物性饵料的投喂量，促使其主动摄食田间害虫，以杜绝或减少农药使用，促进稻谷增产，并实现提质增收。

2. 稻田养殖河蟹和小龙虾等投饵注意事项

必须认真把握、充分利用稻田田间天然饵料。一是在螺蛳繁殖季节，大量细小的螺蛳分散到田面上，当生长到一定规格时，是河蟹、小龙虾、青虾及中华鳖等水产动物的适口饵料，可以减少全价配合饵料的投喂，代之以普通农家饵料，使稻田水产动物大量摄食适口的活螺蛳。二是稻田（农田）昆虫羽化期（繁殖期），可以充分发挥灭虫灯的作用。另外，还要经常检查稻田天然饵料情况，如果天然饵料旺盛时，可适当节制投喂量。

河蟹作为一种特色风味水产品，决定其市场价格的主要因素除正常市场供求数量外，主要是其三大性状：规格、风味、品相（外形完整性、颜色、光洁度）。为了提高河蟹产品售价和产量，在投喂时要做到以下几项。一是不投喂腐败变质的饵料，及时清除残饵，经常对投饵点进行消毒。二是在阴天、降雨，少投饵或不投饵。三是根据不同养殖阶段合理选择饵料品种。在养殖前期（4月至6月中旬），饵料品种一般以优质全价配合饲料为主。在养殖中期（6月下旬至8月上旬），饵料应以植物性饵料为主，如黄豆、豆粕、水草等，搭配全价颗粒饲料，适当补充动物性饵料，做到荤素搭配、青精结合。在养殖后期（8月中旬至10月），为育肥阶段，多投喂螺蛳肉、蚌肉、蚕蛹、鱼虾等动物性饲料和南瓜、甘薯类等富含糖类植物性饲料，动物性饲料比例至少50%，这样有利提升河蟹风味。

3. 中华鳖投饵注意事项

中华鳖鳖种来源如果是温室鳖种，需要进行10～15天的饵料驯食，即刚开始时仍然全部投喂人工配合饵料，但逐步分点减少。然后将其引入到稻田环境中觅食。土池鳖种入池后即可开始投喂，日投喂量为鳖体总质量的5%左右，每天投喂1～3次，每次投喂以1.5小时左右吃完为宜，具体的投喂量视水温、天气、活饵（螺蛳）等情况而定。饵料投放在饵料台上接近水面的位置。也可以设置杀虫灯，为鳖及混养的小龙虾等其他水产动物生长补充天然动物性饵料。中华鳖在越冬前的饵料投喂注意事项与河蟹基本相同，也应强调动物性饵料的投喂。

第四节　水产动物驯食方法

在自然条件下，稻田养殖的水产动物中有些动物形成了长期摄食活动性动物饵料的习性，无法摄食人工饵料，有的宁可饿死也不摄食。因此，养殖这些水产动物能否成功，其关键在于能否成功对其驯食，使其转食人工饵料。以下是稻田养殖的几种水产动物的驯食方法。

一、黄鳝的驯食方法

黄鳝对饵料的选择性较强，已形成的摄食习性较难改变。无论集约化养鳝、半集约化，还是粗养黄鳝，在正常投喂前，都必须经过摄食驯化期。如果放养的鳝种是人工捕捉或收购的野生幼鳝，更要经过驯食，才能改变其在自然条件下昼伏夜出的习性，使之养成白天摄食的习惯，以便进行正常的人工投饵。人工驯食应注意以下几点。

1. 创造适宜的驯食环境

养殖黄鳝的稻田，应尽可能模拟黄鳝自然生长的外部环境，保持水质清新，适量水草，减少黄鳝因生长环境的突变而产生应激性。

2. 设置食台（饵料台）

为了便于投喂并掌握饵料利用情况，应设置饵料台，养成黄鳝定点摄食的习惯。饵料台是用4根竹竿支起一张芦苇席（或编织袋）搭成，面积为1～2平方米，每1～2亩稻田搭建1个食台。食台位置设置在稻田向阳处，将芦苇席搭在水面下5～15厘米，并随季节适当调整。春季宜浅，夏秋季宜深。每隔10～15天（夏季气温高相隔时间短一些，冬季气温低相隔时间长一些），将芦苇席（或编织袋）更换清洗暴晒1次。在鳝病流行季节，还要用10毫克/升漂白粉溶液消毒食台。

3. 正确选择驯食时间

黄鳝放养后，一是需要适应新的环境，二是使黄鳝体内食物消化为空腹，使其处于饥饿状态，一旦开始驯食可以增加开口率。等黄鳝行动正常后，一般是出箱后第3天的傍晚时候开始驯食。如果黄鳝尚未适应稻田环境，也可以继续推迟驯食时间，最迟可在第7天。

4. 选择适口诱食饵料

黄鳝吃食主要是靠嗅觉，所以饵料要新鲜。黄鳝喜欢的饵料有很多，诱食效果也不同，按喜欢程度依次排序为活蚯蚓、红虫、冰蚯蚓、蚌肉、其他。一般开口驯食采用红虫或蚯蚓混合鱼浆，当一种饵料驯食效果不好时，需立即换其他饵料进行驯食，也有部分养殖户将红虫和蚯蚓混合诱食。其中，蚯蚓切段，红虫不切不铰，河蚌和鲜鱼绞成浆。在驯食2天后，可以添加诱食促长剂，以增加开口率。

5. 合理确定投饵数量

驯食第一天投喂的饵料量为黄鳝体重的1%～2%，蚯蚓或红虫和鱼浆的比例为1∶1。第二天早上检查吃食情况，若吃完，可将饵料增加到2%～3%；若未吃完，则须将残饵捞出，并维持投喂量在1%～2%。每次向饵料台投喂饵料时，先用长柄木勺在饵料台搅动几下，使台面鳝苗上次吃剩下的食物残渣或粪便等随水冲走，然后才能投放新鲜饵料。根据清理饵料台上的饵料残渣可以确定下一次的投喂饵料量。

驯食开始时应尽量顺应天然条件下鳝种摄食习惯，在傍晚时分投饵，使鳝种逐步形成摄食人工饵料的习惯。在驯食期间，投喂量逐次增加1%左右，逐渐减少蚯蚓或红虫的比例，增加鱼浆的比例。驯食开口完成的评定标准为：半个小时内能吃完的还可以继续加量，半个小时吃不完两个小时能吃完。当驯食开口完成后，再逐步用人工配合饲料和碎蚯蚓（或红虫）混合投喂，配合饲料比例逐渐增加。并把投喂时间逐步提前到白天，直到进入正常投喂。配合饲料占饵料的比例不超过25%，即饲料和鲜鱼的比例不超过1∶3。由于黄鳝对食物有严格的选择性，所以选择人工配合饲料应十分慎重，尽量选择品牌信誉好的厂家生产的配合饲料。

6. 注意驯食过程细节

驯食期间若遇见暴雨天气，建议停食。其他天气，包括细雨，最好连续完成驯食。黄鳝驯食期间如果发现大的黄鳝先死，一般是由于没有分级和驯食量大所致，这时可以增加一个食台。切记：只有撑死的黄鳝，没有饿死的黄鳝。

二、蛙类的驯食方法

1. 前期培育

幼蛙在驯食之前，需经一段时间的前期培育。这是因为幼蛙在变态阶段，基本不摄食，完全依靠吸收自己的尾巴来供给能量，故体质较差。前期培育的主要目的是让它们能够均匀地获得一定的饵料，使之身体强壮并获得营养积累。个体稍大的蛙可在其适应新的摄食方式之后再予以驯化，这样就可避免在驯食的开始阶段由于不能保证每只幼蛙都能得到食物而引起一些幼蛙的营养不良和死亡。前期培育用蛆和小杂鱼等活饵投喂，幼蛙前期培育7～10天，就可开始训食。

2. 选择驯食引诱物

牛蛙从蝌蚪变态成蛙后，就只摄食活动饵料，对静态饵料视而不见，如能将静态饵料“活化”，则牛蛙也可摄食。科技人员把改变牛蛙摄食习性的过程称为食性驯化。驯化方法有以下两种。

（1）以小杂鱼为引诱物

在幼蛙的前期培育时期，首先选择长条形的小杂鱼投喂，投喂一段时间后，将体形较宽的杂鱼剪成长条形，或将长条形的杂鱼从中剪断混在活鱼中投喂，以后活鱼的比例逐渐减少，死鱼的比例逐渐增多，当死鱼占绝大部分时，逐渐加进颗粒饵料，一直到最后全部投喂颗粒饵料。

（2）以蝇蛆为引诱物质

将蛆放在饵料台上，蛆的蠕动也能引诱幼蛙前来摄食，由于蛆的蠕动幅度不大，更适合于刚变态的幼蛙摄食。蛙在摄食过程中，总会踩死不少蛆，因此驯化时活的蛆中不需另外加入死蛆。这样喂蛆7天后，就可在蛆中掺入大小适度的颗粒饵料，以后逐步过渡到全部投喂颗粒饵料。

3. 驯食方法

从根本上驯化牛蛙养成取食死饵的习惯后，即使变更饲养场地，这种习惯也会保留下来。通常采用逐步添加法，在驯食初期只喂活饵，然后加入少量死饵，以后逐步加大死饵量，待习惯后全部投喂死饵。

4. 注意事项

①及早驯食。驯食越早，就越容易建立条件反射，成功率越高，一般饲养1～2个月的幼蛙，体重达20克以上时，就应开始驯食死饵。

③在幼蛙驯食期间可不设陆地，只设饵料台，一般为3～5平方米，迫使幼蛙在饵料台上休息、取食。

③放养要有一定密度，一般每平方米100～500只，数量太少，摄食竞争不明显不能互相刺激和影响，影响驯化效果。

④投喂的死饵最好选用有腥味的畜禽下脚料，并洗净切碎，使牛蛙一口能吞下，采用配合饵料也应以动物性饵料为主，并占60%以上。驯化结束后再改为其他饵料。每次投饵前要清除残剩饵料，防止腐败变质。

⑤由于改食死饵后，蛙个体生长速度不一，定期将体形不同的蛙分开，以防大蛙吃小蛙。

5. 仿生驯食法

这种驯食法就是采用各种方法造成死饵运动，引诱牛蛙取食。此法适用于幼蛙和成蛙。

（1）吊台法

将饵料台四角用铁丝或绳吊起，使饵料台底部浸入水面2厘米左右，利用牛蛙爬上饵料台的作用力，引起摆动，使台上饵料产生动态假象。开始时死活饵搭配投喂，并逐渐减少活饵用量，10天后可全喂死饵。

（2）水动法

在饵料台上方装一细水管，使水一滴一滴地滴在饵料台中，水的振动使台中死饵波动，蛙会认为是活饵而群起抢食，习惯后不滴水也行。

（3）电动法

采用专门设计的电动饵料台，通电后饵料台进行有规律地振动，使上面的饵料逐渐落入水中，引诱牛蛙取食。

（4）用已驯化幼蛙摄食刺激、带动未驯化幼蛙摄食

将驯化池中个别较大的蛙移向其他池饲养，留下个体较小但已习惯摄食颗粒饵料的幼蛙来刺激和带动未驯化幼蛙的摄食，这样可以缩短幼蛙的驯化时间。应注意留下的已驯化幼蛙最好不要少于驯化蛙的1/5。

三、乌鳢的驯食方法

1. 设置投饲台（区）

在鱼池南岸的中部，用木板搭建一个向池中伸出3～5米的投料台，供人工投喂或放置投饵机用。在投料台周围水面上用毛竹、塑料管等固定一个15～20平方米的正方形、圆形或三角形的封闭式投饵区，投喂时将膨化饲料投入其中，避免饲料到处漂散。框架用竹竿等固定，使之可随水面升降。鱼苗入池前先在投饵区内栽种一些水生漂浮植物（如浮萍等），栽植面积占投饵区面积的2/3左右。根据乌鳢习性，它们会经常集群活动在投饵区漂浮植物下面，方便投饵驯化转

食。待驯化转食结束后，乌鳢开始正常集群在饵料台上摄食时，可以将饵料台周围漂浮植物捞除。

2. 驯食苗种投放

为了便于驯化和保证成活率，一般要投放体长2～3厘米的乌鳢鱼苗。鱼苗要求体质健壮，规格整齐。

3. 投饵驯化

鱼苗入池后，开始主要摄食池塘水中枝角类、桡足类等天然生物。待天然饵料不足时，便可开始投饵驯化。具体可分为3步。

（1）驯化乌鳢集群摄食

先将新鲜的野杂鱼加工成鱼浆备用。由于投饵区内栽种了一些漂浮的水生植物，大部分鱼苗将会集群活动在投饵区内。驯化时先用敲击铁桶等方法制造声响以刺激鱼群，然后向投饵区内泼洒鱼浆，每隔几十秒重复1次，每次训练20～30分钟。驯化工作必须耐心细致，无论鱼是否摄食，均要坚持。这样经过1周左右的驯化，乌鳢苗就会形成条件反射，逐渐养成定点集群抢食的习性。

（2）驯化乌鳢摄食配合饲料

当乌鳢长到可以摄食0号膨化颗粒饲料时，开始驯化投食膨化饲料。将新鲜的野杂鱼（跟前期投喂所用饲料一样，以保证饲料气味不变）打成浆，加水调稀（一般鱼肉和水的比例为5：1），然后用纱布过滤除去鱼刺和肉渣，再用滤出的鱼浆浸泡人工膨化配合颗粒饲料10分钟，每千克饲料用500克鱼浆即可。驯化前仍敲击铁桶等发出声音，刺激鱼群前来摄食，然后撒一小把用鱼浆浸泡好的颗粒饲料，这样每隔十几秒钟重复1次，每次训练20～30分钟。经过几天的驯化，乌鳢逐渐就会适应摄食人工膨化配合颗粒饲料。

（3）过渡到全部用人工膨化配合颗粒饲料喂食

当乌鳢全部都能上饲料台摄食膨化颗粒饲料后，逐渐减少浸泡饲料的鱼浆量，约经过1周时间即可完全不用鱼浆泡饲料，至此驯化结束，进入正常投喂阶段。

4. 驯食后注意事项

①清水浸泡饵料。正常投喂阶段，膨化饲料不再用鱼浆浸泡，但要用清水

浸泡，待其吸水膨胀、软化后再投喂。浸泡的颗粒饲料会少吸取池中的污水，减少乌鳢的养殖病害；浸泡后的饲料外表软化，可以减少肠道的损伤，减少肠炎病的发生；浸泡后的饲料也较易吸收。

②控制投喂速度。在投喂饲料时，应尽量做到饲料投到水中能很快被鱼摄食。切勿把饲料一次性倒入池塘中，未被鱼摄食而溶失掉，降低饲料利用率。

③采用投饵机投喂。驯化结束进入正常投喂阶段，应采用投饵机投喂。这样不仅可以节约人力资源，还可以投喂均匀、提高投喂质量。

四、黄颡鱼的驯食方法

当自然环境下生物饵料丰富时会投入人工饲料，黄颡鱼是不会主动摄食的。投喂人工饲料时，必须水质良好，自然生物饵料（尤其是动物饵料）相对较少。因此，新放养苗种可在3天后再进行驯食，以利用稻田中原有的饵料生物。

1. 把握最佳时机

驯化黄颡鱼食性要把握最佳时机，选择合适的规格，当池塘培育黄颡鱼的规格达到3厘米左右时开始人工驯化。驯化黄颡鱼还要根据黄颡鱼的规格准备一定粒径的人工饵料。驯化要讲方法、讲步骤，不能急于求成。

2. 流水引鱼

投食前1周每天早晚用水泵冲水共两次，每次时间2～3小时。冲水时出水口尽量与池塘水面保持水平，出水量大小依池塘面积而定。黄颡鱼有顶水习性，冲水的主要作用是将黄颡鱼聚集在一起，便于今后驯化。苗期黄颡鱼一般在池塘边集群，因此，抽水泵口应尽量靠近池边，以达到最佳聚集鱼群的效果。

3. 食场与投饵机设置

在水泵口鱼群集中的地方设置食场，设置方法可参照乌鳢驯食方法。设置位置应与投饵机投食区域相吻合，再用锚或桩固定。食场也可以用PVC管或40目网片剪成窄带制成。

4. 手工投喂

在冲水2～3小时后即可以投喂，投喂前先关闭水泵，然后手工抛撒适量人工饲料。投喂的饲料粒径不能太大，通常在1毫米以下。在没有适口粒径的情况下，也可以将大粒径饲料用适量水浸泡后揉碎。

5. 投喂时间

投喂时间以晴天日出之前与日落之后为宜，每天投喂两次，每次投喂30分钟左右。投喂量视鱼群大小而定，饲料一定要投在食场以内。一般经过3~5天的驯化，能够观察到黄颡鱼在半水层摄食，一周后能在水面抢食，即证明驯食成功。此时可以改用投饵机投食。

五、一般鱼类驯食方法

先在稻田宽沟或坑（凼）长边的中部建饵料台。鱼种下田2~3天后即可开始驯化工作。投饵前，先敲击饵料桶或击掌吹哨等发出声响信号，然后撒一小把饵料。待十几秒钟后再敲击饵料桶，再撒一小把饵料。如此反复进行，直到鱼听到声音信号即能前来踊跃抢食为止。随着驯食的持续进行，撒饵范围由大变小，最后固定到投饵台投喂，同时缩短投饵间隙时间和减少声响次数。饵料应撒成扇面状，并适当兼顾抢食群体外围的个体较小者。驯化工作必须耐心细致，无论鱼是否摄食，均需坚持投饵。一般每次驯化15~20分钟，约需经过3~7天，鱼类即可形成上浮集中抢食的摄食习惯。一般鱼种规格越小，驯食时间越短，且条件反射建立越牢固，抢食也越激烈。

第五节　稻田渔业施肥技术

稻田生态渔业中水稻和水产动物都需要施肥。稻田施肥是促进水稻增产的重要措施，稻谷需要的氮、磷、钾等肥料，施肥后一部分肥料溶解在水中、部分被土壤吸收、一部分被水稻吸收。水稻吸收肥料是通过稻根的毛细管吸收溶于水中的肥料，其作用是直接的。但是，肥料对水产养殖来说大部分是间接的，具体反映在三个方面：一是施肥后部分养分被浮游植物吸收，通过光合作用，大量繁殖的浮游植物及细菌作为饵料再被滤食性水产动物（如鲢鱼、罗非鱼、螺蚌类等）摄食；二是以浮游植物为食的浮游动物作为饵料被水产动物（如鳙鱼及大部鱼类鱼苗等）摄食；三是有机肥中的碎屑可直接被鲫鱼和鲤鱼以及螺蛳、河蚌、青虾、小龙虾等底栖型水产动物直接摄食。如刚施入稻田的鸡粪、猪粪等，即可发现有田鱼来觅食，证明鸡粪、猪粪中有一定数量的有机碎屑为可以为水产动物所利用。所以，稻田施用肥料的多少，也直接影响水产动物饵料的丰歉，二者需求一致。但在施用无机肥料时，要注意肥料的种类和数量，施用不当可能造成养殖的水产动物中毒或死亡。水稻需要肥田，水产动物需要肥水，科学施肥是稻田渔业实现水产和水稻双丰收的重要措施。

一、水稻各生育阶段肥料三要素的需求规律

水稻正常生长发育所必需的营养元素有碳、氢、氧、氮、磷、钾、钙、镁、硫、铁、锌、锰、铜、钼、硼及硅等元素。其中碳、氢、氧在水稻植物体组成中占绝大多数，是淀粉、脂肪、有机酸、纤维素的主要成分，主要来自空气中的二氧化碳和水，一般不需另外补充。而氮、磷、钾三元素在水稻生长过程中需要量最大，单靠土壤供给无法满足水稻生长发育需要，必须另外施肥，被称为肥料三要素。

1. 氮元素吸收规律

氮元素是决定水稻产量最重要的因素。水稻一生中在体内具有较高的氮浓度，这是高产水稻所需要的营养生理特性。水稻对氮的吸收有两个明显的高峰期，一是水稻分蘖期，即插秧后约两周；二是水稻孕穗期，约在插秧后7～8周，此时如果氮供应不足，常会引起颖花退化，而不利于高产。

2. 磷元素吸收规律

水稻对磷的吸收量远比氮肥低，约为氮需要量的一半，但其在水稻生育后期仍需要较多。在水稻各生育期均需要磷元素，其吸收规律与氮元素营养的吸收相似。以幼苗期和分蘖期吸收最多，插秧后3周前后为吸收高峰。此时在水稻体内的积累量约占全生育期总磷量的54%左右，分蘖盛期水稻植株每克干物质磷素含量最高，约为2.4毫克。此时若磷元素营养不足，对水稻分蘖数及地上与地下部分干物质积累均有影响。水稻苗期吸收的磷，在生育过程中可多次从衰老器官向新生器官转移，至稻谷黄熟时，约60%～80%磷元素转移集中于籽粒中，而出穗后吸收的磷多数残留于根部。

3. 钾元素吸收规律

水稻需要较多钾元素，对钾的吸收量高于氮元素。水稻对钾的吸收在植株抽穗开花前已基本完成。幼苗对钾元素的吸收量不高，植株体内钾元素含量为0.5%~1.5%时不影响正常分蘖。钾的吸收高峰期出现在分蘖盛期到拔节期，此时茎、叶钾的含量保持在2%以上。孕穗期茎、叶含钾量不足1.2%，颖花数会显著减少。出穗期至收获期的茎、叶中钾并不像氮、磷那样向籽粒集中，其含量维持在1.2%~2%。

二、水产养殖水质对肥料主要营养元素的需求

1. 大量元素

碳、氧、氢、氮、磷、硫、钾等大量元素是淡水藻类（浮游植物）细胞的主要组成部分，是藻类生长和繁殖的物质基础。在水体和土壤中缺乏的主要是氮、磷和碳三种元素。

（1）氮

氮是藻类（浮游植物）蛋白质和叶绿素的主要组成部分。藻类主要通过吸收氨氮的方式来利用水中的氮元素。只有当水中氨氮不足时，才会由亚硝酸盐态氮或硝酸盐态氮转化为氨氮供藻类吸收，当水体中氨氮含量大于1毫克/升时，藻类就可以健康成长。

（2）磷

磷是藻类（浮游植物）细胞内光合磷酸化等能量转化的关键因素，也是藻类生长繁殖的首要限制因素。一般藻类生长对可溶性磷的需求量为0.05~0.5毫克/升，如果水中可溶性磷低于0.05毫克/升，就会抑制藻类正常生长。浮游植物细胞中氮和磷质量比因培养条件不同变化极大，但在养分充分时多为（7~10）：1。以往认为磷施入后易沉淀应多施，因此推荐施肥中氮、磷质量比为4：1或2：1，甚至1：1。然而除了易沉淀以外，考虑到水中磷循环和被利用的特点，过高的施磷量未必有利。因为磷在有机质中结合较不紧密，细胞死后大部分磷在酶的作用下以磷酸盐形式溶解于水中，只有结合在核酸和蛋白质中的小部分磷必须在微生物参与下分解；而氮在细胞死后只有20%~30%沥滤出来，大部

分则必须在微生物作用下才能分解。

（3）碳与钙

碳与钙都是藻类（浮游植物）细胞的基本组成元素，参与藻类的光合作用、呼吸作用及能量转化。通常，藻类以二氧化碳的形式吸收碳营养元素，藻类每吸收1毫克氨氮就需要吸收大约6.5毫克的二氧化碳。当水中二氧化碳不足时，会对藻类生长产生抑制作用，需要从外界补充碳源才可以保证藻类的生长。养殖水产动物，尤其是虾蟹类，其蜕壳后，需要补充钙元素。因此钙元素的补充有多方面的作用，既可以消毒，又可以中和酸性水体并提供水生生物所需要的钙元素。其中最常用也是最适用的是生石灰，既方便又经济，可作清塘消毒剂，还可以稳定和缓冲二氧化碳的供应，可作基肥和追肥施用。

2. 微量元素

微量元素也是藻类（浮游植物）生长必不可少的营养因子之一，在藻类各种生命活动过程中起着重要的作用。虽然水体环境中含有不少的微量元素，但它们在水中的溶解度较低，且存在形式多种多样以及各种物质对它们的吸附与沉降，从而导致水体中藻类可利用的微量元素非常少，因此藻类的生长也可能受到微量元素的限制。

3. 藻类促生长因子

藻类促生长因子是一大类可以调节藻类（浮游植物）生长发育的化学物质，它们以极低的浓度便可以显著影响藻类的生长发育等生理功能，如小肽、氨基酸等。通过实验证明：藻类促生长因子对小球藻、栅藻、直链藻等水产养殖有益单细胞藻类具有明显的促生长作用。

三、稻田渔业施肥原则与方法

稻田渔业是水稻种植与水产养殖紧密结合的生态农业方式。施肥作为其中一项技术内容，既必须遵循水稻需肥规律，也必须照应稻田水体中浮游植物需肥规律及水产动物对施肥后环境的适应。从有机肥料转变成鱼产量之间有3个能流途径：一是以腐屑形式被鱼类或饵料动物直接摄食；二是形成可溶有机质为细菌和真菌所利用，后者再被鱼类或饵料动物所食；三是分解为氮、磷等无机盐类后通过浮游植物到鱼类。从能量转化效率和流动速度来看，第一种途径最高，但这与肥料的质量、适口性、附着的细菌数量以及施放方式有关。溶解有机质浓度很高时，藻类也能利用一部分，但主要是被细菌所利用。虽然有材料提出鲢鱼、鳙鱼和其他鱼类能直接滤食细菌聚合体，但大多数情况下细菌的能量主要是通过浮游动物递给鱼类的。因此，稻田渔业施肥必须遵循以下原则：突出水稻肥料需求，兼顾稻田水质调节；强调基肥，重视有机肥，合理使用无机肥；并做到有机肥与无机肥配合使用，施用无机肥应做到氮、磷、钾按比例配合使用，并尽力避免使用对水产动物有害的无机肥，如氨水、氯化铵和碳酸氢铵等化肥品种。

扬州大学作物栽培工程技术中心对稻渔（蟹）共作系统中施肥模式与技术进行了研究，结果表明，稻渔（蟹）共作水稻的施肥关键在于用好基蘖肥主攻穗数，产量600千克/亩左右优质粳稻总施氮量以15千克/亩为宜，追肥以分蘖肥为宜，分蘖肥早施，可保证足够穗数并获高产；腐殖酸类生物有机肥一次性基施不仅可提高稻渔（蟹）共作中水稻产量，对稻米品质也有显著改善作用；在此基础上于分蘖期追施适量尿素更有利于稻渔（蟹）共作水稻提高产量，其中腐殖酸类生物有机肥控制在总施氮量的50%～70%为宜，并对稻米品质改善较为有利。浙江大学和浙江省青田县农作物管理站进行研究认为，稻鱼系统借助水产动物的田间活动，达到为水稻除草、灭虫、松土和增肥的效果。同时，水稻高产、稳产与施肥种类和施肥方法有密切关系。稻鱼共生能够促进水稻对氮、磷、铁的吸收和积累，而饲料中未被水产动物所利用的养分亦能够被水稻吸收，从而提高整个系统养分利用效率，降低水稻生产对化肥的依赖。稻鱼共作处理施用的氮肥量较水稻单作减少30%，但仍显示出较明显的增产效应。

水稻对肥料需求表现在营养时期、营养临界期和营养最大效率期。水稻氮、磷、钾肥的营养临界期一般出现在三叶期，有时氮、钾的营养临界期还出现在幼穗分化和幼穗形成期。水稻的营养最大效率期出现在长穗期，是营养生长和生殖生长最旺盛的阶段，也是需肥的关键时期。据研究，每生产100千克稻谷，约需从土壤中吸收氮1.6～2.5千克，磷0.8～1.2千克，钾2.1～3千克，三要素的比例为2∶1∶3。但稻田渔业施肥比例应有所调整，适当降低氮肥施用比例，这是由于水产动物将粪便排泄在稻田中，增加了稻田水体中氮的供应。因此施肥比例可调整为（1～1.5）∶1∶3。根据水稻的需肥特性，分期必须进行适度追肥。追肥主要是为了满足水稻生产需要，适度照应沟、塘（凼或溜）中人工种植的水草生长需要。稻田渔业除了施足基肥外，在追肥上必须根据上述水稻营养临界期，施好“三肥”，即分蘖肥、穗肥和粒肥，并根据各种肥料的主要营养成分（表6-7）进行科学计算，确定合适的施肥品种和各自的施肥量。要根据水稻品种特性、土壤肥力、气候因素和栽培条件等因素通盘考虑，灵活应用。

表6-7　稻田渔业常用肥料养分含量

肥料品种	氮（%）	五氧化二磷（%）	氧化钾（%）
尿素	46		
碳酸氢铵	16 ~ 17		
过磷酸钙		12 ~ 20	
钙镁磷肥		12 ~ 20	
氯化钾			60
硫酸钾			50
磷酸二氢钾		49	32
骨粉			20 ~ 40
稻草灰		0.59	8.09
菜籽饼	4.6	2.5	1.4
人粪尿	0.5 ~ 0.8	0.2 ~ 0.6	0.2 ~ 0.3
猪粪	0.6	0.4	0.44
鸡粪	1.63	1.54	0.85
鸭粪	1	1.4	0.62
鸽粪	1.76	1.78	1
水稻专用肥		13	58

1. 科学施足基肥

基肥是在水稻栽插之前或耕耘之前施用的肥料。有机肥料营养全面，分解慢，利用率低，肥效期长。施用有机肥能提高土壤有机质储量，改善土壤有机质组成，增加土壤中氮、磷、钾和微量元素的含量，提高土壤的保肥性和供肥性，改善土壤物理性质和水分状况，对改良培肥土壤的效果十分显著。所以，有机肥作为基肥施用效果较好。一般亩施腐熟土杂肥1.5～2吨，或饼肥200～300千克，还可于稻田耕翻后至上水前施用畜禽粪肥2～2.5吨。

同时，稻田渔业系统中天然饵料也有赖于施入稻田的畜禽粪便等有机肥料或直接作为饵料，或通过其转化而成的饵料，才能迅速增加生物饵料资源量。如螺蛳、水蚯蚓、蚯蚓、浮游生物、水草等都须依靠施入的肥料来生长繁育，尤其是有机肥是上述生物饵料的主要营养源。因此，在稻田渔业系统中用有机肥施足基肥，对实现双高产具有重要意义。同时，由于稻区早春气温较低，土壤中养分释放缓慢，为了促进高产田秧苗早生快发，可以将速效氮肥总量的30%～50%作为基肥施用，磷肥主要作为基肥施用，也可以留一部分在水稻拔节期施用。

另外，根据辽宁省农业科学院开展的“稻蟹种养模式一次性施肥技术研究”结果表明：施肥能明显增加水稻土壤、水面中的NH_4^+和NO_3^-含量，施肥后37天左右达到最高值，随后迅速下降并趋于稳定。水田氮元素形态以NH_4^+为主、NO_3^-次之；与常规施肥和测土配方施肥相比，自制配方肥一次性施用对河蟹的生长及产量均有较好的效果，同时水稻产量也较高，达到708千克/亩，接近于测土配方施肥的水稻产量；河蟹成活率达66.7%，明显好于其他两类；亩效益分别比常规施肥和测土配方施肥增加了165.4元和120.7元。而测土配方施肥只对水稻产量效果较好，对河蟹生长有一定影响。这说明，进行有机、无机合理配比后，一次性作为基肥施用，方法简便，降低劳动成本，并能够实现稻蟹双丰收。浙江大学和浙江省青田县农作物管理站进行的“不同施肥方式对稻鱼系统水稻产量和养分动态的影响”试验得出同样的结论，将氮、磷肥一次性施入养鱼稻田，而钾肥分次施用效果更好。如果并非追求水稻高产，分蘖肥、增穗肥、粒肥环节均可以省去，且有利于保证稻米安全性，并节约肥料成本。

2. 早施分蘖肥

水稻种植将从移栽至幼穗开始分化前的追肥叫分蘖肥。水稻返青后应及早施用分蘖肥，以促进低位分蘖，对水稻增穗作用明显。分蘖肥要求追施时间早、数量足，一般分蘖肥用量占追肥总量的50%～60%，每亩施用尿素5～7千克。因为分蘖期是水稻一生中吸收氮素营养的第一高峰期，又由于水稻生育前期气温、水温、土温都较低，养分释放慢，追肥量太少难以满足水稻对养分的需要。只有早施才能有利于水稻早分蘖、多分蘖，降低分蘖节位，为增加穗长和粒重创造条件。分蘖肥在水稻栽后7~10天施用，一般分两次施用，一次在返青后，用量占氮肥使用总量的25%左右，目的在于促进分蘖；后一次分蘖盛期作为调整肥，目的在于保证全田生长整齐，并起到促蘖成穗的作用。调整肥施用与否主要由整体长势来决定，如果稻田渔业田块水产动物存田量大，投饵量大，排泄的粪便多，后一次分蘖肥可以不用。高产稻田水稻植株极易贪青、倒伏、发生稻瘟病，空秕率高，施肥要做到氮、磷、钾肥配合施用。据各地实践，稻田渔业在开挖占田面10%田间沟、坑的情况下，正常施肥量不会对水产动物造成影响。稻田渔业施肥时应注意避免：一是阴雨天不能施肥，以避免污染水质；二是闷热天不要施肥，天气闷热时，鱼易浮头受惊，受化肥刺激而出现应激反应，影响水产动物生长或诱发疾病。

3. 巧施增穗肥

水稻种植将从幼穗开始分化到抽穗以前的追肥叫穗肥。孕穗是水稻氮素吸收的第二个高峰期。施好穗肥能使水稻保花增粒，达到穗大粒多，并能防止贪青、倒伏。在技术上要做到以下几点：一是地力好、底肥足、分蘖多的田不施；二是早晨叶不挂露水，中午叶片挺直，叶片颜色淡的要施；三是阴雨天不施，晴天抢施。施用时间为水稻圆杆期。亩施尿素3~4千克，并搭配施用少量磷钾肥。水稻后期喷施磷酸二氢钾，可促进灌浆结实。一般在抽穗扬花后期及灌浆期各喷施一次，每亩每次用磷酸二氢钾150克，兑水50~60千克于傍晚喷施。在稻田渔业田块，如果投饵量小，养殖水产品产量较低，应酌情减少施肥量；如果水产品产量高，因其投饵量大，水产动物粪肥多，完全可以免施或少施。

4. 酌情施粒肥

水稻种植将抽穗后的追肥叫粒肥或壮籽肥。粒肥能延长叶片功能期，防止早衰，增进稻谷粒重。但要注意的是：苗不黄的不施、阴雨天不施、有病害的田块不施。并且要选择晴天下午喷施1%的尿素溶液，或1∶500倍的穗满丰活性液肥，每亩施用量为50千克。缺磷地区还要喷施磷酸二氢钾，每亩50~100克，兑水50千克。

5. 增施微肥和磷肥

微量元素如锌、锰、硼等，可改善水稻根部氧的供应，增强稻株抗逆性，提高植株抗病能力，促进后期根系发育，延长叶片功能期，防止早衰；可加速花的发育，增加花粒数量，促进花粒萌发，有利于提高水稻成穗率；可促进穗大粒多，提高结实率和籽粒的充实度，从而增加稻谷产量。据试验，在栽培管理措施相同的情况下，施微量元素肥料的田块比不施的田块每亩可增产40～50千克，而每亩生产成本只增加2元左右。

水稻施用锌、锰、硼等微量元素，一般以喷施两次较好。第一次是在分蘖盛期，第二次是在幼穗分化完成期。锌、锰、硼肥的施用量为每亩100～125克（浓度锌为1/1 000；锰、硼各为5/10 000）。适宜选择阴天或晴天下午喷施到水稻植株的叶面。

稻田渔业田块一般应增加磷肥的使用，有利于稻田水体中有益浮游植物繁殖，尤其对养殖虾蟹类稻田水体更加重要。应选择易溶于水的过磷酸钙等磷肥，有利于促进虾蟹类蜕壳和生长。

6. 强调施用有机肥料

稻田渔业生产活动每年都会从土壤和水体中吸收走大量氮、磷、钾三要素和一定量钙、镁、硫、铁等元素，还会吸收少量氯、锌、锰、硼、铜、钼等微量元素，还有一部分被淋溶损失。因此，在稻田渔业生产过程中，仅靠施用无机肥料难以满足稻田渔业系统中水稻和各种水产动植物的需要，必须实行有机肥料和无机肥料配合施用，尤其强调施用有机肥料。

稻田渔业生产过程中施用有机肥料，不仅可直接为稻田渔业系统中各类生物提供丰富的营养成分，而且还能在稻田渔业系统多种微生物对有机物分解过程中，使一部分有机质发挥腐殖化作用，合成土壤腐殖质，对改善土壤物理性状和结构，增加土壤胶体的数量与品质，提高土壤保肥供肥能力方面有显著效果。此外，在有机质分解过程中，还可以使水田土壤部分迟效性磷、钾活化，并产生各种促进水稻和水产动物生长的生理活性物质、维生素以及其他生长素。有机肥主要用于基肥，可采用堆肥的方法，粪肥中未消化利用的成分还可以被水产动物利用；还可以将有机肥料拌合乳酸菌或EM菌，促进肥料中有效成分的分解，以利于水稻和水生植物吸收利用。有机肥料一般不宜用作追肥，更不宜用作后期追肥。因为在稻田渔业田块水体中，养殖了大量水产动物，尤其是水产养殖的高产稻田。在生产中后期，每天都会有大量水产动物粪便排泄到稻田中，本身就是营养丰富的有机肥料，已经可以满足稻田中水稻和水生植物的需要，最多只需补充少量无机磷肥，以促进肥料养分的均衡利用。据上海海洋大学研究，河蟹在生长的中后期给予强化营养后，所产生大量肥度高的粪肥，正好供水稻中后期生长使用。2010年，上海海洋大学项目组对养蟹稻田和不养蟹稻田水和土壤营养成分测定表明：整个养蟹稻田生产周期中，稻田水中的氮、磷均高于不养蟹稻田，特别是到水稻成熟期，养蟹稻田水中氮、磷的含量均比不养蟹稻田高（表6-8），两者差异显著。养蟹稻田的土壤中，其氮、磷、钾和有机质的含量始终高于不养蟹稻田，两者差异显著。说明由于河蟹粪便在稻田中均匀、不间断施肥，养蟹稻田在水稻生长的中后期不缺肥。综上所述，采用稻田养蟹新技术，河蟹在稻田中“负责”除草、除虫、松土、增氧、均衡、均匀施肥。平均每一只河蟹“管理”25穴水稻，大大促进了水稻生长（表6-9）。做到“稻蟹共生”互利促进。

表6-8　养蟹稻田与不养蟹稻田土壤营养成分比较

项目		养蟹稻田	不养蟹稻田
氮（毫克/千克）	全氮	145.7 ± 7	143 ± 7.8
	速效氮	66.9 ± 2.4	63.5 ± 3.5
磷（毫克/千克）	全磷	72.4 ± 11.6	70.4 ± 10.7
	速效磷	14.8 ± 4	14.1 ± 4.3
速效钾（毫克/千克）		138.7 ± 2.8	129.9 ± 4.8
有机质（毫克/千克）		34.5 ± 1.4	27.2 ± 1.1

表6-9　养蟹稻田与不养蟹田水稻成熟期生长差距比较

项目	养蟹稻田		不养蟹稻田	
地区	边际	中间	边际	中间
株高（厘米）	96.82 ± 3.84	97.19 ± 5.14	94.56 ± 1.98	91.46 ± 4.5
穗长（厘米）	17.91 ± 0.86	17.76 ± 0.76	16.70 ± 0.7	16.68 ± 0.58
总粒数/穗（颗）	166.4 ± 26.35	167.22 ± 23.33	138.44 ± 20.39	138.05 ± 21.53

7. 确定施肥量

根据水稻配方施肥要求，每生产500千克稻谷吸收氮素10～13千克，折合尿素21.74～28.26千克；五氧化二磷5～7千克，按20%有效成分，需过磷酸钙25～35千克；氧化钾8～12千克，按60%有效成分算，需氯化钾13.3～20千克。一般基肥亩施厩肥500～1 000千克或水稻专用肥50～75千克；追肥，分蘖肥，尿素5～7千克，氯化钾5～7千克；孕穗期酌情施尿素3～4千克。由于各地土质不同，气候存在差异，可参照测土情况科学施肥。

稻田渔业追肥除考虑水稻生长需要，还必须要兼顾水产动物安全。当水温28℃以下时，水深6厘米以上，每亩1次可施用硫酸铵10～20千克，或尿素6～8千克，硝酸钾4～6千克，过磷酸钙5～10千克（追肥总量控制在30%左右）对水产动物是安全的。

8. 注意天气，选择施肥时间与方法

施肥时间、频率及用量也应根据季节（水温）、水稻叶片状况和水的颜色变化灵活掌握。基肥当然应该在未耕耘和插秧之前施用。追肥与单一稻田追肥有所不同，应考虑施肥对稻田水产动物的影响，追施无机肥或有机肥，一般选择天气晴朗的日子施肥，其中每天下午15:00—17:00都是施肥的适宜时间，在梅雨天、阴天、闷热天和早晨都不宜施肥。喷施微肥更不能选择阴雨天气。稻田渔业施肥无论是基肥，还是追肥，都应泼洒在稻田田面上，尤其是有机肥，切不可投施到稻田田间沟、塘（凼或溜）中深水区，以免败坏水质，增加养殖风险。

9. 科学使用生物肥料

生物肥料是活性肥料，含有大量有益微生物，既有利于快速发挥肥效，还有利于改善稻田渔业系统环境，包括稻田水质环境和土壤环境，还有利于改善水稻植株根系的微生物群落，抑制水稻病害发生及传播。在稻田渔业进入前期，可以适当增加生物肥料的使用，既可以调节稻田水质，又可以加速稻田基肥迅速发挥肥效，促进根系发育，也有利于改善稻田土壤状况，促进水稻健康成长（详见第七章第四节）。

10. 科学施用沼肥

近年来，农村沼气得到了较快发展，科学利用沼液和沼渣也成为重要课题。沼液和和沼渣已经在厌氧条件下充分发酵，相当一部分有机质已转化为无机成分，可作为速效肥，有利于水稻和稻田水体中浮游动植物吸收。同时，沼渣中仍残留有不少有机营养物可以为稻田中水产动物及其中底栖生物利用。因此，沼气产生的副产品在稻田渔业中具有较高的利用价值。沼肥是一种营养丰富的优质有机肥，其应用于稻田渔业模式中，可以提升农（水）产品品质，并保护生态环境。

（1）施用沼肥有利于提高水稻产量和质量

沼肥含有作物生长所需的氮、磷、钾多种营养元素和氨基酸、维生素等物质，是缓速兼备的良好有机复合肥，施用沼肥可改善土壤结构，提高土壤保水保肥能力。同时，沼液含有抑菌和提高植物抗逆性的激素、抗菌素等有益物质，还含有B族维生素、赤霉素、吲哚乙酸等维生素和抗生素等，对水稻多种病虫害有防治作用。单用沼液就能达到或超过一般农药功效，减少作物病害发生，促进作物生长，不但可减少化肥、农药的喷施量，也有利于生产无公害绿色食品。稻田施用沼肥处理每穗实粒数、结实率和千粒重均优于使用化肥的情况，稻谷产量较单施化肥也有所增加，且生产成本比施用普通化肥大大降低，综合经济效益提高。

（2）施用沼肥有利于水产动物健康成长

沼肥含有丰富的氮、磷、钾、无机盐类、氨基酸和多种微量元素等营养元素，水体中沼肥可培养丰富的浮游生物供鱼体摄食，同时，经常施用沼肥可使水体处于中性偏碱的环境，利于水产动物生长。人、畜、禽等粪便中的有机物经厌氧发酵后，其中所含的寄生虫卵和致病菌大部分已被杀灭，不会对水产养殖产生病原污染；可以有效抑制和杀灭水体中的病原菌，不会产生耐药性等问题。尤其是沼渣中含有较全面的养分和水中浮游生物生长繁殖所需要的蛋白质等营养物质，它既可被水产动物直接利用，又能培养出大量浮游生物，给水产动物如鳝鱼提供喜食的饵料。因此，稻田渔业使用沼肥，可减少病原体的传播，少用或不用渔药，可改善鱼类生活环境，减少水产病害发生，促进水产动物健康成长。

（3）沼肥用于稻田渔业应确定合理的水产苗种放养结构

沼肥应用于稻田渔业要获得高产高效，主养水产品种必须适宜，一是宜放养滤食性鱼类如鲢鱼、鳙鱼，有利于利用沼肥培育大量浮游植物、浮游动物和生物絮团；二是应放养底栖杂食性水产动物，如鲤鱼、鲫鱼、泥鳅、黄鳝、小龙虾、河蟹等。沼渣中部分残留物可以直接为上述水产动物所利用。同时，沼液和沼渣可以培育大量底栖动物，如水蚯蚓、水生昆虫和螺蚌等底栖动物，也可以结合市场需求确定套养其他特色水产品种。

（4）沼肥用于稻田渔业应确定合理的施用方法

沼肥在稻田综合种养中的施用，一般是沼渣作基肥、沼液追肥，应在田块整理完成、鱼种放养前施足基肥，施用基肥7天后待生物肥料充分腐熟发酵、培育浮游生物完成后再投放水产苗种，切忌投放水产苗种后再大量施用沼肥，以避免沼肥大量发酵产生生物毒素对养殖鱼类造成影响。追肥需视水质和季节而定，应做到“少量勤施”，保持水体透明度25~30厘米较为适宜。另外，沼液还可以作为叶面喷施的速效肥料，对水稻还有杀虫保健作用。施用施肥切忌过量，以免造成大量沼肥残渣沉积池底，腐败分解、消耗水中溶解氧、恶化水质，影响水产动物健康成长。

许多地方开展沼肥应用稻田渔业的试验，并取得了良好的效果。四川省成都市农林科学院进行的“沼肥在稻田生态养鱼中的应用与效益分析”研究结果表明，与常规施用化肥对照组相比，沼肥用于稻田养鱼较对照组每亩稻谷增产18.7千克，鲜鱼每亩增产4.8千克，亩净增产值290元。贵州省锦屏县农业局进行的“沼液稻田生态养鱼试验”结果表明，在施用沼液的两块养鱼稻田中，鱼苗生长加快，养鱼单产分别比对照稻田增产45.5%和49.8%；水稻比对照稻田分别增产4%和5.1%；亩纯收入分别比对照增加122元和114.1元。

安徽省凤台县丰华农业发展有限公司将秸秆还田、沼气工程、生物制剂、农业种植和水产养殖科学组合，形成了“稻—麦—虾—经济作物”结合“猪—沼气”双重循环立体生态种养模式，使种、养业通过沼气工程和微生态制剂有机结合起来，在保证农业物质、能量有机循环利用的同时，保护了农村生态环境。小麦种植期在水稻收割后将稻草粉碎还田的同时，每亩施入“新鲜沼渣4 000千克+秸秆速腐剂1千克+尿素5千克”复合生物肥料，再进行0.3米深翻后耙匀，小麦实行机条播，其余按小麦正常栽培技术管理。水稻种植期在小麦收获时边收割边粉碎秸秆还田的同时，每亩施入“新鲜沼渣3 000千克+秸秆速腐剂4千克+尿素5千克”复合生物肥料，再进行0.3米深翻后正常耙田和插秧；并在水稻移栽15天后放入小龙虾，随后施入沼液200千克/亩，8月20日前后再施入沼液300～350千克/亩，9月在水稻扬花、灌浆期，喷施水稻穗期保健肥——沼液150千克/亩。结果实现小麦亩产557.7千克、水稻666.4千克，比全县小麦、水稻平均亩产分别增产126.6千克和127.2千克。亩产商品小龙虾140.8千克、虾苗16.76千克、牧草301.04千克。该立体生态综合种养模式实现亩利润5679.42元，为常规稻麦种植效益的4～5倍。

河南省农村能源环境保护总站进行的“稻—沼—蟹”生态模式试验采用在水稻植株上喷施沼液的方法。水稻叶面喷施沼液可以有效地增加每个稻穗的小穗数、穗粒数和千粒重，具有抗青枯、提高叶片光合功能的作用，明显提高水稻产量。在稻田养蟹过程中，适期适量喷施沼液，一方面可以解决水稻生长后期无法施肥而影响产量的矛盾，另一方面对螃蟹的生长没有不利的影响。喷施沼液的理论产量比对照区水稻每亩增产37.8千克，增产7.43%；而喷施尿素只增产了9.6千克，喷施磷酸二氢钾增产23.6千克。喷施沼液增产效果最为显著。河南省范县农业局进行的“沼—稻—鳅共作技术”试验，稻田中仅施用2～4次沼液（秧苗田在苗高10厘米时，每亩秧田随水冲施沼液3立方米，一周后如果秧苗较弱可再施少量沼液；秧苗栽插前后随水每亩冲施沼液3～5立方米，或在5～7天秧苗返青后每亩冲施沼液3～5立方米；拔节后如苗弱可每亩再施1次沼液2立方米，用量不宜过大，以免水稻贪青晚熟，苗壮的田块可不施），施用沼液的稻田不施用任何化肥，同时利用了泥鳅排泄物的肥效。施用沼肥的稻田通过沼液杀虫、杀菌作用和泥鳅捕食，再加上灭虫灯和粘虫板共同作用（每30亩悬挂一盏杀虫灯，每亩悬挂300张粘虫板，人工拔除大型杂草）预防稻田病虫草害，稻田中不喷洒任何农药，从而使“沼—稻—鳅共作技术”生产的大米颗粒饱满，色泽清白透明，口感香甜细腻，煲饭有韧劲和弹性，煲粥黏稠。并使稻米生产真正远离了农药和化肥，销售价为普通大米的4～5倍。以这种模式在稻田中放养适量黄河野生泥鳅，形成了高效食物链，泥鳅主要靠沼液培养的稻田微生物和其他天然活饵料自然生长，不喂养任何人工饲料，所生产的泥鳅通体金黄，肉质细嫩，营养特别丰富。安徽省六安市金安区水产站还开展了“沼渣稻田养黄鳝技术”试验，在黄鳝苗放养20天前向稻田中撒施沼渣1 000千克/亩左右，作为鳝鱼的辅助饵料及浮游生物的养分。黄鳝放入稻田1个月后，每隔半个月施用1次鲜沼渣，每次施用量为300千克/亩，并尽量把沼渣撒入田间沟、坑附近。稻田利用沼渣养黄鳝，能合理有效利用沼肥和稻田生态环境来生产水稻和黄鳝，实现种养业有机结合和综合效益的提高。经示范对比的调查表明，利用沼渣稻田养殖黄鳝与常规稻田养黄鳝相比，可缩短养殖期半个月左右，提高成活率及单位面积产量25%，节省活饵料等成本35%左右；亩产稻谷300～400千克/亩，亩产鳝鱼400～500千克/亩。并且不施化肥、药物，产品质量安全水平在无公害标准之上，甚至可达有机食品标准。

11. 秸秆还田增肥增饵（参见第七章第四节和第九章第三节）

第七章
稻田生态渔业水位和水质调控原理与技术

水是生命之源。在农业“八字宪法”的“土、肥、水、种、密、保、管、工”中排列第三，也是农业必备“土、肥、水、种”四种基本要素之一。同时，水在水产养殖业“八字精养法”的“水、种、饵、密、混、轮、防、管”中排列第一，在水产养殖必备的“水、种、饵”三要素中首当其冲。稻田渔业作为水稻种植业与水产养殖业密切结合的生态农业，水更是不可或缺的基本要素，具有不可替代的作用。加强田间水管理是稻田渔业的关键措施。稻田渔业水管理包括水位控制与水质调节两个方面。

第一节　稻田生态渔业的水位调控

稻田渔业是种养结合型的生态农业，水位调控必须兼顾水稻种植和水产养殖。由于稻田渔业开挖田间沟、塘（凼或溜），水产动物拥有相对稳定的栖息空间，所以，在水稻生产的关键时期，可以以满足水稻生长为主，在一般阶段，应充分照顾水产动物生活。

一、稻田渔业水位管理的基本原理

稻田渔业水位管理必须兼顾水稻和水产动物，在保障水稻健康成长，夺取高产的同时，还应保障水产养殖安全生产。一般意义上的稻田水位管理并非因为水稻怕淹，而是水稻和一切植物一样，不仅需要土壤含有一定水分，还需要氧气和各类营养成分。如果土壤中累积大量有毒有害物质，就会对水稻生长发育造成伤害。如果稻田土壤长期淹没在水中，一方面土壤中多种有毒有害物质便会不断积累；另一方面土壤中许多营养成分也不能及时释放，不利于水稻生长和实现高效高产。而在稻田渔业田块中，由于水产动物的觅食和活动，促进了水的流动，将稻田水体表层的氧气带到水底和土壤表层，使土壤中需要的氧气得到补充，促进稻田土壤中各类物质的氧化还原和分解，防止有毒有害物质的产生和累积。传统稻田养鱼地区的浙江省青田县龙现村位于水源的上游，山林植被保护好，一年四季水源充足，稻田中一般都保持10厘米左右的水深，村民很少根据水稻的不同生长时期调节田中水深和搁田，同样取得了较高的稻谷产量。这主要是由于山间溪流水中溶氧丰富，加上水产动物活动带动稻田水体中氧气的均衡分布，改善了稻田土壤条件。

二、一般稻田水位管理要求

稻田水位调控是影响水稻产量的重要因素，也是影响渔业生产的关键措施。通过灌溉排水技术，合理利用降雨量、渗漏量、田面蒸发量，调节稻田温度、肥力和通气性。这些都是高产稻田调节水位的基本要求。在稻田渔业田块，既要根据水稻在不同生长阶段的生理特点，进行水深调节，又要在满足稻谷稳产或高产的前提下，兼顾水产动物生产要求。适当增大水深，而且是在水稻生长允许的情况下，水位越深越好，这是由稻田渔业中水产动物的生态特点所决定的。同时，根据稻田渔业生态系统特点，有“浅水灌溉”之说，即水深不应低于5厘米；也有“深水灌溉”，即水深应该达到15厘米以上。许多研究者试验发现，水稻植株长成后，稻田水位维持在30厘米以上，甚至达到40厘米左右，也不影响水稻产量。浙江大学和浙江省温州市海洋与渔业局开展了稻鱼共生系统不同蓄水深度对水稻和田鱼影响的田间试验。结果表明，在水源不足的热带和亚热带山区，只要能够保证水稻生育期稻田水深达到10厘米就能开展稻田养鱼。研究结果说明，稻鱼共生系统中水位深度在10～25厘米范围内，水深对水稻产量和田鱼产量影响不显著。

三、稻虾连作和稻蟹共作稻田的水位管理

以稻田养殖小龙虾的“稻虾连作”稻田水位管理为例，水位调控既要满足小龙虾的生长需求，也要符合水稻生长的需要。在长江中下游地区，养虾稻田的

常规水位调控方法如下。

3月：为提高稻田水温，促进小龙虾尽早出洞觅食生长，大田水位应控制在15～25厘米。

4月中旬以后：稻田水温逐步上升，大田水位逐步提高至40～50厘米。

6月中下旬：开始采取浅水栽插，移栽10天内，大田水位保持在2～3厘米，插秧后立即注水保返青，水位控制在4～6厘米，以不淹苗心为准。

7月：水稻返青至拔节前，大田保持3～5厘米水深，让小龙虾进入大田进行觅食生长。

8月：水稻拔节后，可将大田水位逐渐上升至20～30厘米（除晒田期外，一般插秧后15～20天开始晒田，晒好后应及时恢复原水位，晒田时间不宜过久，以免导致环沟小龙虾密度因长时间过大而产生不利影响），9月底水稻收割前再将大田水位逐步降到大田露出，为收割水稻做准备。

10—11月：即小龙虾越冬前的稻田水位应控制在30厘米左右，这样可使稻桩（蔸）露出水面10厘米左右，既可使部分稻蔸再生，又可避免因稻蔸全部淹没水下，导致稻田水质过肥缺氧而影响小龙虾的生长。

12月至翌年2月：小龙虾进入越冬期，可适当提高稻田水位进行水体保温，大田水位应控制在40～50厘米。

必须注意的是，小龙虾养殖过程中，最怕的是极端气温。气温太低时，小龙虾进洞保暖、越冬，同时停止生长；气温太高时，同样要进洞降温、越夏，也停止生长。进入伏天，水温保持在高位，闷热天气下更不利于小龙虾生长，也更难以捕捞。稻田渔业生产过程中，要注意气温变化，观察水位变化。在高温季节连续晴天时，要适当加高水位，以保持稻田水温的稳定，也可以在每天水温最低的早晨向稻田内注水或换水，防止水温过高对小龙虾造成伤害。

河蟹对水温的适应性与小龙虾相似，在长江流域地区稻田养蟹夏季高温期也存在同样的问题，形成“懒蟹”，生长慢、个体小。养殖户可以通过上述同样的方法解决。

另外，对稻田水位的过浅或者过深都要进行及时调整，水质过浓也要更换新鲜水源，同时换水后水位要保持相对稳定。

第二节　稻田渔业搁田（晒田）技术

一、稻田渔业搁田（晒田）的作用机理

搁田也称晒田、烤田，是水稻栽培过程中确保高产稳产的一项重要技术。水稻之所以需要搁田，是因为稻田长期淹水将造成厌气环境，氧化还原电位低，水稻根系受还原性有毒物质危害，生长活性将变低。同时，也是为了抑制无效分蘖。水稻搁田是稻田渔业中主要矛盾之一，使稻田本来有限的水体空间更加狭窄，直接威胁水产动物的生存和生活状况，正确处理好搁田环节是保障稻田水产生产安全的关键措施。

1. 控制无效分蘖，巩固有效分蘖

当水稻分蘖已达到一定数量即够苗后，进入有效分蘖终止期，早分蘖的能成穗，终止期后分蘖的不能成穗或只成小穗。在水稻生产上通常采取搁田（晒田或烤田）的方法，可使高位幼小分蘖芽因得不到水肥供应而停止生长，以减少其对养分消耗，从而使主茎和大分蘖获得更多的养分，为壮秆大穗打好基础。

2. 改善土壤环境，增强根系活力

插秧后至晒田前的较长时间内，稻田田面都须保持一定水深，导致稻田耕作层土壤内通气性差，好气性微生物活动受到抑制；稻田土壤中有机物分解缓慢，不利于根系生长发育。通过搁田处理，可提高土温，使土壤表层氧化，部分氧气可直接进入耕作层中，使土壤内的通透性增强、改善了土壤结构、增加了耕作层内氧气的含量、扩大好气性微生物活动范围，使其数量显著增加（是淹水时的十余倍）；促进有机质矿化，原来因淹水土壤产出的甲烷、硫酸亚铁、硫化氢等有毒物质因接触氧气得到氧化而减少，从而有利于根系向下深扎。因搁田时无水层覆盖，铵态氮很容易被氧化或逸失，而磷元素转化为难溶性化合物。所以，在搁田过程中耕层内的有效氮、磷含量降低，但复水后则迅速提高。土壤有效养分这种先抑制、后促进的变化，抑制了水稻群体的过分发展。晒田后新根数目增多，促进根系下扎，扩大了根系分布范围，增强了对土壤中营养成分的吸收能力。复水后的稻田土质环境和水质环境都将得到改善，有利于促进后期水产动物生长。

3. 抑制营养生长，促进生殖生长

因搁田时无水层覆盖，不利于铵态氮、磷元素保存。所以，在搁田过程中耕层内的有效氮、磷含量却反而降低，复水后则迅速提高。土壤有效养分这种先抑制、后促进的变化，使氮素代谢水平下降，控制营养生长速度抑制了水稻群体的过度发展，提高碳元素代谢能力，促进碳水化合物积累。同时也抑制了节间的生长，稻茎基部第一、第二节间长度变短，秆壁变厚，茎秆组织较紧密，从而增强了水稻株体抗倒伏能力，也为水稻幼穗分化初期提供较多的养分来源。稻田复水后，碳水化合物由茎、鞘向幼穗转移，促进了幼穗发育，水稻也由营养生长向生殖生长转化，较好地满足了幼穗生长发育的养分需要，实现水稻穗大粒重，为实现高产打好基础。

4. 降低田间湿度，抑制病虫危害

许多水稻病虫害的发生与传播都与稻株间湿度有直接关系。如稻瘟病在田间相对湿度在90%以上时，有利于病菌的繁殖与入侵。当田间空气相对湿度在70%以上时，白叶枯病发病更为严重。水稻潜叶蝇及二化螟虫等，它们的卵在孵化和为害期都要求有较高的相对湿度条件。通过搁田，可以有效降低水稻株丛间的空气湿度，改善田间气候小环境，破坏病菌与虫卵繁殖传播条件，抑制病虫害发生及危害程度。

5. 减少水体空间，影响水产动物生长

水稻搁田时，土壤暴露在空气中，土壤表层有机物充分接触氧气，加速了氧化还原，从而在搁田复水后，土壤大量释放营养成分，有利于浮游植物繁殖生长。同时，一些陆生杂草萌发，陆生和湿生动物得以繁衍，复水后会增加稻田水产动物的生物饵料来源。但是，稻田渔业在水稻搁田后，田面完全失去了水分，连田间沟、塘（凼或溜）中水位也有所降低，便使水产动物生活水体空间大大压缩，单位水体水产动物密度显著提高，缺氧风险明显加大。同时，稻田水产动物也失去到稻田田面觅食的机会，天然生物饵料来源也大大减少。以上两方面原因，都会影响稻田养殖的水产动物生长。

二、稻田渔业搁田（晒田）技术

为了保证水稻取得较高的单产，稻田渔业田块都应该进行搁田。只不过搁田程度，应该根据稻田渔业系统的生态特点进行适度调整，以达到高产稳产。但是，许多稻田渔业研究者发现，稻鱼共生田块中并不需要搁田，只要随水稻、田鱼生长逐步增加水位，利用20～25厘米的田间深水位，便能控制水稻无效分蘖。但笔者认为，搁田对土壤、水稻根系发育和水稻病虫病有综合效应，在稻田田间工程配套的情况下，对水产动物的影响相对较小，可以适度搁田。只有在稻田水源水质恶化，或稻田水产动物存田量较大的情况下，才可以选择不搁田或轻搁田。

1. 科学确定搁田（晒田）时间

搁田一般应在分蘖末期，拔节初期进行。搁田时间可以在够苗期至倒三叶抽出时，通常在无效分蘖期到穗分化初期这段时间范围内进行。搁田过早，影响有效分蘖的产生与生长；搁田过晚，新分蘖过旺生长，延迟幼穗分化速度。分蘖力中等的，每穴达到25～30个蘖时应排水搁田。即当稻田一般茎蘖苗达到预期穗数的90%时即开始搁田。

2. 搁田程度的把握

搁田程度还因稻田土质、地势而异。通常碱性土、黄泥土和地势高爽的稻田要轻搁，而黏土、地势低洼的稻田要重搁；稻株茎叶生长过旺，氮肥用量过多，叶片发黑的田块应重搁和早搁。反之，稻株长势弱小的田块应晚搁，轻搁或不搁。土层深厚、肥沃，稻株呈现出徒长，叶色发黑的田块应重搁和早搁；土质较薄，保肥保水较差的田块应晚搁，轻搁或不搁。搁田总体要求在倒三叶末期结束，进入倒二叶期，田间必须复水。

3. 搁田方法

搁田时，要把田面上水排净。只保留田间沟、坑（凼）中有水，搁田时间一般5～10天，搁田标准以田块中间特征为准。轻搁田块，要达到田面裂开细缝，人脚踩下去不粘泥；中搁田块，晒到田面出现鸡爪状裂纹；重搁的田块，要达到白根外露，叶色褪淡，叶片直立即可。当田间有1/3左右植株已拔节时，应停止搁田，进行正常水分管理，以保证幼穗分化期对水分的需求，促进幼穗分化生长发育。此时应适当深灌，控制水层在6～10厘米。

4. 不搁田的方法

插秧或抛秧的稻田渔业田块可以不搁田。因为水稻芽期和立针期都已在苗床度过，分蘖末期可以提高水位到20厘米以上以控制水稻无效分蘖，而不用搁田。至于垄稻沟渔模式，因为水产动物本来就生活于沟中，水稻栽插在稻垄上，基本上不淹没，所以无须搁田。

5. 分段搁田的方法

养殖小龙虾稻田的搁田可以按照干湿交替的原则，进行两次搁田。第一次搁田从7月中旬开始，搁田持续时间7～10天，搁到大田土壤表土出现裂缝为止，避免一次搁田时间过长，影响水产动物产量。第二次搁田9月下旬水稻成熟时开始，缓慢排水使大田田面露出，小龙虾会选择掘洞或迁移到环沟中，一直晒到大田土壤板结干裂，便于收割机机械化作业。养殖河蟹、中华鳖、乌鳢等耐旱耐缺氧水产动物的稻田，搁田方法都可以参照养殖小龙虾稻田的搁田方法。

6. 保持稻田田间沟、坑中活水状态

在水稻搁田过程中，可以在中午前后通过向稻田田间沟、坑中注水的办法，保持稻田田间沟、坑中活水状态，一方面保持适当水位、降低水温，另一方面还可以提高水体的溶氧，并有利于促进水体物质转化和能量转换，改善水质。

第三节　稻田渔业水质调控技术

一、稻田渔业水质特点与调控要求

稻田渔业田间水位较浅，相对正常养殖水体，水体容积较小，往往每1～2天就需进水一次，补充水稻蒸腾和田面蒸发的水汽，水体交换频率高。并且，稻田渔业的水源都是河流或湖泊等大中型水体，总体而言，这些水体水质良好，均好于一般养殖池塘。尤其是在稻田渔业的生产前期，秧苗植株小遮光少，光照强度大，水中浮游植物光合作用强烈。同时，苗种刚放入稻田，规格个体较小，对溶氧消耗较少。因此，前期稻田渔业水体溶解氧总体是供过于求，水质良好并保持稳定。

但是，在稻田渔业进入生产的中后期，由于水稻植株都已封行，太阳光只有少量能直射到稻田水面，稻田水体中光合作用较弱，溶解氧降低，加上随着稻田水体的加深，容水量加大，换水频率也有所降低，稻田水体溶解氧水平总体低于前期。同时，因为高产稻田渔业田块水产动物存田量大，摄食量大，代谢旺盛，溶解氧消耗量也在加大，导致稻田渔业中后期的水质远不如前期。因此，养殖户需要及时对稻田水质进行调节，保证稻田水体中足够的溶解氧和良好的水质状况。

二、稻田渔业水体的注水与换水方法

稻田渔业水体需要满足水产动物两方面的要求。一是水深的要求，即需要一定的水体空间。二是水文和水质的要求，包括对水温、透明度和溶解氧、pH值及其他水质因子的满足。而水深必须兼顾水稻和水产动物的生理要求，调控方法在第一节中已进行了阐述。调节水质的方法其中一种就是注水和换水。

1. 注水方法

作为稻田渔业的水源，主要是水量较大的河流和湖荡，这些水域总体水质较好，再加上引水过程经过明渠和稻田田面上流动，又增加了氧气。因此，稻田渔业水体的注水要求是少注和勤注，利用注水带入溶氧，激活水质。如晴天时应每天注水9～15毫米，乘以稻田面积即为稻田渔业每天须注入的水量，每亩6～10立方米。同时，尽量在下午注水，并灌溉上层水，注水水源引水口的水深应尽量控制在100厘米以内，以保证引入稻田的水源质量。

2. 换（排）水方法

在当地发生强降雨时，稻田渔业要及时排水，防止淹没稻田造成养殖水产动物逃逸。平时应注意清理稻田渔业的溢水口，防止溢水口堵塞而漫埂。为了维持稻田渔业拥有良好的水质，必须进行定期换水（排水）。排水口可以采取管道底排水方法，即在稻田渔业田间沟、塘（凼或溜）的最低处设置排水口，可采用PVC管道或打通竹节的毛竹筒，尽量排放最底层水质较差的存田水。也可以用潜水泵抽排底层水。一般在稻田渔业的中后期，每10～15天换水一次，每次排出水量为在田水量1/5～1/3，主要排放稻田田间沟、塘（凼或溜）底层水。

三、及时增氧

在高产高效稻田渔业田块的生产中后期，随着稻田水稻的封行和稻田在田水产动物量增加，稻田水体中溶解氧供求矛盾日趋激烈，及时补充稻田水体氧气是保障稻田渔业生产安全和促进水稻高产的重要措施。因此，水产品高产的稻田渔业田块应设置微孔增氧设备。一般可在每天22:00至翌日8:00开启，如连续阴雨天气，当稻田水体溶解氧不足时也应开机。最好配备水质检测仪器或设备，及时检测水体溶氧或其他水质指标，以便决定是否开机或何时开机。一般在傍晚时稻田水体溶氧在3毫克/升以下时，应立即开机增氧，以免水产动物因缺氧而死亡。尤其是在水稻搁田期间更应该注意及时增氧。在夜晚随着太阳落山，稻田田间沟、坑中水体溶氧也失去了主要来源。加上搁田时水体容量变小，稻田水体溶氧也大大缩小，可能难以满足水产动物生存的需要。在此期间夜晚和阴雨天气应通过及时启动微孔增氧机械，增加水体中溶氧，防止因缺氧而造成水产动物死亡。

四、清除水华

稻田渔业进入高温季节，由于大量投饵和施肥，长期蓄水的稻田田间沟、塘（凼或溜）中水面常会漂浮一层翠绿色的膜状物，即“水华”，其主要组成是蓝藻类。遇到这种情况，可以在鱼罾或小抄网内垫一层薄布，小心滤去。也可配制0.7克/米^{3}浓度的硫酸铜溶液进行泼洒，即可消除。但硫酸铜的毒性随温度变化很大，要求精准测量水体，准确计算用量，最好在专业人员指导下进行，以免造成鱼类中毒或因大量藻类被杀死，因缺氧造成水产动物意外死亡。并准备好注水及增氧等设备，预防意外的发生。

五、化学调节

在稻田水体中长期大量投饵、施用有机肥料后，水质往往会成酸性，这时可以将生石灰溶于水后按10毫克/升浓度全面泼洒，调整pH值并补充钙质，并发挥稳定和缓冲水质的作用。在水中缺氧时，还可以使用过氧化钙等化学增氧剂，迅速增氧并具有氧化改善底质的作用。

第四节　有益微生物作用机理与稻田渔业应用技术

新中国成立以来，我国农业和渔业发展迅速，集约化程度不断提高。在水稻种植中大量使用化肥、农药，造成农业水源污染，不仅对农村生态环境造成破坏，而且大量杀伤了稻田微生物。在水产养殖面积不断扩大，投入水平不断提高的情况下，水质问题逐渐成为水产养殖业的突出问题，而且由此也使水产病害日趋严重。同时，养殖尾水的排放也成为影响农村生态环境的重要因素。

微生态制剂应用作为一项新兴的生物技术，具有绿色环保、无毒副作用、无残留污染等优点，在农业、渔业和畜牧业中广泛应用，对保障农产品安全、促进可持续发展具有积极作用。稻田渔业作为种植业与水产养殖业紧密结合的生态农业形式，微生态制剂有着广泛的应用前景，一方面这项技术已经在种植业作为生物肥料、生物农药和生物添加剂得到应用，并取得了显著效果；另一方面，最近20多年来微生态制剂作为水质调节剂、生物肥料和生物渔药等在水产养殖业中也得到大面积推广，发挥了重要作用。

一、微生态制剂类型

微生态制剂，是在微生态学理论指导下，调整微生态失调，保持微生态平衡，提高宿主健康水平的正常菌群及其代谢产物和选择促进宿主正常菌群生长的物质制剂总称。从微生态制剂的物质组成，分为益生菌、益生元和合生元三种类型。

1. 益生菌

益生菌是指改善宿主微生态平衡而发挥有益作用，达到提高宿主健康水平和健康状态的活菌制剂及其代谢产物。研制益生菌的基本指导思想是，用健康动物的正常菌群，尤其是优势菌种，经过选种和人工培养制成活菌制剂，然后用于动物养殖发挥其固有的生理作用。研制益生菌的关键技术，是筛选优良的益生菌种，它直接关系到应用效果及其质量优劣。美国FDA批准用作直接饲喂动物的微生物已有43种，我国农业部1999年6月公布了干酪乳杆菌、植物乳杆菌、粪链球菌、屎链球菌、乳酸片球菌、枯草芽孢杆菌、纳豆芽杆菌、嗜酸乳杆菌、乳链球菌、啤酒酵母、产朊假丝酵母、沼泽红假单孢菌12种为可直接饲喂动物的饲料级微生态添加剂。此外，国内外也不断有新菌种应用的报道，如环状芽孢杆菌、坚强芽孢杆菌、巨大芽孢杆菌、丁酸梭菌、芽孢乳杆菌、噬菌蛭弧菌等。

2. 益生元

益生元是指一种非消化性食物成分，能选择性促进肠内有益菌群的活性或生长繁殖，起到促进宿主健康和促进生长作用。最早发现的益生元是双歧因子，后来又发现多种不能消化的寡糖可作益生元。最常见的寡糖有乳果糖、蔗糖寡聚糖、棉籽寡聚糖及寡聚麦芽糖等。这些寡糖不被有害细菌分解和利用，只能被有益菌利用，促进有益菌生长，达到调整菌群的目的。近年来，我国研究发现，一些中草药制剂也可作为益生元。益生元有许多优越性，不存在保持活菌数的技术难关，稳定性强，有效期长，不仅可促进有益菌群生长，而且还可提高机体免疫功能。

3. 合生元

为益生菌和益生元结合的生物制剂，它的特点是同时发挥益生菌和益生元的作用。近年来合生元的应用案例逐渐增多。

另外，微生态制剂按照剂型又可分为液体型、粉剂型和颗粒型3种。

二、微生态制剂常用菌种及特性

1. 光合细菌

光合细菌是一类有光合作用能力的异养微生物，主要利用小分子有机物合成自身生长繁殖所需要的各种养分。光合细菌能直接利用水中有机物、氨氮，还可以利用硫化氢，并可通过反硝化作用去除水中的亚硝酸盐等污染物。付保荣等（2008）研究表明，光合细菌能明显降解鲤鱼养殖水体中有机物和氨氮的含量、增加溶氧量、稳定水体pH值，对水体中致病菌和有害藻类也有明显的抑制作用。刘芳等（2008）用紫色非硫光合细菌净化鱼塘养殖水体可以有效地降低水体中亚硝态氮的含量，降解率为41.18%。光合细菌可通过降低水中的化学需氧量，间接增加水中溶氧，从而净化水质。光合细菌本身维生素含量高、蛋白质丰富、营养价值高，菌体适合作鱼虾的开口饵料。

2. 芽孢杆菌

芽孢杆菌属于需氧菌中的一类，在水产养殖中应用最为广泛。有些杆菌可在鱼虾的肠道内和体表定植并繁殖，形成有益菌群，竞争性地抑制肠道、体表病原菌繁殖，提高鱼虾免疫力。研究发现，地衣芽孢杆菌能促进鲤鱼胸腺、脾脏的生长发育及抗体的产生；芽孢杆菌可产生蛋白酶、脂肪酶、淀粉酶和半纤维素酶等，进入肠道可促进饲料的消化吸收，对多种营养物质的消化都有促进作用，降低饵料系数；芽孢杆菌通过其自身的分解代谢及产酶作用进入水体后能迅速分解水体中的残饵、粪便等有机质，显著降低水体的化学需氧量以及氨氮和亚硝态氮的含量，从而净化水体。其中氨氮的最大降解率为59.61%，亚硝态氮的最大降解率为86.7%。

3. 乳酸菌

乳酸菌种类繁多，厌氧或兼性厌氧生长。乳酸菌能够分解碳水化合物，主要代谢产物为乳酸，可降低肠道环境pH值，从而抑制肠道不耐酸的厌氧病原菌繁殖，能有效抑制大肠杆菌、沙门氏菌的生长。研究表明乳酸菌通过分泌细菌毒素、过氧化氢、有机酸（包括乳酸、乙酸、丙酸、丁酸等）等物质，使肠道环境pH值下降，抑制有害病原微生物生长，使有益微生物在细菌种间相互竞争中占据优势。另外，乳酸菌能产生氨基氧化酶和分解硫化物的酶类，可将吲哚化合物完全氧化成无毒害、无臭、无污染的物质，还可合成短链脂肪酸和B族维生素，中和有毒产物，抑制氨和胺的合成，增强免疫力。乳酸菌应用于水体，可分解水体小分子物质，改善养殖环境。周海平（2006）就乳酸菌对养殖水体和饲料的降解作用进行了深入研究，结果表明，各实验组中的亚硝酸盐氮、硝酸盐氮、磷酸盐含量从实验第1天到第4天一直呈下降趋势。

4. 酵母菌

酵母菌属于真菌类，在有氧和缺氧的条件下都能有效分解糖类，大量繁殖的酵母菌可作为鱼虾的饲料蛋白利用。酵母菌在生物体内大量繁殖可有效地改善胃肠内环境和菌群的结构，促进其他有益菌群的繁殖和活力，加强整个胃肠对饵料营养物质的分解、合成、吸收和利用，从而增加摄食率，提高饵料的利用率和生产性能。此外，酵母菌可有效地抑制病原微生物的繁殖。

5. 放线菌

放线菌属好气性菌群，它能从光合细菌中获得基质，产生各种抗生素及酶，直接抑制病菌，促进有益微生物增殖。放线菌和光合细菌混合使用效果更好。它还能分解常态下不易分解的木质素、纤维素、甲壳素，有利于动、植物吸收。由放线菌、光合细菌和芽孢杆菌等复合而成的酵素菌生物有机鱼肥能显著加快水体浮游生物的繁殖速度，改善水质、抑制病害，提高鱼产品产量和品质，肥饵兼用，综合效益高。

6. 硝化细菌和反硝化细菌

硝化细菌是自养型生物，能在有氧的水中生长繁殖，参与氮的各种形式转化，把水中有毒的氨和亚硝酸根离子转化成无毒的硝酸根离子，减小其对水产动物的毒害，达到水质净化、改良池塘底质、维护良好的水产养殖环境的效果。反硝化细菌是兼性厌气性微生物，可以将水体中的硝酸盐转化为无毒的氮气排入大气。研究表明，反硝化细菌在硝态氮初始浓度为1毫克/升时，1天内硝态氮去除率达到70%；而硝态氮为100毫克/升时，在7天内能去除水体中90%的硝态氮。另外，硝化细菌和反硝化细菌在水稻根系吸收营养中发挥重要作用。

7. EM菌

EM菌是有效微生物群的简称，它是由乳酸菌类、酵母菌类、芽孢菌类等多种有益微生物复合培养而成，它们在生长过程中产生的代谢产物成为各自或相互的生长基质。通过这样一种共生增殖关系，组成了复杂而稳定的微生态系统，具有较强的净化和改善环境的功能。黄永春等（2012）研究复合微生态制剂对养虾水体的影响，结果表明水体中溶解氧提高11%，化学需氧量降低8%，氨氮含量降低20.7%，亚硝态氮含量降低10%。

三、微生态制剂作用机理

微生态制剂作用机理主要有三种：优势种群学说、微生物夺氧学说、菌群屏障学说。主要作用机理简述如下。

1. 优势种群作用

水体和动物肠道内生存有一定数量的处于动态平衡的微生物种群。其中优势种群对整个微生物群起决定作用，一旦失去优势种群引起微生态平衡失调，原优势种群会发生更替。陈勇等（1998）用添加了复合微生态制剂的饲料饲喂鲤鱼，试验组鲤鱼肠道内外来菌群（芽孢杆菌、乳酸杆菌）得到了定植；肠道有益菌群（欧文氏菌、节细菌、变形苗、不动细菌等）得到了增殖，有害菌群（志贺氏菌、气单胞菌、弧菌、沙门氏菌等）的数量得到了抑制。

2. 生物夺氧作用

正常情况下，肠道优势种群为厌氧菌，约占99%，而需氧菌和兼性厌氧菌只占1%。使用一些需氧微生态制剂，特别是芽孢杆菌等进入动物肠道在生长繁殖过程中可消耗过量的氧气，造成厌氧环境，有利于厌氧菌的生长，抑制需氧菌和兼性厌氧菌的繁殖，恢复微生态平衡，从而达到防治疾病的目的。

3. 生物拮抗作用

微生态制剂中的有益微生物在体内和水体中对病原微生物有拮抗作用，这些有益微生物可与病原微生物争夺营养物质和生态位点，抑制病原微生物的生长繁殖。有益菌还通过分泌抑菌物质抑制病原菌增长。例如乳酸菌分泌细菌毒素、过氧化氢、有机酸等物质，可使肠道和水体环境pH值下降，抑制有害病原微生物生长。

4. 促进生物生长，增强免疫作用

益生菌能产生活性较强的淀粉酶、脂肪酶、蛋白酶以及纤维素酶、木聚糖酶、木质素酶等，一方面能极大地提高饲料利用率，促进消化吸收和动物生长发育，另一方面促进各类农作物秸秆腐化降解，转化成肥料成分，为其他微生物、农作物、浮游植物、水生植物等提供营养，或转化直接或间接饲料，为浮游动物、底栖动物及其他水生动物所利用，甚至直接为水产动物所利用。另有研究表明，用微生态制剂抑制养殖水体的有害微生物，显著提高了虾蟹幼体成活率并促进其生长。一些微生物在发酵或代谢过程中产生多种有益物质如氨基酸、维生素、促生长素之类的生理活性物质，促进生长发育。有些微生态制剂拥有多种功能，具有复合作用，如EM菌对水稻和水产动物都有促生长作用。另外，有益菌菌体自身就含有大量营养物质，可为多种动物所利用而补充营养。

四、微生态制剂在稻田渔业中的应用途径与使用技术

1. 微生态制剂作为饲料添加剂在稻田渔业中的应用效果与方法

相对于大自然的宏观生态系统，各类陆生动物和水生动物体内系统为微生态系统。而微生态制剂是指在动物体内外以活态的微生物为主发挥功能的微生态制剂。饲料中添加一定量微生态制剂，投喂饲养动物后，在动物胃肠道特定部位有一定数量的菌株能够粘附、定植和生长，主要通过改善胃肠道微生态平衡、水产养殖动物的水体环境，对动物生长和健康起到有益的作用。微生态制剂的菌体含有维生素、蛋白质、脂肪、淀粉酶、脂肪酶、蛋白酶等，不但能够提供水产动物所需的营养物质，而且能够促进饲料中营养物质的消化吸收。微生态制剂作为饲料添加剂随食物进入水产动物消化道后便迅速繁殖增长，促进其中消化酶分泌，提高饲料转化率，从而起到促进生长的作用。微生态制剂添加投喂后，一方面形成优势微生物群体，抑制其他有害微生物的繁衍；另一方面还能刺激动物产生干扰素，提高免疫球蛋白浓度和巨噬细胞的活性。通过非特异性免疫调节因子等激发机体免疫力的增强，有些有益菌可以产生超氧化物歧化酶，缓解过敏反应，消除氧自由基；有些则可以产生相应酶类，降低血液及粪便中氨、硫化氢等有毒物质含量，达到防治疾病、提高成活率的目的。微生态制剂可分为细菌性微生态制剂和真菌性微生态制剂两类。

（1）细菌性微生态制剂

这种制剂一是能够保持胃肠道微生态平衡。正常微生物与动物和环境之间所构成的微生态系统中，优势菌群对整个微生物群起决定作用，一旦失去了优势菌群，则原微生态平衡失调，原有优势菌群发生更替，便会出现生产性能下降和疾病状态。微生态制剂作为动物肠道的优势菌群饲喂后可弥补正常菌群的数量，抑制病原菌生长，恢复胃肠道菌群平衡。二是促进肠道优势菌群形成、增强免疫机能。新生动物消化道处于无菌状态，胃肠道pH值接近7，有利于肠道病原菌的生长。加入乳酸菌类微生态制剂后，形成乳酸菌优势菌群，参与肠道正常菌生物屏障结构，通过生物夺氧及竞争性排斥抑制过路菌或侵袭性真菌等病原微生物在胃肠道黏膜上皮的定植和生长；同时，在肠道代谢过程中产生的VFA（乳酸、乙酸、丙酸等）使水产动物肠道环境的pH值下降，抑制有害菌的生长。有些有益

菌还产生抗生素、过氧化氢，可杀死多种潜在病原菌；有些活菌可作为免疫复活剂，刺激胃肠非特异性局部免疫，提高免疫球蛋白的浓度和巨噬细胞吞噬病菌的活性，增强动物免疫力。三是营养作用。动物添加芽孢杆菌等有益微生物能产生水解酶、发酵酶和呼吸酶等酶类，利用饲料中蛋白质、脂肪和纤维素、半纤维素的分解；有些有益菌能够合成多种B族维生素和未知促生长因子，起到提高饲料转化率、促进生长的作用。另有研究表明，光合细菌菌体无毒，营养丰富，蛋白质含量高达64%～66%，脂肪为7.18%，粗纤维为2.78%，碳水化合物为23%，灰分为4.28%，每克干菌体相当于21千焦的热量。光合细菌不仅蛋白质丰富，而且氨基酸组成齐全，并含有丰富的维生素、辅酶Q、抗病毒物质和生长促进因子，以及光合色素，特别是维生素B_{12}及生物素的含量是酵母的几千倍，还含有丰富的微量元素及类胡萝卜素。作为饲料或饲料添加剂可显著地提高养殖动物的存活率、增长率、抗病力。另外，芽孢杆菌、乳酸杆菌等都是水产动物的良好饲料添加剂。经选育的芽孢杆菌以其耐酸、耐碱、耐高温的良好稳定性和优良的产酸、产酶、产维生素性能在饲料添加中应用最为广泛。芽孢杆菌在其生长繁殖过程中能够产生乙酸、丙酸、丁酸等挥发性脂肪酸，这些酸类能够降低动物肠道pH值，有效抑制病原菌生长，并为乳酸菌生长创造条件。其中丙酸还能够参与三羧酸循环，为动物新陈代谢提供能量。芽孢杆菌在生长繁殖过程中还能够产生大量维生素B_1、B_2、B_6等B族维生素和维生素C，为动物提供维生素营养，促进动物生长。芽孢杆菌在生长繁殖过程中还能够产生植酸酶，促进动物对植酸磷的利用和对脂肪的消化吸收，产生氨基氧化酶及分解硫化氢的酶类，可将吲哚类氧化成无毒、无害的物质，减少环境污染。乳酸杆菌也能合成动物体所需要的多种维生素，如维生素B_1、B_2、B_6、B_{12}、烟酸、泛酸、叶酸等，因此，芽孢杆菌与乳酸杆菌混配饲料添加剂，对水产动物有良好的促长作用。

（2）真菌性微生态制剂

此生态制剂具有两方面作用。一是提高粗纤维的利用。真菌类微生态制剂本身具有破坏纤维结构的完整性，提高纤维素利用率的作用。二是促进对乳酸的利用。曲霉菌或酵母菌制剂可通过直接吸收利用乳酸、利用被其他微生物转变成乳酸的糖和刺激其他微生物利用乳酸等途径，促进乳酸的利用。

乳酸菌、芽孢杆菌、光合细菌、EM菌、曲霉菌或酵母菌制剂等都可以作为水产饲料添加剂使用，改善水产动物胃肠道菌群，提高饵料利用率。上述菌类在水产动物体内被第一次利用排出到稻田养殖水体，还具有改善养殖水质的作用，间接成为水质调节剂。

（3）使用方法与注意事项

微生态制剂添加到饲料中一般有两种方法，一是混合添加，主要是耐高温的菌种，如芽孢杆菌，可在饲料加工直接加入。二是喷洒添加，大部分对温度较为敏感的菌种、分解酶等多采用这种方法。投喂前将其与黏合剂和水（水剂不用加水）配成混合液后，均匀喷洒于颗粒饲料表面，立即投喂。粉剂添加量为饲料用量的0.02%～0.2%，水剂为1%～5%，并连续添加多日，使有益菌在水产动物体内建立优势菌群。

需要注意的是，尽力在水产动物幼苗期开始使用，此时其体内尚为“一张白纸”，没有或仅有少量微生物，使用后可在其体内定植并成为优势群。同时，还应使用固定化产品和复合菌制剂，更有利于发挥效果。

2. 微生态制剂作为水质改良剂在稻田渔业中的应用效果与方法

水产动物的生存环境大多是一个相对封闭而完整的生态系统。在长期饲养情况下，养殖水体往往会有大量的残饵、粪便等有机污染物的残留，还会存在大量动植物尸体。这些物质在水中腐败、分解会产生很多有害气体，如氨气、硫化氢等，对养殖水产动物的生存和生长产生许多危害。20世纪80年代初期，我国水产养殖技术人员开始研发微生态制剂，最早投入使用的是光合细菌，目前已有芽孢杆菌属、假单胞菌属、弧菌属及硝化细菌，光合细菌等应用于水产养殖业改良水质，并在我国一部分地区普及。水产养殖废水具有碳、氮、磷等营养物质含量较高，化学需氧量、5日生化需氧量及固体悬浮物等相对含量较低，易于处理等特点。因此，更有利于应用微生物絮凝剂进行处理。微生态制剂中的光合细菌、硝化细菌、乳酸菌、芽孢杆菌等都能有效分解有机物。它们发挥氧化、氨化、亚硝化、硝化、硫化、固氮等作用，将这些杂质分解为二氮化碳、硝酸盐、硫酸盐等无毒物质，从而减少粪便、残饵等残留，消除水体发黑、发白等现象，防止水体恶化。首先，在养殖水体中加入7.5×10^7个/升光合细菌可改善水质。投放其他细菌能得到类似的效果，在养殖水体中加入特定的芽孢杆菌及酵母菌，能迅速而有效地降低水中亚硝酸盐的含量，并对水中溶氧的影响较小，能够有效地改善养殖水体的水质。其次是向虾蟹混合养殖水体中投放微生态制剂，能够改良水质，稳定养殖环境，从而减少和控制疾病的发生。向幼虾养殖池添加微生态制剂，能显著降低养殖池的化学耗氧量，增加水体透明度，徐琴等向对虾幼苗养殖水体中投放含红假单胞菌和蛭弧菌等其他细菌制成的微生态制剂，能够降低亚硝酸盐和硫化物的含量，净化水质，并降低化学需氧量。第三是向虾养殖水体中投放以芽孢杆菌为主的复合微生态制剂，能够增加沉积物的好氧菌数量，抑制弧菌的数量，加快沉积物中有机物的降解，提高水质。用固定化的硝化细菌处理龙虾养殖废水，也明显改善了水质。此外，有机物分解后为有益藻类生长繁殖提供了营养。藻类的光合作用又补充了水体的溶氧，净化了水质，保持水体良好的藻相平衡和菌相平衡。

微生态制剂作为水质改良剂使用前，首先应进行活化后再使用，按照产品说明书的操作方法进行活化处理。其次，光合细菌与芽孢杆菌交替配合使用，先使用芽孢杆菌，再使用光合细菌。因为芽孢杆菌可以将水体中大分子有机质转化为小分子有机酸、氨等，而光合细菌则能利用一些小分子有机物作为碳源来同化二氧化碳。第三，光合细菌宜在20℃以上的晴天和中性偏碱性的水体中使用，在低温、阴雨天不宜使用；若使用水体为酸性水，则应先使用生石灰调节pH值至偏碱性，1～2天后再使用。第四，应注意菌体活力，液体型活力保持期短，应尽快使用。固体型活力保持期长，所以应尽量使用固体型。第五，要适量适时使用，一般光合细菌使用效应时间为8～10天，使用浓度为6.68×10^{11}个/米^3；枯草芽孢杆菌施用的效应时间为12天，使用浓度为6×10^9个/米^3；EM原液使用效应时间为7～10天，使用浓度为（4～5）$\times10^9$个/米^3，首次应加倍使用。

3. 生物肥料（微生物肥料）在稻田渔业中的应用效果与使用方法

生物肥料，即指微生物（细菌）肥料，简称菌肥，也称微生态肥料，又称微生物接种剂。它是由具有特殊效能的微生物经过发酵（人工培制）而成的，含有大量有益微生物，施入土壤和水体后，或能固定空气中的氮素，或能活化土壤和水体中的养分，改善植物（水稻、浮游植物及其他水生植物）营养供应，或利用微生物生命活动过程中产生的活性物质，刺激植物和水产动物成长的特定微生物制品。微生物酵素菌在农业的应用，受到包括欧美等发达国家及印度、巴西等发展中国家共21个国家的重视。2000年12月，我国农业部开始酵素菌原菌登记。这些生物肥料对水稻和水产动物的生长与防病都有重要作用，有的可以施用在土壤中，有的可泼洒到稻田水体中，还有的可以喷施到水稻植株和叶片上，都有促进水稻和水产动物健康成长的作用。

酵素菌生物肥是采用发酵新工艺把酵母菌、丝状菌、有益菌“三菌结合”菌种群体加工而成的肥料，所以肥料本身就含有大量有效活菌，施入土壤中就能作为养分被作物吸收，不会在地里形成残留物。与此同时，其中有益活菌在土壤中大量繁殖，又快速分解土壤中各种动、植物残体，溶解土壤中被固定的元素，达到解钾、释磷、固氮的目的，使土壤得到迅速改良，其运用了有机肥技术，不会像化学肥料那样引起土地的板结。其次，酵素菌肥中大量的活菌群体进入土壤中后，定植于作物根际中生长发育，使作物根部迅速生长、深扎，这种特异功能是其他肥料所没有的。在瘦瘠地或者板结地、病虫害严重的土地，施用这种生物肥，效果更为明显。酵素菌生物有机肥中的酵素菌可产生大量蛋白质、肽类、生物酶、促生长及抗病菌因子、维生素等生理活性物质，为水体中浮游生物和养殖动物提供丰富的生态营养料；同时，还能补充饲料中的短缺氨基酸、维生素等营养成分，提高饲料效价。微生物酵素菌肥的施用能够改善稻田水质，加速水体有机质和矿物养分转化，可以抑制和杀灭有害病菌，减少防病用药，满足鱼类生理需求健康迅速生长和水稻生长发育的需要，促进水稻和水产动物生长。若进行成鱼养殖，主养草鱼的稻田可搭养15%～20%团头鲂、15尾左右的鲤鱼、鲫鱼和15尾左右的鲢鱼、鳙鱼；主养鲤鱼的稻田可搭养15%～20%的鲫鱼、20尾左右的鲂鲴类和几尾鲢鱼；主养鲫的稻田可搭养20～30尾草鱼、10多尾鲴鱼和10多尾鲢鱼；主养团头鲂的稻田可搭养20～30尾的鲫鱼、10多尾鲤鱼和15尾左右的鲢鳙鱼。施用酵素菌生物肥可使养鱼稻田每亩增产商品鱼6千克，增产稻谷12%左右。为了充分发挥酵素菌生物肥潜能并降低成本，应采用“三位一体”施肥新模式，即有机肥、无机肥、生物肥三种肥料交叉施用，酵素菌生物肥一般做追肥，作为促效肥。酵素菌生物肥在晴天施肥，施用前浸泡半小时以上，以激活休眠菌及迅速扩繁菌落，然后在稻田中均匀泼洒。施用酵素菌生物肥后，能够改善稻田水质，加速水体有机质和矿物养分转化，抑制和杀灭有害病菌，减少防病用药。另据湖北黄冈市水产科学研究所试验，施用酵素菌生物肥的种养稻田，最好选择在下半年9月后的稻田中养殖鱼虾。一方面，利用水稻收割后冬闲时节投工；另一方面，利用水稻收割后的稻草还田，机割随割随脱粒（留蔸留40厘米），并将稻草均匀撒放在田间，有利于小龙虾生长栖息。当水稻收割后，应立即进水，灌水深度30厘米左右为宜。进水时，应用密网过滤，严防敌害生物进入。稻田蓄水后，应及时投放虾种。首次养殖的稻田，可亩投放30克左右的亲虾15～25千克。已养虾的稻田则只需补放10～20千克。首次养虾的稻田也可每亩直接投放250～600只/千克的虾苗1万～1.5万只，次年酌情补放。如养鱼，一般以培育鱼种为宜，放养品种多以花白鲢为主，吃食性鱼为辅，投放时间一般在5—6月，一般密度为每亩1万尾左右。施肥方法与前述相同。试验结果实现每亩增产鱼50千克，虾10千克，增产稻谷10%左右，并解决了施用化肥带来的水环境污染问题，提高水稻和水产品质量安全水平。

生物肥料是微生态制剂与复合肥料的结合体，肥效快而持久。一般生物肥料有效活菌含量在2 000万个/克以上。施肥方法与一般施肥方法相似，做到“施足基肥，勤施追肥，分季施肥，看水看天看鱼（水产动物）施肥”，但必须认真阅读说明书，按照其指定方法科学使用，以求发挥最佳效果。一般来说，生物肥料应加水稀释活化一段时间后再施用，以使其产生肥效。还应做到晴天上午施用，并开启增氧机械，有利于提高生物肥料使用效果，防范使用风险。

4.微生态制剂作为秸秆腐熟剂在稻田渔业秸秆还田中应用效果与使用方法

水稻秸秆中富含纤维素、半纤维素、木质素和矿质元素等成分，在自然状态下，水稻秸秆含有的纤维素、半纤维素、木质素等成分降解极其缓慢，秸秆直接还田后在土壤中被微生物分解转化的周期长，不能成为当季农作物肥源而难以利用。上述成分的降解与水分、温度、压力及光照等因素有较大关系，但关系最密切的是与纤维素酶、木聚糖酶、木质素酶等活性很强的各种酶存在和含量有密切关系，而上述酶均是由有关微生物大量繁衍而产生的。因此，芽孢杆菌、放线菌、丝状真菌、酵母菌、乳酸菌等多种有益微生物复合生成的秸秆腐熟剂对秸秆分解有极其重要的作用。

（1）秸秆还田的作用与意义

具体说，秸秆还田有以下三方面作用。

一是有利于增加土壤有机质和养分含量。作物秸秆中含有大量有机质和氮、磷、钾及微量元素，是重要的有机肥源。据检测，水稻秸秆中的养分含量，有机质为78.6%、氮为0.63%、磷为0.11%、钾为0.85%。秸秆还田后增加了土壤有机质和养分含量，平均增产5%～12%。降低了肥料使用量，并提高产品质量。

二是有利于改善土壤物理性状。秸秆还田后经微生物转换，提高了土壤中微生物含量，增强土壤通透性、渗透性，提高地表温度，增强土壤释肥作用；还提高了土壤蓄水能力，保持耕层蓄水量，有利于提高抗旱能力；还能促进土壤中微生物活性和养分分解利用，有利于作物根系生长发育，促进了根系吸收养分。

三是有利于增殖稻田天然饵料资源，保护生态环境。稻草还田有效解决了秸秆乱堆乱放现象，杜绝秸秆焚烧造成的大气污染，保护生态环境。同时，秸秆中大量有机质，是稻田天然生物饵料营养来源，有利于促进各类天然饵料的生长繁衍，降低饲料成本，提升稻田水产品产量的品质，是一举多得的可持续发展举措。

（2）秸秆降解的难点

一是分子结构复杂。秸秆主要由纤维素、半纤维素和木质素组成。纤维素和半纤维素属多糖物质，是微生物所需要的能源和碳源。在适宜条件下，通过微生物的作用，只需几周时间就能分解掉其总量的60%～70%。木质素分子结构复杂且不规则，含有多种生物学稳定的复杂键型，一般微生物及其分解的胞外酶不易与之结合。木质素与纤维素、半纤维素等降解物不同，不含易水解而重复的单元，并且对酶的水解作用呈现抗性，是目前世界公认的微生物难降解的化合物之一。

二是碳氮比不平衡。适合微生物快速降解腐熟的生物质碳氮比为（20～25）：1，而秸秆的碳氮比多为（80～120）：1。碳氮比失衡，一方面使微生物难以快速增殖而降解秸秆纤维；另一方面，在土壤有机质转化过程中，碳氮比过高易造成土壤酸化，并且还可出现秸秆降解与农作物生长争夺氮元素营养的问题［一般土壤中碳氮比为（10～11）：1］。

三是环境积温低。温度是影响生物活性最重要的环境因素。秋冬季环境积温低，导致生物活性较低，不利于能降解秸秆的微生物快速增殖。

四是降水少。秸秆生物降解的最佳水分含量为50%～60%，而在我国大部分地区秋冬季降水少、气候干燥、田间积水少，地下水位也有所降低，无法满足降解秸秆的微生物对水分的要求。

五是天然微生物的秸秆降解效果差。自然状况下，尽管稻田中微生物品种繁多，但针对性能高效降解秸秆的微生物种群数量小，降解速度和效果均较差。

（3）秸秆快速腐熟还田技术原理

秸秆快速腐熟还田技术是利用“秸秆速腐剂”将秸秆快速腐熟后再还田利用。秸秆速腐剂是高效生物制剂，含有大量有益的高温高湿型微生物群体，可以产生活性很强的各种酶，具有很强的发酵能力，能迅速催化分解秸秆粗纤维，使其在较短时间内转化成有机肥。在催化分解过程中产生的酶还可消除土壤中的病原菌。秸秆发酵剂（也称秸秆腐熟剂）是由多种微生物组成，这些微生物在堆肥中能迅速繁殖，形成优势种群，发挥和利用各类微生物发酵和分解等作用，产生抗氧化物质，清除氧化物质，消除腐败和恶臭，预防和抑制病原菌，从而有利于稻田中水产动物及田间底栖动物及其他微生物利用；同时，堆肥还产生大量易为动植物吸收的有益物质，如氨基酸、有机酸、多糖类、各种维生素、各种生化酶、促生长因子、抗氧化物质、抗生素和抗病毒物质等，提高动植物的免疫功能，促进健康生长。在高效生物因子（各种分解酶、多种微生物活菌）的作用下，将秸秆里粗纤维（纤维素、半纤维素）、木质素、木聚糖长分子链、木质化合物的酯键发生酶解，将水产动物不能利用的高分子碳水化合物转化成可吸收利用的低分子碳水化合物，即能量饲料；多种微生物活菌还能大量吸取动物难以利用的有机氮、无机氮，使之转化成营养成分较高的多种菌体蛋白质，即蛋白饲料；多种微生物活菌在发酵中能产生大量蛋白酶、脂肪酶、淀粉酶、纤维素分解酶，B族维生素和维生素A、维生素D；多种微生物活菌能在动物体内建立微生态平衡，有利于增强水产动物有免疫力。另外，在堆肥发酵过程中分泌与合成的大量活菌、蛋白质、氨基酸、各种生化酶、促生长因子等营养与激素类物质能调整和提高水产动物机体各器官功能，提高饲料转化率，对水产动物产生免疫、营养、生长刺激等多种作用，达到促进其生长和繁殖、降低成本、防病治病、提高成活率、增产增收等效果。

（4）秸秆速腐制肥的优点

一是制作方便。不受季节和地点的限制，可以就地堆制。不需加土、不需翻堆、一次成肥，且堆制方法简便、省工省力，肥料体积小、质量小，便于大面积施用或用机械施肥。

二是成肥迅速。秸秆速腐剂无毒、无害、无污染，能在较短的时间内将秸秆等快速腐熟。一般堆制3天后，堆内温度就可达50～70℃，发酵最高温度可达80～90℃。因此，通常夏秋季鲜秸秆腐熟只需20天，干秸秆只需30天即可成肥。冬季需40天左右。

三是养分丰富。用秸秆快速腐熟还田技术，秸秆腐熟充分，成肥有机质可达60%，而且含有8.5%～10%的氮、磷、钾及微量元素，容易被植物吸收。并且肥效长，改良土壤效果好。

四是灭虫去病。由于堆肥过程中的堆温较高，在堆积分解过程能产生大量的酶，可以杀灭秸秆中和土壤中的病菌、虫卵及杂草种子，减轻病虫草害及污染。再加上菌剂中含有多种有益的微生物，能在堆制过程和施入土壤后大量繁殖，抑制土壤中的致病真菌，减轻作物病害。

五是生态环保。秸秆快速腐熟技术既可充分利用秸秆资源，又保护生态环境，同时，速腐剂中含有多种高效有益微生物，施入土壤后会大量繁殖，从而抑制和杀灭土壤中的致病真菌，减轻作物病害。

六是节本增效。一般500千克秸秆腐熟只需0.5千克秸秆速腐剂及2.5～4千克尿素，按每亩还田250千克秸秆计，每亩秸秆速腐肥成本仅5元左右。

（5）秸秆快速腐熟还田的技术关键

水稻在选用收割机械时，应注意选择全喂入式水稻收割机，其带有打碎稻草的功能，稻草切割粉碎后，加入秸秆发酵剂拌合，再进行堆放，也可以粉碎后与畜禽粪便混合后拌合秸秆发酵剂在田间堆肥。以增加水分、提高温度、增加秸秆与有益微生物接触概率和接触程度，加速秸秆降解速度，提高秸秆肥效，改良土壤，稳定水质。

因为水稻秸秆的腐熟分解速度与水分、温度、微生物及其品种和秸秆的组成有关，所以使用秸秆快速腐熟剂堆肥的关键技术是抓住“湿透、拌匀、密封”三大要点。

一是要求水足。应该按秸秆质量的1.8倍左右加入水，让秸秆充分浸湿，使秸秆含水量达65%左右（把秸秆抓起用手拧，有水滴滴下即可）。为了保湿，下层还可以垫一层塑料薄膜。充分的水分是堆肥成败的关键。

二是要求拌匀。按秸秆质量的0.1%拌入速腐剂，另加0.5%～0.8%的尿素用于调节秸秆碳氮比，亦可用10%的人畜粪代替尿素。堆肥分2～3层：下层或下面两层厚度为60厘米，上层厚度为30～40厘米，分别在各层均匀泼洒速腐剂和尿素（或人、畜粪）混合液，用量比自下而上为4：4：2。

三是要求密封。将秸秆堆积成长、宽、高等三维适度的堆垛，并轻轻拍实（不必用脚踩），就地取泥将堆垛垛顶和四周用稀泥密封，封泥厚度2厘米左右，一定要封严。也可先用塑料薄膜密封，上面再用泥压实，以防水分蒸发、热量扩散和养分散失。

秸秆快速腐熟堆肥的地点应该选稻田田面上或稻田田间沟、坑（凼或溜）边缘，每堆堆放稻草100～200千克，可以泥封也可以覆盖塑料薄膜，以保温保湿，促进稻草分解转化。据试验对比，添加了腐熟剂的水稻秸秆腐熟进程较对照组提前7～14天，并有利于转化利用。

为了提高稻草利用率，应按照出产企业说明书规定的用量加入秸秆发酵剂（也称秸秆腐熟剂）拌匀。也可以在堆放的稻草中加入乳酸菌、枯草芽孢杆菌或EM菌等微生态制剂及少量红糖进行混合后，再拌和有机肥料中，以加速稻草分解转化。上述水稻秸秆的堆放发酵方式，都可以直接将稻草转化成小龙虾的部分饵料，同时稻草发酵后也是稻田水体多种饵料生物的优质食物，增加稻田渔业的冬春季饵料来源，防止秸秆焚烧带来的空气污染。另外，秸秆发酵的过程中放出大量热量，有利于提高稻田水温。

五、微生态制剂使用与储存的注意事项

微生态制剂作为一种活菌制剂，非常适合在稻田渔业生产中应用。影响其使用效果的因素很多，使用时应扬长避短，科学使用，才能发挥最佳效果。在使用过程中应注意以下几点。

1. 因地制宜使用，防止不良影响

微生态制剂的作用易受多种环境因子，如水温、pH值、溶氧、光照、有机物含量等影响，不同菌株受环境因子的影响也有所不同。光合细菌需要较为强烈的光线才能较好地发挥作用，在阴雨天或在水稻封行后的田间使用往往效果不明显，因此，光合细菌必须在晴天使用。芽孢杆菌繁殖速度快，降解有机物污水效果好，但耗氧剧烈，容易发生缺氧浮头或泛塘事故，且在亚硝酸盐含量和pH值偏高的水体中使用往往其效果会受影响，所以应选择稻田水体中溶解氧含量高的晴天午后使用，并且尽量在阳光较好的稻田田间沟、塘（凼或溜）中使用。乳酸菌、酵母菌及EM菌等既有好气性，又有厌气性，繁殖速度中等，耗氧也不剧烈，且对使用条件的选择性不强，则可以在全田日常使用。但必须注意的是，在水体中加入抗生素和消毒药物等之后，应在其药性（毒性）消失后再使用。水体内使用的微生态制剂在产品加工和储运过程中易受干燥、高温、高压、氧化等因素的影响。因此，使用微生态制剂时应从实际出发，选择相应的产品，认真阅读使用说明书，适时、适度、适量科学使用，以减少外界因子的不良影响。

2. 做到早用、常用、长期用

微生态制剂的主要成分是有益微生物，个体小、运动能力差，只有形成品种的种群优势，才能形成品种竞争优势，充分发挥其作用。所以，在微生态制剂使用上必须立足于“早”，在生物体内和生态系统内及早“占位”。同时，任何生物均有一个数量递增达到高峰、再递减的生长周期，有益菌也都经历发生、发展到衰亡的新陈代谢过程，有益微生物更是如此。所以，每间隔一段时间必须对已经衰减的有益微生物进行补充，以保持在动物体内或生态系统内有益微生物保持旺盛的生命力。不仅如此，微生态制剂还必须坚持长期用，使该类微生物保持长期绝对优势，抑制或消灭其他有害微生物生存或繁衍。因此，只有定期投放微生态制剂，才能长期稳定其种群优势，维持微生态平衡和生态系统的稳定。

3. 注意产品质量和生产时间

使用微生态制剂时一定要注意有益菌的品种、数量和活力。微生态制剂的作用是通过益生菌的一系列生理活动来实现的，其最终效果同所施益生菌的数量和活力密切相关，数量不够或活力不强，不能形成菌群优势，难以起到作用。同样的有益微生物产品，生产的厂家不同，生产的方法不同，其质量存在显著差异。选择微生态制剂产品首先要认定品种，不同的品种具有不同的功效。其次是选择经权威部门认定并许可生产厂家的产品，这些才能达到相应的活力和浓度，也才能真正发挥作用。第三，还要注意生产日期和剂型。试验证明，随着保存期的延长，微生态制剂的活菌数量逐渐减少，其作用效果明显减弱，故保存期不宜过长；同时，水剂型的微生态制剂的活力容易衰退，因此其保存时间较短。

4. 注意与饵料、肥料和作物秸秆等配合使用

微生态制剂中有益菌有的本来存在于动物胃肠内，有的喜欢有机质含量高富营养水域。因此，将其与饵料或肥料配合使用，更有利于发挥微生态制剂的综合效用。如乳酸菌、芽孢杆菌等都可以拌合于饵料中，一方面可以促进饵料的消化吸收，降低饵料系数；另一方面其随粪便排泄到水体仍然可以在水体中生长繁殖，继续发挥净化水质的作用。再如光合细菌、芽孢杆菌、硝化细菌、放线菌和EM菌等都可以与肥料拌合使用，更有利于其加速繁殖，扩大种群，施用到稻田水体中后，一方面可以净化稻田水质，加速稻田有机物分解释放无机营养盐，促进水稻和水生植物生长，另一方面有利于水稻根系发育，抑制水稻病原菌繁衍，促进水稻高产。作物秸秆纤维素含量高、降解难度大，通过多种有益菌合成的复合微生态制剂（秸秆速腐剂），能加速作物秸秆的降解转化为简单有机物或无机物，改善稻田土壤状况，提高稻田肥力，培育水产动物生物活饵料，从而促进水产动物增产。

5. 禁止与抗菌药物和消毒剂等同时使用

微生态制剂为活菌制剂，抗菌药物、消毒剂和中医药都对其有杀灭和抑制作用，所以不可同时使用。一般消毒剂使用5天后才可使用，抗菌药物使用3天后才可使用。同时，在微生态制剂效应期只可少量注水，尽量不换水，以免降低效果或造成浪费。

6. 做到按照说明书指定方法科学储存

微生态制剂作为活菌制剂，对储存条件要求较高，尽量做到避光低温储存。一是要按照说明书指点的方法进行储存。二是要密封储存，打开后尽快使用，更不可与消毒剂、抗菌素等药物接触。三是禁止在高温露天储存，以防其降低或失去活力。四是不要使用金属容器储存，也不要在其中活化和使用。

第八章 稻田渔业病虫草害生态防控理论与技术

水稻是我国的主要粮食作物，而水稻病虫草害一直是影响水稻产量的重要因素，是农民关注的重心所在。近年来，天气变化异常，使大面积水稻病虫草害不断发生，造成了巨大的经济损失。水稻病虫草害综合防治是稻田生态渔业的关键技术。能否合理而有效防治水稻病虫草害，直接关系到稻田渔业中水稻产量和质量安全，更直接关系到稻田中水产动物的安危和质量安全。

第一节 稻田生态渔业田间草害防治

一、我国稻田杂草种类与发生规律

1. 稻田杂草的主要种类

我国种植水稻历史悠久、地域广阔，是世界稻米主产国之一。我国每年水稻种植面积约5.3亿亩，约占粮食作物播种面积的29%；年产稻谷1.92亿吨，占粮食总产量的42%。无论种植面积和产量，稻米在我国粮食作物中都居首位。

据统计，全国稻田杂草有200余种，其中发生普遍、为害严重、最常见的杂草约有40种（分布于各稻区为10～20种）。据调查，全国稻田草害在中等以上（2～5级）的面积达2.3亿亩以上，其中严重为害（4～5级）面积为5 700万亩以上，分别占水稻种植面积的46.8%和11.5%，损失粮食200多亿千克。在这些主要杂草之中，尤以稗草发生与为害面积最大，多达2.1亿亩。约占稻田总面积的43%，稗草不仅发生与为害的面积最大，而且造成稻谷减产也最显著；异型莎草、鸭舌草、扁秆藨草、千金子、眼子菜等发生与为害面积次之。

2. 稻田杂草的消长规律

稻田杂草发生高峰期，受温度、温度、栽培措施的影响较大，多于播种后或水稻移栽后开始大量发生。就时间上划分，一般稻田杂草发生高峰期大致可以分为3次：第1次高峰在5月末至6月初，主要以稗草为主，占总发生量的45%～75%；第2次高峰在6月下旬，为扁秆藨草、慈姑、泽泻发生期；第3次高峰期在6月下旬至7月，为眼子菜、鸭舌草、水绵等杂草的发生期。

在北方地区，一般4月中旬平均气温达到7.3～10℃，稗草即开始萌发，4月末至5月初部分出土，5月末进入为害期；5月末至6月初土层地温达15℃时，以扁秆藨草为主的莎草科杂草出土；6月中上旬气温上升，慈姑、泽泻、鸭舌草、雨久花、眼子菜、牛毛草等杂草开始大量发生，6月下旬至7月初进入为害期。

二、一般稻田不同阶段杂草的发生特点

移栽稻田的特点是秧苗较大，稻根入土有一定的深度，抗药性强；但其生育期较秧田长，一般气温适宜，杂草种类多，交替发生；因此，施用药剂的种类和适期也不同。一年生杂草的种子因水层隔绝了空气，大多在1厘米以内表土层中的种子才能获得足够的氧气而萌发。在水稻移栽后3～5天，稗草率先萌发，1～2周内达到萌发高峰。多年生杂草的根茎较深，可达10厘米以上，出土高峰在移栽后2～3周。

三、稻田生态渔业田间草害综合防治要求

稻田杂草是严重影响水稻生长发育和产量的生物灾害之一。杂草危害使全球水稻产量减少10.8%，严重时可使水稻减产10%～30%。稻田的中耕除草，除人工除草外，许多地方还大量使用化学除草剂，造成了较为严重的环境问题。因此利用生物之间的相互作用来控制草害日益受到国内外的关注。稻田渔业化学防治稻田草害一般有两个阶段。一是秧苗阶段。这些田块占用稻田较少，使用药量不大，并且秧苗植株小，农药残留量小，降解时间长，因此，在秧苗阶段合理使用除草剂防除杂草，对稻谷质量基本没有影响。但在秧苗移栽后进入大田，化学除草则应谨慎使用。第二阶段为大田阶段。尤其是稻田渔业进入后期，则应禁止使用高毒高残留的除草剂。

四、稻田渔业对大田杂草的生态防控作用

稻田渔业在大田插秧后不久，水产苗种便放养到稻田中，因此，使用农药必须十分慎重，以防因用药造成对水产动物的伤害和对水稻与水产品质量和产量的影响。

稻田渔业大田杂草的防治必须根据各种杂草的发生特点，着重于预防，并尽早使用。这是由于在稻田渔业前期，放养在稻田的水产动物个体较小，对稻田杂草的摄食能力不强，如果不采取一些药物防除稻田杂草的措施，使大量杂草暴长，尤其是稻田稗草生长很快，往往与水稻同步，甚至超过水稻，即使稻田水产动物长大后，也难以迅速清除，肯定会给水稻产量造成影响。

对水稻移栽后本田杂草的防除，通常是在移栽后的前（初）期采取土壤处理，以及在移栽后的后期采取土壤处理或茎叶处理。前期（移栽前至移栽后10天），以防除稗草及一年生阔叶杂草和莎草科杂草为主。扑草净、恶草灵、丁噁混剂和莎扑隆，在移栽前施用最好。因为移栽前施用可藉拉板耪平将药剂赶匀，并附着于泥浆土的微粒下沉，形成较为严密的封闭层，比移栽后施用效果好而且安全。水稻移栽前用除草剂，多是在稻田拉板耪平时，将已配制成的药土、药液或原液，就混浆水分别以撒施法、泼浇法或甩施法施到田里。撒施药土的用量为20千克/亩，泼浇药液的用量为30千克/亩。

1. 稻鱼共作对稻田杂草的防控效果

在稻田渔业生产进入中后期，清除稻田杂草主要依靠水产动物。我国目前推广的稻田渔业中所养殖的水产动物大多为杂食性，都有摄食稻田杂草的功能。一般稻田杂草都可以由水产动物采食清除。卢升高等（1988）发现草鱼抑制杂草的作用十分显著，在广东省进行的试验结果表现，养鱼稻田杂草减少37.1%～87%。主养彭泽鲫的稻田基本未发现杂草，除草效果高达100%。养鱼除草与人工除草的效果相当，提高了水稻的光能利用率和肥料利用率。据浙江大学陈欣教授在青田县稻田鱼系统试验：单种水稻与稻鱼共生的田间杂草物种的组成无差异；但杂草密度差异显著，种稻小区的杂草密度显著高于稻田养鱼小区。种稻小区的杂草总生物量为11.01克/米^2，而稻鱼小区杂草总生物量最少为1.14克/米^2。与种稻小区相比，稻鱼小区杂草生物量减少了89.65%。广东省试验也表明，养鱼

稻田杂草可减少37.1%～87%。鱼类对稻田萌生的杂草有良好的抑制作用，特别是草鱼取食稗草等13科19种杂草。稻田放养草鱼、鲤鱼和罗非鱼后，本田期萌生的稗草、牛毛毡、矮慈姑等19种杂草可基本得到控制。另据蒋艳萍（2007）开展的稻田养殖鲫鱼试验，禾本科类的杂草在常规稻作田和对照田中是优势杂草，在稻—鲫鱼共作田中几乎没有。稻—鲫鱼共作对香附子、水虱草、长芒野稗、耳叶水苋、鸭舌草等几种杂草的控制率达100%，但对草龙、陌上菜、节节菜、千金子、醴肠和蓼科类杂草的控制效果不显著。杜汉斌等（2000）研究报道，连年养鱼稻田不仅降低杂草鲜重，种类及数量也明显减少，原生长于稻田中的草茨藻、水筛、牛毛毡等恶性杂草也基本消失。

谢坚等（2009）调查表明，稻鱼系统基本不使用除草剂。在稻鱼系统中，一方面鱼直接取食杂草，另一方面鱼的游动引起水浑浊，从而抑制了水中杂草的生长，并且不同品种的鱼对杂草的控制作用不同。据浙江省农业厅等单位研究，稻田放养草鱼、鲤鱼和尼罗罗非鱼等鱼类对稻田萌生的杂草有良好的抑制作用，特别是草鱼食草种类多，已发现可取食稗草、双穗雀稗、千金子、牛毛毡、异型莎草、荆三棱、节节菜、伯上策、耳叶水苋、矮慈姑、鸭舌草、四叶萍、紫萍，满江红、水马齿、菹草、金鱼藻、小茨藻等13科19种杂草。鲤鱼亦可取食稻田杂草幼根、幼芽和地下茎。1987年，农业技术人员在试验区测定了晚稻杂草生长情况，查得养鱼不耘田区有杂草3种，每亩鲜重7.8千克，比人工耘田不养鱼区杂草减少1种，鲜重降低29.7%，比稻田不养鱼不耘田区杂草减少6种，鲜重下降97.26%。在养鱼稻田，只有稗草、双穗雀稗和空心莲子草生长，其中稗草为由秧苗夹带移栽至本田，与水稻同步生长，鱼类不能有效控制；双穗雀稗多半是由田埂延伸至稻田，空心莲子草的嫩芽、嫩茎鱼类虽可取食，但不喜食。从调查中发现，养鱼稻田地面表层光滑无草，其除草效果优于人工耘田和本田使用除草剂（表8-1）。辽宁省沈阳市试验证明，罗非鱼等在稻田中除草的效果也十分显著。试验稻田中牛毛毡、浮萍、马来眼子菜、雨久花、稗草和粘苍子草等10种水草中大部分种类能被罗非鱼等鱼类所摄食。试验田杂草明显比对照田稀疏，其中粘苍子草对照田每亩生长93.4千克，而试验田仅为8千克，前者比后者高10.6倍。

表8-1　稻田养鱼与不养鱼田块杂草生长情况比较

杂草名称	稻田只养鱼不耘田		稻田不养鱼耘田两次		稻田不养鱼不耘田	
	株数/万茎	鲜重/千克	株数/万茎	鲜重/千克	株数/万茎	鲜重/千克
稗草	0.106 7	6.8	0.62	7.5	0.600 3	21.9
双穗雀稗	1.600 8	56	0	0	1.600 8	56
异型莎草	0	0	0.220 1	1.2	0.400 2	5.3
牛毛毡	0	0	0	0	66.71	100.7
空心莲草	0.006 7	0.3	0	0	0.733 7	25.3
节节菜	0	0	0.800 4	2.3	2.334 5	11.2
鸭舌草	0	0	0	0	0.066 7	20.5
耳叶水苋	0	0	0.066 7	0.1	0.134 1	0.3
田字萍	0	0	0	0	9.338	43.9

试验地点：浙江省杭州市萧山区。

2. 稻蟹共作对稻田杂草的防控效果

河蟹对稻田中大型杂草（野慈姑、眼子菜和鸭舌草等）的生物防治已有许多研究报道。稻蟹系统控制杂草的主要机理是：利用河蟹的杂食性和长时间的活动，不断摄食稻田杂草，河蟹活动引起的浑水也能够抑制杂草种子和病原体的萌发、杂草幼苗的光合作用，从而有效地控制杂草的发生。在养蟹稻田中，随着水稻及河蟹的生长，稻田里的幼嫩杂草便成为河蟹的新鲜饵料，较大的杂草如水葱子和三棱草等因从茎部被吃掉逐渐枯萎死亡；一些多年生的顽固性杂草，如浮萍、野慈姑、鸭舌草和水葫芦等得到有效的防护。同时河蟹在摄食过程中引起的浑水可抑制杂草幼苗的光合作用、杂草种子萌发，使杂草的发生基数和危害程度得到有效的控制。河蟹在稻田里爬动觅食，水稻根际周围的幼嫩小杂草和新芽，阻止稻田杂草生根和生长。河蟹能从茎部切断较粗壮的杂草，如水葱子和三棱草等，使其逐渐枯萎死亡，达到人工除草的目的，效果相当显著。上海海洋大学在辽宁省盘锦市稻田养蟹研究中发现，河蟹能对稻田大量生长的水绵等丝状藻类有较好的清除效果。研究结果表明，投饵养蟹田中杂草的鲜重防效和株防效果分别为17.72%～42.84%、26.43%～44.33%；不投饵养蟹稻田的杂草鲜重防效和株防效果均可达50%以上。还有研究显示，蟹苗放入稻田之后，前期以鲜嫩细小杂草为食，随着个体脱壳长大以后，群体食量增加，出现饥不择食的现象。当豆蟹（经20日暂养成为“豆蟹”）密度达1万～1.5万/亩时，稻田灭草率可达92.6%～96.7%（表8-2）。以上研究均表明，稻田养殖河蟹及培育蟹种能有效解决稻田杂草问题，避免化学除草带来的杂草群落演替的恶性循环。

表8-2　养蟹稻田与不养蟹稻田杂草密度与除草效果比较

水稻生长阶段	处理	杂草密度（株/米^2）	株防效	鲜重防效
分蘖期（6/30）	养蟹稻田	1.93	61.93%	62.99%
	不养蟹稻田	5.07	0	0
成熟期（9/17）	养蟹稻田	4.07	51.55%	58.35%
	不养蟹稻田	8.49	0	0

3. 稻虾共作对稻田杂草的防控效果

虾为杂食性动物，稻田杂草是虾的天然食料，虾通过群体频繁取食和踩踏，使杂草无法正常萌发生长。虾还能通过爬行把埋在稻泥中的杂草幼芽或种子翻出，或使其暴露悬浮于水中，使其死亡、腐烂，从而大大降低稻田土壤杂草种子的密度，减少翌年杂草的发生基数。安徽省对稻虾共作的研究表明，稻田养殖的小龙虾会取食大量杂草，常见杂草有10种以上，其中轮叶黑藻、菹草、苦草、小茨藻以及各种眼子菜和浮萍等，都是其喜欢的天然生物饵料。通过试验测算表明，未养小龙虾水稻的杂草量是养小龙虾稻田的13～15倍。养殖小龙虾的稻田杂草残存量为2.5～7.5千克/亩，而未养小龙虾稻田虽然经过三次中耕人工除草，割稻时稻田杂草残存量仍达150～350千克/亩（鲜重）。湖北省对稻虾共作模式的研究表明，稻虾共作对田间主要杂草稗、异型莎草、鸭舌草、陌上菜及水苋菜等均具有良好的控制作用，防效可达85%以上，总体效果与化学除草处理效果相当。在旱改水移栽的稻虾共作模式下，稻田杂草发生量少，仅通过虾群活动就能较好控制田间杂草的危害，总体效果可达94.03%。通过稻虾共作与化学除草协同配合使用，对稗草、异型莎草的防治效果可达95%以上，有效控制了杂草的危害。稻虾共作对稻田各类别杂草的作用趋势均表现为随共作年限的增加，控草效果越来越好。

除滤食性和肉食性鱼类一般不能清除稻田中生长的杂草外，其他杂食性鱼类，如泥鳅、黄鳝、黄颡鱼等都能抑制稻田杂草。若在稻田中混养一些青虾等虾类，则既能抑制杂草，又能增加效益。稻鳖共生利用鳖好动、勤觅食的生活习性，起到压草、控草的作用，稻鳖共生机插稻田杂草控制效果与化学防除相当，机插稻田总杂草的株防效和鲜质量防效分别可达 86.9% 和87.9%。在稻鳖共生稻田渔业模式中，同样可以混养青虾等虾类，以控制杂草，同时，甲鱼在稻田中的活动，将水稻植株间的杂草都压倒埋入土壤中，对稻田杂草有很好的控制作用。

4. 利用稻田渔业防控田间杂草的注意事项

首先，应当对当地稻田中常见杂草品种和数量进行认真的调查研究，以便在放养稻田养殖水产动物时具有针对性。

其次，要及时了解稻田渔业田块中杂草的发生情况，一方面可以及早采取预防控制措施；另一方面，及时调整水产动物饵料投喂的品种和数量，利用水产动物的逼食性特点，通过减少投喂饵料量的做法，迫使水产动物摄食水草。

如在旱改水移栽的稻虾共作模式下，稻田杂草发生量少，仅通过虾群活动就能较好控制田间杂草的危害，总体效果可达94.03%；而在水稻连作模式下的稻虾共作直播田杂草发生量大，特别是千金子的危害难以控制，需同时配合施用安全、高效的除草剂，如6%五氟磺草胺·氰氟草酯OF进行防除，若单用氰氟草酯，则容易对虾苗产生药害。人工除草对个体较小、密度较大的牛毛毡难以除尽，通过稻虾共作则可显著提高控制效果。稻虾共作对稻田各类别杂草的作用趋势均表现为随共作年限的增加控草效果越来越好，但可能会导致多年生杂草假稻或其他深水性杂草的危害加重。

辽宁省农业科学院对稻田养蟹灭草效果的研究结果表明：如多年放养成

蟹，并且放蟹时间早，对杂草控制效果良好，可以与施用除草剂的效果相当甚至更高。头一二年粗放养蟹，而且放蟹时间晚或者养殖扣蟹对杂草虽有一定效果，但不足以消除杂草的危害。有经验的稻农实践发现，多年养殖成蟹，稻田一般无需施用除草剂，但为了保险起见，一些年份也可偶尔撒施除草剂。河蟹对稻田绝大多数水草并无选择性，5—6月稻田养殖的河蟹，以取食植物性腐生性食物为主，几乎取食稻田所有植物的种子和嫩芽，甚至包括水稻幼嫩分蘖，只不过因为稻田水稻群体大，耐受性强，受影响较小。慈姑类杂草萌芽晚，除草剂对其作用较差，河蟹却偏好取食，所以养蟹稻田野慈姑发生危害较轻。稻田主要杂草，如稗草、莎草科杂草和眼子菜的萌发期一般为水稻移栽期前后，鉴于此，河蟹苗种放养越早，其摄食杂草萌芽种子和幼芽的概率越高，更能达到控制杂草的效果。而培育幼蟹的稻田因蟹苗个体小，前期对稻田杂草控制效果差，后期有一定效果，应通过其他途径控制稻田杂草。

从多年养蟹对杂草控制效果来看，养蟹防除杂草具有累年作用效应；对一些大型杂草可以采取人工拔除的办法；如果稻田渔业田块中杂草量过大，还可以补充放养一些食草性鱼类，如草鱼和团头鲂等品种的夏花鱼种。

第二节　稻田渔业对水稻病虫害的防控效果与技术

一、水稻病虫害发生特点与规律

1. 虫害明显重于病害

近年来，我国水稻病虫害发生的面积不断扩大，呈现日益严重的态势。据统计，2015年全国发生水稻病虫害的面积为15.7亿亩次，其中，虫害发生面积高达10.8亿亩次，病害发生面积为4.9亿亩次，显然，虫害成为水稻病虫灾害中最棘手、危害最严重的问题。

2. 稻瘟病、稻曲病呈现上升趋势

稻瘟病和稻曲病呈现出快速加重的趋势。稻瘟病在整个水稻的生长期均有可能发生，水稻在分蘖盛期和孕穗期最易感染病菌，造成急性或慢性病斑，直接

影响水稻产量。近年来，大部分地区的受“厄尔尼诺”和“拉尼娜”现象影响，为病菌传播和蔓延提供了温床。

3. 水稻螟虫波及范围越来越广

水稻螟虫一直都是影响水稻产量的主要虫害。在全国范围内，螟虫危害均十分严重，损失巨大，成为很多水稻种植地区最为棘手的问题。基于近年来新型水稻种植改变了原有的种植制度、天气状况的难以预测以及农药滥用等原因，水稻螟虫大面积暴发时有发生，特别是二化螟虫害和三化螟虫害。

4. 稻飞虱仍然是影响水稻的重要因素

稻飞虱是影响我国水稻生产的主要虫害。这种害虫的迁入性极强，每年春秋两季大面积迁入我国。近年来，随着我国稻种质量的提升，稻飞虱的迁入时间也随新稻种的生长期不断提前。尤其在南方气温较高的稻区，每年稻飞虱都有数次迁入和回迁，在冬季还会有虫卵存活下来。

我国水稻害虫种类多、传播快、危害大。据有关资料，我国水稻害虫达380多种，而常见害虫也有50多种，以水稻螟虫（以二化螟为主）、稻纵卷叶螟、稻苞虫、稻飞虱、稻秆蝇等危害较重。水稻害虫发生有以下规律。一是两大发生高峰期：水稻的生长发育过程中，分蘖期和孕穗期是害虫发生危害的两大关键时期。二是受气候条件制约：水稻害虫的发生受气候条件影响极大，在高温高湿条件下，更有利于稻飞虱等多种害虫的发生。三是不良栽培方式引起害虫频发：由于施肥不当、偏施氮肥、过度密植及生长过于嫩绿都能成为害虫发生危害的诱因。由于水稻多种害虫的频繁发生而产生危害，导致水稻减产。而且单用一种农药难以达到较好的效果，并易产生药物残留和抗药性。四是部分病害源于稻田害虫的传染，控制虫害传播成为控制虫害的重要手段。因此，采取生态防治便显得更加关键。

二、稻田渔业对水稻病害的生态防控作用

稻田生态渔业能减轻水稻纹枯病、稻瘟病、稻曲病等病害的发生。

1. 稻鱼共作对稻田病害的防控效果

每年，水稻病害导致全世界水稻产量平均损失9.9%。其中纹枯病是水稻的

主要病害之一。稻田渔业对水稻纹枯病具有一定抑制作用。一是由于水产动物食用水田中的纹枯病菌核、菌丝，从而减少了病菌侵染来源；二是水产动物争食带有病斑的易腐烂叶鞘，及时清除了病源，延缓了病情的扩展；三是养殖田常换水、消毒，在一定程度上杀死了病菌或抑制了病菌的发生，有利于水稻生长；四是由于养殖的需要，水稻种植密度降低，加上水产动物的频繁活动，改善了稻行间通风透光性能，对纹枯病的控制起到了很好的作用。江西省吉安市农业局研究表明，稻田主养彭泽鲫，因鱼类食取田水中纹枯病菌核菌丝，减少了病菌侵染源。纹枯病多从水稻基部叶鞘开始发病，带有病斑的叶鞘在水中易腐烂，其碎屑多为鱼类争食，及时清除了病源，延缓了病情的扩展。因此，主养彭泽鲫稻田的水稻纹枯病病情指数相应比未养鱼田的少0.2、1.83和3.59。据观察，鲫鱼可以取食一部分粘附在接近水面的水稻叶鞘上和漂浮在稻田水面上的菌核，还可取食一部分已感染纹枯病的病老枯叶，从而对纹枯病的发生起到一定抑制作用。另据报道，稻田养鱼因鱼类能够食用水稻田中纹枯病菌核和菌丝，从而减少了病菌侵染来源；同时，因为纹枯病多从水稻基部叶鞘开始发病，鱼类争食带有病斑的易腐烂叶鞘，也可及时清除病源，延缓病情的扩展；而鱼在田间窜行活动，不但可以改善田间通风透气状况，而且可增加水体中溶解氧，促进稻株根茎生长，增强抗病能力。研究表明，养鱼稻田纹枯病病情指数较未养鱼稻田平均少1.87。经田间调查表明，稻鱼共生田水稻纹枯病发病率为4.7%，明显低于对照田的8.5%。报道还显示，养鱼稻田稻株枯心率和白穗率均较对照田明显降低。此外，养鱼稻田赤枯病、稻瘟病和稻曲病等发生情况也均轻于常规稻田。稻田养鱼对水稻纹枯病有控制作用，浙江省农业厅等单位1986—1987年在上虞试验区的调查表明，在早稻纹枯病病情稳定期，养鱼区株发病率和病情指数均有下降，分别比常规灌溉不养鱼区减轻42.6%~59.9%和43.1%~45.9%，比深水灌溉不养鱼区减轻8.2%~12.2%和8%~14.5%。在晚稻纹枯病病情稳定期，养鱼区病株率为13.0%，比常规灌溉不养鱼区下降58.39%，比深水灌溉不养鱼区降24.86%。分析纹枯病减轻原因，主要与草鱼吞食稻丛外围叶鞘、叶片，减少病叶，改善通风透光条件，抑制菌源，减少再侵染机会有关。稻田生态渔业对稻瘟病的发生也有一定控制作用，如稻田养鱼能减轻水稻稻瘟病发生，其原因可能是鱼的游动能抖落清晨水稻叶片上的露珠，从而降低水稻叶片稻瘟病的孢子萌发和菌丝穿透的风险。

2. 稻蟹共作对稻田病害的防控效果

稻田养蟹对水稻病害也有明显抑制作用。这是由于蟹壳中含有天然聚合物甲壳质及壳聚糖、甲壳质和壳聚糖等物质，可诱导水稻等农作物在短时间内产生多种抗生物质，使其自身免疫力得到提高；即便农作物一旦被病菌侵染，这些抗性物质能够从多个靶位消灭侵染的病菌。上述物质还有利于改良土壤中微生物的分布，改善生物的生存环境，防止土壤病害。甲壳质进入土壤后可促进有益菌，如纤维分解菌、固氮菌、放线菌、乳酸菌等增生，抑制有害细菌如丝状菌、霉菌的生长。扬州大学研究表明，稻蟹共作稻田水稻纹枯病发生迟、扩展慢、发生轻。稻蟹共作水稻7月16日始见病斑，见病后病指日上升0.12百分点，8月中旬病情基本稳定，病穴率最高为21.5%，病株率最高为2.2%。常规水稻7月初即开始见病，见病后病指日上升0.37百分点，8月下旬病情才基本稳定，病穴率最高为35%，病株率最高为4.3%，均显著高于养鱼稻田。江苏省兴化市植保站2001—2002年对蟹田稻主要病、虫、草发生情况进行了调查，并有以下发现。第一，蟹田稻纹枯病发生迟，上升慢，发生轻。其主要原因有：一是蟹田稻栽插密度低，一般为1万～1.2万穴/亩，行距30～33厘米，株距16～20厘米；二是水质好，不利于病菌发生。蟹田稻频繁换水、消毒，加上鱼、虾、蟹对菌核的吞食，控制了病菌发展。此外，稻田养蟹还能控制其他许多病害，如2002年江苏省兴化市水稻细菌性基腐病在常规稻田暴发，田块产量损失三至五成，而蟹田稻未见发病田。常规稻中常发的赤枯病在蟹田稻中发生极轻；稻瘟病、稻曲病发生也均轻于常规稻。其主要原因有：一是蟹田稻根系发达，抗逆性强；二是蟹田稻种植的品种均为苏香粳，有一定抗病性；三是为保证水质，蟹田稻后期施肥量较少。扬州大学另一项调查表明，养蟹稻田稻瘟病的病情指数与病株率也明显低于常规稻田。

3. 稻虾共作对稻田病害的防控效果

2010—2012年，湖北省潜江市曾对稻虾共作配合稻田养鸭的生态模式控制水稻病害的情况进行了调查研究（表8-3），结果显示稻—虾—鸭复合种养模式对水稻病害控制效果不太明显。

表8-3　稻—虾—鸭复合种养模式病害控制情况对照表

病虫害名称	年份	病虫害发生情况对比		
		稻虾共作稻田	一般稻田	减少
纹枯病（%）	2010年	3.1	2.9	−0.2
	2011年	4.7	4.9	0.2
	2012年	3.3	3.5	0.2
	平均	3.7	3.8	0.1
稻曲病（%）	2010年	4.6	4.5	−0.1
	2011年	6.9	7.0	0.1
	2012年	0.7	0.6	−0.1
	平均	4.1	4.0	−0.1

稻田养蛙对纹枯病有较好的防控效果。据上海市试验，由于在稻田养蛙田块大多采用机插水稻行距较宽，加上稻蛙的运动通风透光较好，病穴率大多数在10%以下。稻曲病只是零星发生，条纹叶枯病在2009年发生有加重趋势，病株率在1%左右，但无稻瘟病等发生。由此表明，稻—蛙生态种养必须每亩放蛙500只以上，对水稻基部病虫害有一定控制效果。

浙江省德清县农业中心2011—2014年进行的“稻鳖共生单季晚稻主要病虫发生特点及绿色防控关键技术”研究表明，稻鳖共生单季晚稻田纹枯病基本上没有发生；稻曲病因品种、年份不同时有发生，但发生程度总体上较轻，明显好于采取其他生产措施的有机稻米生产基地。

从总体上看，在稻田渔业的控病效应方面除了对有少量病害有较深入的研究之外，对大量水稻病害的研究甚少。因此，在这方面还有待开展深入的研究。

三、稻田渔业对水稻虫害的生态防控作用

1. 稻鱼共作对稻田虫害的防控效果

据研究，稻田虫害使世界水稻平均减产达34%。稻田养鱼后可明显降低水稻的虫害。实践证明，稻田养鱼对害虫的发生、发展有很好的控制效果。鱼类能摄食落在水稻根部及水面的稻飞虱、泥苞虫、叶蝉螟、潜叶蝇、负泥虫、稻叶蝉和

稻螟蛉等害虫，据农业部渔业局和全国水产技术推广总站（1994）总结报道，稻田养鱼杀虫效果比较显著（表8-4）。

表8-4　不同稻田养鱼模式对稻飞虱的控制作用（百丛虫量）

养鱼模式	1	2	3
单养草鱼	529	609	486
单养鲤鱼	939	884	863
草鲤混养（4：6）	715	709	695
草鲤混养（6：4）	605	660	585
未养鱼	1 281	1 198	1 123

另据湖北省稻田养鱼协作组研究，鱼对稻田中落水害虫有明显的吞食能力，特别是对稻飞虱有显著的控制作用。从表8-5中可以看出，每百蔸水稻飞虱虫量养鱼区比对照区减少17%～28%。特别是第四代，对照区每百蔸水稻飞虱虫量820头，而养鱼区每百蔸水稻飞虱虫量为590头，减少39%。

表8-5　稻田养鱼稻飞虱田间防控效果调查

区别	重复组数	四代飞虱个数				五代飞虱个数				备注
		调查蔸数	成虫	若虫	百蔸虫数	调查蔸数	成虫	若虫	百蔸虫数	
养鱼区	1	10	5	58	630	20	4	31	175	1. 四代飞虱于1996年9月12日调查；2. 五代飞虱于1996年10月20日调查，为成熟期
	2	10	4	40	440	20	3	27	150	
	3	10	2	68	700	20	14	37	255	
	平均	10	3.67	55.3	590	20	7	31.67	193.3	
对照区	1	10	6	69	750	20	7	52	295	
	2	10	2	57	590	20	7	28	175	
	3	10	6	106	1120	20	9	42	225	
	平均	10	4.67	77.3	820	20	7.67	40.67	231.6	

另据四川省水产局和四川省农科院等试验研究（1994），稻田养鱼对稻田螟虫有控制作用（表8-6）。

表8-6　不同稻田养鱼模式对稻螟虫的防治作用
（一代二化螟危害情况比较）

养鱼模式	试验编号	100丛枯心数	100丛基本苗	枯心率（%）
单养草鱼	1	201	1 285	0.156 4
	2	185	1 275	0.145 1
	3	188	1 260	0.149 2
	平均	191.3	1 273.3	0.150 2
单养鲤鱼	1	175	1 288	0.135 9
	2	164	1 279	0.128 2
	3	173	1 283	0.134 8
	平均	170.7	1 283.3	0.133 0
草鲤混养（4：6）	1	131	1 263	0.103 7
	2	138	1 268	0.109
	3	145	1 259	0.115 2
	平均	138.0	1 263.3	0.109 3
草鲤混养（6：4）	1	155	1 269	0.122 1
	2	163	1 283	0.127 0
	3	134	1 255	0.106 8
	平均	150.7	1 269	0.118 6
未养鱼	1	283	1 258	0.225 0
	2	295	1 268	0.232 7
	3	310	1 275	0.243 1
	平均	296	1 267	0.233 6

浙江省农业厅等单位试验表明，早稻期间放养鱼苗，由于鱼体小，对稻飞虱的控制作用差；而晚稻期间随鱼体增大，对稻飞虱控制效果较好。该省上虞试验点在1987年7月17日调查，早稻养鱼区平均每丛有稻飞虱8.75～14.4头，比不养鱼区减少37%～51.7%；晚粳稻在1986—1987年调查，各代稻飞虱若虫高峰期的田间虫量，养鱼区比非养鱼区减少18.5%～83.4%，效果极为显著（表8-7）。

表8-7 晚粳秀水48养鱼与不养鱼各代稻飞虱每丛虫量比较

每丛虫量	第四代		第五代		第六代	
	1986年9月3日	1987年9月8日	1986年9月23日	1987年9月26日	1986年10月12日	1987年10月16日
常规不养鱼对照区	2.33	5.48	12.73	82.28	11.47	103.9
深水不养鱼对照区	2.37	3.4**	12.2	61.23**	6.9**	87.55*
单养草鱼区	1.9	2.15**	7.53*	35.13**	2.9**	42.2**
单养田鲤鱼区	1.23**	2.6**	5.26**	47.5**	4.56**	67.28**
单养尼罗罗非鱼区	0.53**	3.05**	8.4*	51**	3.9**	69.38**
三种鱼类混养区	1.67*	2.18**	5.67**	40.13**	5.3**	46.25**

注：1.试验地点：浙江上虞病虫测报站；2.*表示各处与常规不养鱼区比较差异显著，**差异极显著。

在黑龙江省的调查研究表明，稻田中养殖的鱼能吃掉50%以上的害虫，养鱼稻田比不养鱼稻田的三化螟虫卵少8～12倍，稻纵卷叶螟少8倍，稻飞虱少2.6倍，稻叶蝉少4倍。1985—1987年在浙江上虞、萧山和黄岩试验表明，稻田放养草鱼、鲤鱼和罗非鱼后，早稻第三代白背飞虱虫口减少34.5%～74.3%，晚稻第5代褐飞虱减少51.4%～55.5%，早稻第二代二化螟下降44.3%～51.1%。稻田养鱼后可使二化螟危害率降低33.3%～40%，稻飞虱虫口密度减少34.6%～46.3%。稻飞虱主要在水稻基部取食危害，鱼类活动可以使植株上的害虫掉落水中，进而取食落水虫体，减少稻飞虱危害；同时，养鱼稻田水位一般深于不养鱼田，稻基部露出水面高度不多，缩减了稻飞虱的危害范围，从而减轻了稻飞虱的危害。如稻田饲养彭泽卿后，稻飞虱虫口密度可降低34.56%～46.26%，鱼类能明显减轻稻飞虱的危害。稻田养鱼后，还使三代二化螟的产卵空间受到限制，降低了四代二化螟的发生基数，对二化螟的危害也有一定抑制作用。扬州大学试验表明，由于移栽早，稻飞虱迁入稻鱼共作水稻田较常规稻田早7～10天。但田间虫量偏低，高峰期百穴虫量白背飞虱、褐飞虱分别较对照减少77.44%和74.85%。而三化螟一代落卵量和二代落卵量较常规稻田分别高54%和18%，三代则在稻鱼共作稻田呈大发生趋势。据调查，8月下旬三代三化螟产卵高峰期稻鱼共作水稻落卵量为465块/亩，防治后平均白穗率为3.46%。而常规水稻落卵量平均为267块/亩，防治后白穗率为0.47%。2002年四代稻纵卷叶螟大发生，常规稻田百穴卵量平均达335粒，重发田块后期白叶率达31.2%。而稻鱼共作水稻百穴卵量平均为210粒，未见重发田块。黑龙江省通河县水产技术推广站研究发现，鲤鱼对稻田中的昆虫有明显的吞食能力，特别是对稻飞虱有控制作用。对鲤鱼进行解剖发现，1尾鲤鱼的食物中有叶蝉2只、稻飞虱4只。江西省吉安市农业局研究表明，稻鱼系统中鱼的活动能对稻飞虱的发生有较好控制作用，主养彭泽鲫的稻田一般能减少34.56%～46.26%的稻飞虱虫口密度，减轻了对水稻的危害。稻田中鱼类常取食落水虫体，而且稻飞虱主要在水稻基部取食为害，而养鱼稻田水位一般比不养鱼稻田深，稻基部露出水面高度不多，害虫取食范围有限，加上其易落水为鱼所摄食，故为害也就相应比未养鱼田的轻。

综上所述，稻田养鱼投入时间早，治虫除草效果好。反之，随着投放时间的推迟，控害效果下降。所以，在不影响禾苗和养殖对象生长的前提下，尽量早放，延长两者的共生时间，以获得更高的经济效益。稻鱼共作要达到防控水稻虫害的效果，在注意鱼类品种的同时，在水产苗种规格上，不同龄期的鱼以成鱼控草效果最好。鱼大食量大，除草迅速，效果好；鱼小食量也小，除草慢，效果差些。试验表明，早稻田放养鱼苗，鱼体小，控制白背飞虱效果较差。而养种鱼，鱼体大，效果较好；晚稻期间鱼体增大，控制褐飞虱效果好。所以，应以放养鱼种养殖成鱼效果较好。同时还应达到较高密度，放养数量应依据水稻密度、放养龄期和放养时间等因素来确定，以充分发挥它们的协调作用。既要考虑稻田饲料能基本满足养殖对象的生育需要，以减少饲料投喂量，达到尽可能降低成本的目的，又要考虑能取得较好的经济效益和治虫除草的效果。

2. 稻蟹共作对稻田虫害的防控效果

稻田养殖河蟹对稻飞虱有较好的控制作用，尤其以靠近河蟹栖息地方的效果更为显著。江苏省南通市植保站"养蟹稻田稻飞虱发生规律研究"证明，养蟹田不用药防治稻飞虱也能收到较好的控制效果，但虫量高峰持续时间要比常规用药田延长10天左右。养蟹田与不用药田三代高峰期趋势一致，但养蟹田田间虫量一直低于不施药田块。四代稻飞虱若虫高峰期养蟹田出现在9月18日，比不用药的对照田推迟5天，高峰期养蟹田百穴虫量为3 908头，而不用药田百穴虫量高达15 970头，田间虫量则显著低于不用药田，虫量相差达4倍。养蟹田和非养蟹田稻飞虱的发生期基本一致。由于螃蟹对稻飞虱的控制作用，养蟹稻田稻飞虱的发生量比不施药对照田明显偏低，一般发生年份不用药防治，即可控制稻飞虱的为害。调查表明，稻飞虱田间虫量分布与距养殖沟的距离呈显著的正相关，即靠养殖沟越近，田间虫量越低，反之则逐渐增加，距养殖沟越远，虫量越高。田间出现稻飞虱若虫高峰后，百穴虫量达1 844头，田间分布出现显著差异，距养殖沟1米、3米、5米和7米时的虫量比为1：3.46：11.01：15.13。据此分析，其原因可能与螃蟹的捕食量有关。前期虫量少，捕食范围相应扩大；后期田间虫量高，螃蟹的食料充足，捕食范围则明显缩小，出现越到田中间虫口密度越高的现象，稻田养殖螃蟹对稻飞虱有较好的控制作用，尤其以近栖息地的效果更为显著，但在稻飞虱大发生的年份仍需辅以必要的药剂防治，才能控制为害，取得稻蟹双丰收。扬州大学研究表明，稻田飞虱迁入共作水稻田较常规稻田早7～10天，但田间虫量偏低，高峰期百穴虫量褐飞虱、白背飞虱分别比对照田减少74.85%、77.44%。四代稻纵卷叶螟大发生，共作水稻百穴卵量平均为210粒，未见重发田块，而常规稻田百穴卵量平均达335粒，重发田块后期白叶率达31.2%。

因此，利用稻田养蟹防控虫害，应注意放养时间、放养密度和放养规格，总体以放养蟹种（扣蟹）养殖成蟹效果较好，在虫害高峰期通过加高水位可以提高防控虫害的效果。

3. 稻虾共作对稻田虫害的防控效果

稻田养殖的小龙虾吃掉了水稻植株基部的幼虫（螟虫），能捕食二化螟、三化螟、大螟、稻飞虱、稻纵卷叶螟、稻蓟马等越冬害虫及微生物，降低病虫草害基数。还可以采用调节稻田水位方法防治稻虾种养结合模式田块中水稻虫害，如在稻蓟马、螟虫等害虫发生期，采取高水位短期淹没水稻，使虫害从水稻中脱落，让小龙虾摄食水稻害虫而达到防治效果。稻田养殖青虾也有类似的效果。2010—2012年，湖北省潜江市曾对稻虾共作配合稻田养鸭的生态模式控制水稻病虫害进行调查研究（表8-8），由于鸭在稻田中的觅食活动，将水稻秸秆或叶片上的部分害虫抖落到稻田水体中，被小龙虾等水产动物所摄食，达到防控害虫的目的。稻—虾—鸭复合种养模式对稻田害虫有明显的防治效果，对一代二化螟的防治率达71.4%，对二代二化螟的防治率达60.9%；对三代稻飞虱的防治率为63.4%，对四代稻飞虱的防治率为37.0%；对二代稻纵卷叶螟的防治率为10.1%，对三代稻纵卷叶螟的防治率为32.9%。从表8-8中可以看出，这种模式对二代螟防治效果好，对稻飞虱防治效果较好，对稻纵卷叶螟的防治有一定效果，但不太理想。

表8-8　稻—虾—鸭复合种养模式虫害控制情况对照表

病虫害名称	年份	病虫害发生情况对比		
		生态稻田	普通稻田	减少
一代二化螟（%）	2010年	0.2	1.3	1.1
	2011年	0.6	1.7	1.1
	2012年	0.3	1.1	0.8
	平均	0.4	1.4	1.0
二代二化螟（%）	2010年	0.8	2.2	1.4
	2011年	0.8	1.9	1.1
	2012年	1.1	2.7	1.6
	平均	0.9	2.3	1.4
三代稻飞虱（头/百蔸）	2010年	670	1 760	1 090
	2011年	800	1 600	800
	2012年	380	1 700	1 320
	平均	616.7	1 686.7	1 070
四代稻飞虱（头/百蔸）	2010年	580	1 390	810
	2011年	600	1 260	660
	2012年	310	670	360
	平均	696.7	1 106.7	410
二代稻纵卷叶螟（%）	2010年	9.4	10.1	0.7
	2011年	11.2	12	0.8
	2012年	3.3	4.6	1.3
	平均	8	8.9	0.9
三代稻纵卷叶螟（%）	2010年	11.2	17.9	6.7
	2011年	12.5	17.1	4.6
	2012年	5.1	7.8	2.7
	平均	9.6	14.3	4.7

备注：一代二化螟为枯心率；二代二化螟为白穗率；稻纵卷叶螟为卷叶率；稻飞虱为百蔸虫量；纹枯病为病株率；稻曲病为病穗率。

4. 稻蛙共作对稻田虫害的防控效果

稻田蛙类是各类水稻害虫的天敌。蛙类眼睛结构特殊，善于观察运动（飞行）中的昆虫，善跳跃，舌长而卷，具有捕捉各类运动中昆虫的特殊技能。因此，稻田养殖的蛙类能摄食水生和落水害虫，捕食水稻茎叶上的害虫；对稻飞虱、叶蝉等害虫有显著控制效果。2011年湖南省水稻研究所等单位在湖南优质稻试验示范基地对“水稻牛蛙生态种养对稻飞虱防效及水稻产量的影响”进行了研究。结果表明：稻田每亩放养牛蛙60只和100只对稻飞虱的防控效果为60%～70%，效果较好，但放养牛蛙对二化螟和稻纵卷叶螟没有防控效果，对天敌蜘蛛和黑肩绿盲蝽的影响较小，水稻结实率比空白对照田分别提高了13.8%和15.8%。美国青蛙是一种适应性较强的蛙类，适宜稻田人工养殖，食量大，捕虫效果好。试验表明，在稻田每亩放养美国青蛙约1 000只，对白背飞虱、褐飞虱、黑尾叶蝉和灰飞虱等为主的害虫种群具有显著的控制作用，不再需要杀虫剂防治。对照田由于害虫多，前后施药5次才能达到与之同等的防治要求。稻纵卷叶螟近两年均为大发生程度，主害代为三、四代，田间危害高峰为8、9月。主要危害叶片，稻蛙对其无明显控制效果，危害高峰期必须使用药剂防治。褐飞虱未用药剂单独防治，仅靠兼治及稻—蛙控制，大部分田块水稻乳熟期百穴虫量控制在1 000头以下。试验结果表明，为了保证稻—蛙生态种养控虫效果，必须每亩放蛙500头以上，对水稻基部病虫害有控制作用。

5. 稻鳖共作对稻田虫害的防控效果

浙江清溪鳖业有限公司实施的稻鳖共作模式，稻与鳖在田间实际共生期为3～5个月，主要利用鳖的杂食性及昼夜不息的活动为稻田除草、除虫，而水稻为鳖提供活动栖息的场所和充足的食物，是种养结合的生态型农业技术。一般11月初，水稻收获后稻草全部还田，放水40～50厘米，每亩放养规格为1～1.2千克/尾的草鱼10～20千克。利用草鱼吃食田间杂草及遗落稻谷特性，不需要投喂任何饲料。还可以放养20～25千克的小龙虾，利用水稻秸秆培育多种活饵料。单季晚稻在5月下旬插秧，约1个月后（待晚稻苗势生长健壮，不易被中华鳖压倒时），即6月底至7月初，每亩放养规格为250～300克/只的幼鳖500～600只。采取高浓度石灰水浸种控制了种传病害、合理稀植控制了纹枯病、稻鳖生态共作调控了

“二迁”害虫（即稻飞虱、稻纵卷叶螟等两种水稻迁飞性害虫）、大剂量全田生石灰消毒控制稻曲病等真菌性病害等综合防控措施。在2014年当地发生严重稻飞虱灾害，其他稻田水稻部分枯死，而稻鳖共作基地在全程不施农药、化肥的情况下，水稻仍然获得丰产，亩产达562.5千克，每亩稻田还销售大规格草鱼30千克左右，小龙虾25千克，500～600克的大规格商品鳖550千克。所产稻米达到了有机稻米标准，稻米售价达20～36元/千克，亩效益超过1万元，实现了“千斤粮，万元钱”的高产高效目标。

6. 人为赶虫提高稻田渔业控虫效果

在稻田抽穗前，用长达稻田宽度的绳索，两人在田埂上拉过稻禾上部，将水稻茎叶上的稻飞虱等害虫打落到稻田水中，成为稻田水产动物的饵料。也可以用竹竿等工具来回拉动稻禾，采用人工方法将稻飞虱等害虫打入田中，既能消灭害虫，又可为水产动物提供饵料。

第三节　构建农业生态景观，提升生物多样性，防控水稻害虫技术

现代农业的基本特征是商业化种苗和机械化种植取代传统的播种方式。表现为：化学农药取代有害生物（病、虫、杂草等）的生态控制、遗传改良取代动物进化、单一化的作物取代自然植被，这在水稻种植中表现得更加突出。现代景观生态学研究已证明，作物单一化种植所导致生境破碎化和景观结构变化已成为农田生物多样性丧失和病虫害暴发的主要原因。现代农业形成的连片单一化种植造成了农业生态景观的破坏，农田之间没有生态区隔，使农业病虫害只要在一个田块发生，便可迅速蔓延，极易造成巨大损失。同时由于农业单一化的连片种植，带来的农业环境生物多样性的丧失，使农业病虫害一旦形成，整个农田生态系统及其周边环境没有其天敌生物对其形成抑制，使其快速增殖繁衍，形成暴发之势而成为重灾。因此，科学改造生态景观，提升农业生态系统的生物多样性，对于科学防控农业病虫害，实现农业可持续发展具有重大意义。

一、构建农业生态景观，利用生物多样性控制稻田病虫害的理论基础

生物防治是指利用生物或生物代谢产物来控制农业病虫草害的技术。多数研究都认为，生物防治是有害生物治理中最成功、最节约和对环境最安全的方法，而且是害虫持续控制不可缺少的重要方法。利用生物多样性控制农业病虫草害的技术的本质是多种生物防治方法的综合运用，是复合型的病虫草害生物防治方法。生态学认为“群落多样性必然导致群落稳定性”，保护生态系统及其环境的重要内容就是保护物种多样性，达到群落稳定性。而群落稳定性在于生态系统内多样化的生物之间的相互联系、相互竞争、相互促进、相互节制，并处于一种平衡的稳定状态，表明了群落具有较好的抗干扰能力，即使在外部环境发生一定程度的变化及人类活动造成的一定干扰下，都保持生态系统及其环境的总体稳定。对农业来说，就是要力求保持农田生态系统生物多样性，系统多种天敌生物对病虫草害保持着持续的抑制作用，保持稻田生态系统和环境的稳定性。

农田生物群落是一类特殊的生物群落，其生物多样性与下列因素有关：

①组成群落所处的环境和时间，初级生产者资源的多样化、质量和数量；

②群落与迁移者来源地的距离和迁移者迁入农田所需时间的长短；

③作物害虫、寄主—寄生物、猎物—捕食者共同发展所需的时间；

④各物种本身的特性，如繁殖对策、食性，活动能力与范围、资源限制性；

⑤物种对环境灾变的抵抗能力；

⑥环境灾变程度与频次；

⑦稻田栽培管理措施；

⑧无意识的保护或破坏性活动。

农业上是否会因病虫害而成灾，决定于生态系统中植物与植食者、植食者与它们的天敌之间的营养联系。许多试验显示，多样化的作物系统能抑制植食性类群（害虫）种群数量，而使农作物免于受灾。这表明，农田作物越是复杂多样，其内部相互稳定联系的环节就越多，昆虫群落也就越稳定，害虫大发生成灾的可能性就越小。国外研究者认为，农田昆虫群落稳定性取决于以下环节。一是“作物—杂草—昆虫”之间的相互作用。农田中杂草会影响植食性昆虫（害虫）

及其天敌的物种多样性和各物种的种群数量。特别是某些杂草（多数是伞状花序、复伞状花序和豆科类的杂草）则可以成为对害虫种群起抑制作用的有益节肢动物（天敌）提供避难所和食物支持。二是混作栽培系统中昆虫动态。农作物混作田块中植食昆虫（害虫）数量少于单作农田。其原因在于，混作田块可以持续不断地为天敌提供足够的食物和小生境，使害虫的天敌昆虫种群保持相对稳定。另外，在单一作物田块，更能为某一害虫（专一性植食者）提供喜好的食物和舒适的环境，更利于其群体迅速扩大而成灾。三是地面覆盖植被对害虫及其天敌的影响。研究表明，多样化的植被更利于天敌生存和繁衍，从而抑制害虫的发生和蔓延。如在果园中套种不同植物比清洁果园更能有效地减少虫害发生。四是害虫迁移决定于邻近植被的相似性，以及邻近植被是否为其天敌提供选择性的替换食物和生境。云南农业大学对农作物遗传多样性控制病害的效应和机理进行了深入研究，所揭示的农作物遗传多样性种植控制病害的机理更为简洁明了：多样性农作物混栽群体的遗传异质性、对病原物的稀释效应、抗性植株的物理隔离效应、诱导抗性效应和协同进化等作用机制。

现行水稻生产是以水稻为核心，以水稻高产为目的。构建的是简单的生产者层次，并力求提升稻谷产量，采取的是使用农药清除水稻捕食者（害虫），使用除草剂清除与水稻争夺水分、养料及阳光的竞争者（杂草）的方法。该类方法人为排除了种间竞争，稻田群落结构单纯，物种多样性消失，在杀灭害虫的同时也杀灭了它们的天敌，缺乏空间异质性，在清除杂草的同时，也使害虫的天敌失去了栖息和繁衍的条件，并带来了农药污染、稻米中农药残留和害虫抗药性，一旦农药药性消失，害虫由于没有天敌而更加肆虐。笔者认为，水稻生产中促进特定生物（水稻）成长和抑制特定生物（害虫）繁衍的最佳办法是改造和建立良好的生态景观，通过科学安排作物时空，改善田间及其周围环境的植被组成及数量，改良土壤和周围的环境条件，适度进行田间管理等方法，形成合理的多样性生物群落，促进水稻及其田间对水稻有益的生物（益虫，即害虫天敌）成长，抑制害虫发展，压制杂草成长，使害虫和杂草控制在较低水平，从而在保证水稻维持在较高生产水平的同时，防治农药污染，控制农药残留，保障或提高粮食安全、生态安全和食品安全。所以，改造农业生态景观，保护农业系统生物多样性对粮食安全、食品安全和生态安全均极其重要。

二、国际上构建生态景观，利用生物多样性控制水稻病虫害的研究

世界许多研究表明，在作物多样性种植体系中，尽管对农作物产量的增大效应较弱，但对农业害虫的抑制效应和天敌的保护效应较强，最终结果显示，以多样性农作物种植系统抑制虫害造成的减产效应最为显著。许多研究者均认为，区域内生物多样性对害虫天敌有重要影响。农田周边作物及植物多样性往往可作为农作物害虫天敌的食物库，特别是当农田中使用农药时，食物库的作用更显重要，在提供食物或替代猎物的同时，还成为害虫天敌的避难所。有关试验表明，大约53%的植食性害虫在多样性作物系统中具有较小的丰度，18%有较高的丰度；另外，9%在多样性作物系统中和有单纯性作物系统中没有什么区别。尽管生物多样性尚不足以完全有效防治害虫，但确为害虫综合防治中的关键一环。生物多样性对害虫种群的作用，决定了其在害虫综合防治中应作为预防性手段，并应在害虫尚未成灾之前全面实施。在传统多样性作物系统中，可明显增加对害虫的自然调控作用，并可避免遭受灾难性损失，亦可降低害虫常年产生的规模与数量。

1997年，国际水稻研究所牵头实施了由中国、越南、泰国和菲律宾等国参加的为期5年的"利用生物多样性稳定控制水稻病虫害研究"项目，项目组研究发现，在菲律宾和印度尼西亚灌溉水稻生态系统中，至少存在600种以上的动物，包括昆虫、蜘蛛、蛙类、鸟类、鱼类以及水生无脊椎动物等，其中绝大多数不危害农作物。水稻三化螟在整个生长周期中，存在着100种以上的肉食性和寄生性天敌。项目组研究认为，根据生态学基本理论，在不施或少施农药的情况下，利用生态系统的生物多样性便可以将病虫群体控制在危险水平（成灾水平）以下。

国际水稻研究所还解析了一个典型案例：菲律宾内湖省的一个农户，在其种植的360亩稻田里，15年（29个种植季）一直不施用农药，其稻米产量在雨季和旱季分别为273.3千克/亩和440千克/亩，明显高于该省246.7千克/亩和273.3千克/亩的平均产量。在该农户的示范影响下，周围550个农户也逐渐停止使用农药，取得了良好效果。

"利用生物多样性稳定控制水稻病虫害研究"项目根据生物多样性的基本原

理，在分析上述成功案例的基础上，提出了利用生物多样性控制水稻病虫害的方法：一是建立绿色走廊在数块稻田四周建立一定宽度（1米以上）的“绿色走廊”。在走廊中有选择地种植一些杂草和低矮植物，这些杂草和低矮植物作为天敌生存、过冬和繁衍的栖息地，各种天敌在水稻生长季节随时可以迁移到稻田中，从而有效地控制水稻病虫害初始群体数量和增殖速度。二是建立天敌繁殖区。在茭白田中往往会自然繁殖只为害茭白而不侵害水稻的一种飞虱，即绿飞虱。茭白和这种飞虱的繁衍为稻虱缨小蜂（寄生蜂）提供了极好产卵场所和幼虫食物源。寄生蜂的大量繁殖和迁飞可有效地控制为害稻株的褐飞虱、白背飞虱，并有效遏制由褐飞虱传播的病毒性草丛矮缩病和锯齿矮缩病。有计划地在稻田周边种植茭白，便为稻飞虱天敌——寄生蜂建立了繁殖保护区。三是抗性品种的混合种植或交叉种植携带不同抗病虫基因的水稻，或不同抗病虫品种交叉种植，均可大大降低水稻病虫初始群体的数量，延缓病虫的增殖速度，有利于自然天敌的生存和繁殖，从而达到稳定控制病虫害的目的。上述“绿色走廊”和天敌繁殖区建设与稻田的镶嵌组合，科学构建了农业生态景观，构造了具有生物多样性的农业生态系统，从而抑制了病虫害的发展。农田植被“缓冲带”在欧美国家作为建设农业生态景观的内容被广泛使用。缓冲带建设注重利用现有农田边角废弃地，尽量少占用耕地，并注重与其他半自然生境整合，构建多样化缓冲带类型，努力形成缓冲带系统，对病虫害起到一定隔绝作用，对天敌起到繁殖保护区和避难所的作用。

三、构建农业生态景观，提升生物多样性防控水稻病虫害的方法

农业生态景观是指农田生境与非作物半自然生境（休耕地、草地、林地、防护林等）多种景观斑块及廊道的镶嵌体。传统稻田为开放式的人工湿地生态系统，具有接近自然状态的多样性生物构成，形成了生物之间和生物与环境之间相互联系、相互节制、相互依托的稳定生态系统，有害生物和有益生物互为生存条件动态平衡状态，是一种稳定合理的农业生态景观。在此景观下，水稻病虫害虽时有发生，但又不至于造成严重灾害或绝收，始终处于可控状态。现代稻田由于化肥和农药的广泛使用，使生物多样性遭到破坏，水稻病虫害不时暴发，造成严重损失。我国有关研究机构和专家学者根据水稻生长特点及其所适应的环境和害

虫的发生规律，在分析了国际上利用生物多样性控制农业病虫害经验后认为，一个多样化的农业景观镶嵌体能维持多样化的生物群落，其中非作物半自然生境能为天敌提供替代食物和越冬、避难场所，有利于天敌迁移到附近的作物生境定居并对害虫起控制作用。并推断：通过农业景观建设保护农田自然天敌，可以调控害虫种群数量，阻碍病虫害传播，为病虫害综合控制提供了新的途径。笔者认为，在自然状态下，生物多样性还表现为同一天敌生物以多样化的害虫为食物或寄生对象，同一害虫又有多样化的天敌和寄生对象，形成了错综复杂的营养关系和食物网。如水稻害虫可以成为鸟、虫、鱼、蛙、虾、蟹、鳖等多样动物的食物，这些水产动物并不单独以某一害虫为食，而是多样化的害虫及其他饵料为食。所以，在多样性生物的自然状态下，某一害虫往往并不会因某一天敌的暂时消失或种群量剧烈减少而暴发，即危害虽有波动，但仍然可控。这就为合理构建农业生态景观，提升生物多样性防控水稻病虫害提供广阔的发展空间。

1. 保护和改造农业生态景观，优化害虫天敌栖息繁衍条件

构建农业生态景观，提升生物多样性防控水稻病虫害，就是要在了解水稻在不同生长期主要病虫害种类、数量及危害特征的基础上，根据病虫害在水稻不同生长发育期发生特点采取的有效控制方式。以迁入性害虫稻飞虱为例，应根据其迁入早、多发性强、世代重叠严重、危害大的特点，采取合理密植、测土配方施肥、增施硅肥，保护利用赤眼蜂、缨小蜂、步行虫、隐翅虫、瓢虫、蜘蛛，促进其繁衍扩大种群，利用它们的活动抑稻飞虱繁殖和危害。还应综合考察多种因素，如气象条件及其变化对水稻害虫的影响，提前培育和扩大天敌昆虫种类和种群数量，达到对害虫的控制。同时，应注意稻田周边生态景观生物多样性的保护，如湖泊、河流等浅水区和滩涂多样性水旱植物的保护，为水稻害虫天敌生物提供栖息、繁衍和越冬等生态环境，以保证害虫天敌达到抑制害虫的种群规模。云南哈尼族是典型的稻耕文化民族，其稻作农业生产和民族生存技术上具有更大的生态合理性：哈尼族先民们巧妙地选择了坡度适中的山地来建立稻田——村落生态系统，将森林看作是庞大的蓄水库，并通过民族文化信仰和禁忌将周边森林很好地保护起来，从而适度利用周边生态资源，保持了很高的生物多样性——动植物种类繁多、各类生物品种有效适应不同海拔高度和土壤结构、立体气候，生

态类型多样而平衡。通过生态友好型农牧副渔业技术，很好地满足民族生存与发展。立体的气候、多样的环境和哈尼族特有的农耕智慧，共同形成了水稻遗传多样性。据统计，红河哈尼彝族自治州哈尼居住区从海拔80米左右的河口到2 000米左右的山区，栽培着适应不同气候的早、中、晚水稻品种1 059个，包括籼、粳、糯稻、水稻、陆稻等多种类型。许多传统品种有抗旱、抗病、耐寒等特征，为稻米遗传基因库提供了丰富的种质资源。与其他民族不同的是，哈尼族为了保持水稻品种的优良性状，采取非常特殊的换种方式：农民通过换种交叉种植，每隔两三年就会换种一次，不仅在本村中换，还在周边村寨之间换种。水稻品种多样性和周围生态环境多样性保护，使当地稻田害虫和天敌保持了相对平衡状态，避免了虫害大暴发。湖南省植物保护研究所研究认为，局部地区适当减少水稻面积，相应增加经济作物种植；水稻双季改单季，实行水旱轮作和不同田间管理方式，使水稻害虫不再适应农田生态环境的变化，带来水稻害虫种群数量减少、危害减轻。同时，由于经济作物与水稻镶嵌式种植、水旱轮作有助于蜘蛛等天敌种群的发展和迁移，无论是瓜—稻田或其他蔬菜—稻田，田间蜘蛛及其捕食性天敌群落物种丰富度、个体总数、物种多样性指数均明显高于连作稻田，从而有利于保护自然天敌，充分发挥天敌对害虫的控制作用。在水稻高产栽培中坚持合理施肥、配方施肥、控制施氮量等，也是减少病虫发生危害的生态调控措施。

2. 合理规划农业生态景观，建设稻田渔业“生态带”（也称生态经济带）

许多研究发现，在稻田生态系统和非稻田生境中保留一定比例的野生植物可以更好地引诱害虫产卵和取食；在田埂上种植大豆等作物能促使某些天敌种群的迅速建立，并增加天敌的数量和活力；通过间作或轮作的方式进行种植也能增加天敌的数量。应充分调查当地水稻害虫种类及数量，了解害虫天敌的生长环境和相互之间的竞争机制，在水稻种植地周围建立适宜天敌生长的有关植物（如杂草或豆类）栖息带，以食物链或物种竞争有效控制害虫。水稻害虫的天敌分寄生性天敌和捕食性天敌，对寄生性天敌（如稻螟赤眼蜂、啮小蜂等昆虫）采用建立繁殖基地的措施；对捕食性天敌（如蜘蛛、青蛙、隐翅虫等）加以保护。这种天敌栖息地的建立更有利于农田生态多样性的维持和生态农业的良性循环。研究表明，农业区域内农田利用方式采用镶嵌格局分布、田块之间保留小生境和多样性的农田边界是维持农业景观多样性的主要途径。而农田镶嵌格局分布主要是在农业区域内，按照条带状或斑块状适当安排不同的作物类型或耕作制度，田块镶嵌分布，增加了农业景观的复杂性和农业系统的生物多样性，从而发挥这些生物多样性的生物防治和生态稳定功能。同时，在规划构建农田镶嵌格局分布时，不仅要考虑农田内的生物多样性，而且要考虑农田间的生物多样性，还应考虑田块规格大小，过大或过小的田块，均不利于农业景观多样性功能的发挥。

从农业景观系统的角度出发，运用景观生态学理论、方法和研究成果，对农田生境和半自然生境面积比例、组成成分、分布格局等进行合理布局与设计，改变农田作物布局或大田周围非作物生境的植被组成及特征，并从景观水平上组织和安排农事活动，才会对农田生物多样性和病虫害控制起积极作用。农业生态景观一般分为农田生境和半自然生境两个部分。农田生境是害虫及其天敌滋生繁衍的主要场所，而非作物区半自然生境则是害虫及其天敌寻求替代寄主或补充营养以及在空间上逃避不良环境条件的主要场所，其间贮存着丰富的天敌资源，对农田生境中天敌节肢动物群落的建立与发展具有明显的促进和调节作用。因此，这两部分生境对害虫和天敌都很重要。尤其是应注重半自然生境的保护，并在保证粮食生产的前提下，尽量提高其在景观中的比例。研究表明，半自然生境的比例越高，农业生态景观中天敌的多样性或者害虫的寄生率往往越高。国际生物防治组织建议：农田景观中至少应有5%的半自然生境用地，当半自然生境面积接近15%时，才能充分保护生物多样性和实现农业景观中天敌的控制功能。贵州省自20世纪末开始大力发展稻田生态渔业，其重要特色是在稻田一侧开挖修建占稻田面积8%～10%的坑塘，在稻田周边或田间开挖占稻田面积3%～5%的沟，利用开挖沟坑的泥土建设占稻田面积4%左右的生态带，在生态带上种植蔬菜、瓜类、果树、牧草等植物，或搭棚进行畜禽养殖；同时，加宽加固田埂，并在田埂上种植豆类等蔬菜植物。与普通水稻种植相比，此种养模式增加了鱼等水产动物、多样化植物和畜禽的生态带等生物因子，增加了生物多样性，形成了对病虫草害的控制机制。据贵阳市植保植检站调查，稻田生态渔业相对于常规水稻种植，水稻叶瘟平均病情指数下降5.57%，穗颈瘟病情指数下降6.08%，水稻纹枯病平均病情减轻11.40%，白背飞虱百丛虫量平均下降11.16%，褐飞虱的百丛虫量平均下降18.72%，稻纵卷叶螟卷叶率平均下降5.49%，二化螟枯心（白穗）率平均下降4.05%，中华稻蝗虫口密度平均下降1.52%。越来越多的试验表明，多样化的天敌群落比单一化的天敌群落更能够有效调控植食性害虫的种群，通过改变田块间非作物生境的植被组成及特征，也能调控农业生态系统中害虫与天敌的关系，提高天敌对害虫的控制效能。这是因为天敌或寄主昆虫的生活史过程中往往需要不同的生境类型，需要为其提供轮换的寄主、食物以及栖息地等。同时，不同的生境类型往往能为不同的天敌昆虫提供栖息地，多样化的生境类型可以提供多样化的天敌昆虫群落。而稻田生态渔业"生态带"发挥了上述综合作用，其机制可以归纳为三方面：一是鱼等水产动物对水稻病虫草害的抑制作用。鱼作为该生态系统中最积极、最活跃的生物因子，其在田间活动的结果，发挥了直接取食害虫、菌体、杂草等作用，并因其觅食及活动刺激了水稻防御性机制的产生与增强；二是水产动物养殖对水稻生长的促进作用。水产动物在稻田中觅食等生命活动具有增肥、增温、增氧等作用，还可增加光照的利用和改善水稻通风透光条件，促使水稻植株健壮，抗病性、耐病性、耐害性增强；三是"生态带"生态系统生物多样性的综合作用。生态带种植的蔬菜、瓜类、豆类、果树、牧草等植物，可以以田间沟、坑（凼）中的淤泥为有机肥来源，而生态带的各类植物是水稻害虫天敌的重要食物来源和生活条件，也是天敌在稻田使用农药的避难场所，从而有利于水稻害虫天敌的栖息和繁衍，以生物多样性控制水稻病虫草害。同时，生态带种植的蔬菜、瓜类、豆类、果树、牧草等植物和养殖的畜禽产品，也具有良好的经济效益。贵州省从江县贯洞镇宰门村的梁吉元则是在鱼坑上建厩养畜养禽，2亩稻田生态渔业收入达1.8万元，亩均9 000元；贵州省湄潭县黄家坝龙井村村民范廷华2.8亩水田，1998年沿田四周挖了宽2米宽的环沟养鱼，田中种稻，田埂上种植葡萄、花椒、小葱等，产出的稻、鱼、葡萄、花椒、葱等共收入2.83万元，平均每亩创收1.01万元。另外，上述"生态带"也是"农田边界"或田间过渡带，是农田生物扩散的运动廊道，许多害虫天敌如节肢动物益虫均依赖农田边界作为生境和活动、扩散的廊道，从而对害虫起到调节和控制作用。并且边界宽度认定应大于3米才能有效地为生物创建新的栖息地，进而控制农田病虫害。通过在农田周边建设缓冲带，以提升景观连通性，增加半自然生境面积，为害虫天敌提供避难所、越冬地、食物来源，为寄生天敌提供轮换寄主，从而较好地控制稻田病虫害；同时，缓冲带还具有控制面源污染、减少土壤侵蚀、美化景观、生物多样性保护等功能。农田缓冲带间的间隔以100～300米较为合适。

3. 因地制宜，实行多样化的种养方式

规划建设农业生态景观，不仅需要新建或改建农田边界和农田缓冲带，形成充分体现生物多样性的“生态带”，而且还包括多样化种植，增加农田作物多样性，在时间和空间上提高农田景观多样性。多样化种植一是通过根际效应、边缘效应等提升了作物利用养分的能力，增强了作物生理和物理机能，提高了抵抗病虫害的能力；二是减少了被食或寄主植物的密度，或通过其他植物遮挡、驱避视觉嗅觉作用，减少了害虫迁入或定殖的概率，降低了病虫害传播和进化速度；三是植物间联合抗性也有利于降低细菌、真菌和病毒等微生物危害；四是多样化种植形成的田间小气候不利于某些害虫的繁殖以及杂草生长；五是多样化种植创造的复杂生境有利于多样化天敌的栖息和活动。重建稻田生物多样性，不仅要在稻田系统外建立多样化的生物群落，还要努力在稻田内建立和保护多样化生物构成。首先要结合当地气候、地形、环境条件等进行统筹安排，借助气象条件变化趋势，合理进行田间农事作业。在农业生产活动中，合理布局，适时灌溉，科学施肥，适度密植，提高水稻种群自然抵御农田害虫的潜能，从时间和空间上减少害虫的发生频次和范围。同时，应充分认识现行单一品种水稻种植方式的局限，建立稻田生物多样性。建立农业田生物多样性就是采取间作、套作、混作等多种方式，调整和优化稻田生物结构，既增强了水稻品种抗虫性，又利于稻田生态系向多元化、无害化方向发展。并根据不同水稻品种具有不同的抗虫基因，选取不同抗虫基因的品种混种或交替种植，降低害虫初始发生量，达到趋利避害的效果。如耕作制度中间作或轮作方式，包括不同类或不同种水稻品种间作与轮作，或不同农作物（包括水旱作物）的间作、混作与轮作等，以保护和扩大稻田害虫的天敌群体。稻田渔业的发展是传统稻田生物构成和生态功能的恢复，通过在田间恢复建立了由鱼类、虾蟹类、龟鳖类、蛙类及螺蚌组成的害虫天敌的水产动物群体，水产动物抑制田间杂草的暴发，又保存了一定量杂草种质，生物多样性仍然存在，为害虫提供了繁衍条件，通过实行水稻与多样化水产动物及水禽品种之间的共作与轮作等，既使稻田病虫害得到控制，又提高了稻田农业生产力和渔业生产力，增加了稻田经济效益。淮阴师范学院对稻—虾—鳖共生模式虫害防治进行了研究。稻—虾—鳖共生模式依靠蜘蛛、小龙虾和鳖等生物抑制虫害，其中蜘蛛是稻田益虫，能大量捕食稻飞虱、卷心虫卵和成虫，是水稻众多害虫的天敌。稻田田间保持一定数量的蜘蛛，能起到抑制害虫的作用。由于稻—虾—鳖共生稻田不用农药，有效保护了蜘蛛，结果表明：稻—虾—鳖共生模式对白背飞虱、褐飞虱等虫害种群数量控制效果明显。稻—虾—鳖共生田块平均每百株水稻蜘蛛的数量分别是常规稻田的2.34倍、4.00倍、8.08倍和5.47倍，虱蛛比明显低于对照组，虫害得到了较好的控制。同时，该模式通过降低水稻栽插密度，促进了水稻生长，并利用生物之间的食物关系，既控制了稻田病虫害，又为小龙虾和鳖营造良好的生态环境，具有较高的经济效益和生态效益，稻—虾—鳖共生模式每亩平均利润为7 160元，而水稻常规种植的对照组每亩平均利润为370元。我国侗族地区历史上就有利用生物多样性控制水稻病虫害的传统。侗族传统稻田种植以高秆糯稻为主的水稻，稻田中还养着鱼、放着鸭，还有螺、蚌、泥鳅、黄鳝等野生动物，茭白、水芹菜、莲藕等野生植物也在田间生息，具有一定生物多样性，稻田田间共生动植物达一百多种。耕种者除收获水稻、鱼、鸭外，稻田出产的其他生物产品，村寨中人人都可以获取。值得一提的是，侗族稻田里所有动植物一半以上作为食物，另一部分则可能成为饲料。对于水稻很容易染上的钻心虫、螟虫、卷叶虫等多种害虫，侗族人并不靠乱施农药将其杀灭，而是以其为食，有的杂草作为鲜嫩野菜采集食用。这样，既控制了虫害，又不至于让其绝种，使食物链断裂，起到了维护生物多样性的作用。对于食用价值不高的害虫，则留给鸭子或田鱼作为饵料。正因如此，尽管在侗族稻田中水稻也有害虫为害，因为受到其他生物（包括天敌）和人类的节制而不至于成灾，并和其他多样性生物共存。所以，每一块侗族稻田都是生物多样性并存的乐园，人类的角色仅止于均衡而适度地利用，以确保这些物种都能在稻田中长期延续繁衍。

研究表明，作物间套种系统和稻田种养结合系统中物种多样性的功能和机理主要是利用了物种之间的互惠和物种之间对资源的互补利用。现代农业种养体系中，多样性的物种或品种配置需要考虑以下三方面内容。一是利用共存物种之间相互庇护，如安排抗病（虫）作物类型（品种）与易感病（虫）作物类型（品种）间套作，让前者对后者发挥保护作用，并以其抗性阻隔病虫害的扩展传染。二是利用物种之间对资源相互促进利用特点，如豆科/非豆科间作体系，水稻或水生植物与水产动物之间的共生互利作用。三是农事操作（栽插、收获）的可行程度，与单作系统相比，多样化作物种植体系农事操作更为复杂，如稻渔共作中水稻种植与水产养殖的设施和田间管理都需要作出统筹安排。

必须看到，利用生物多样性构建农业生态景观控制稻田田间病虫害并非一蹴而就，而是一个渐进的过程，才能形成多样化天敌组成的抑制稻田病虫草害的农业景观生态系统。为了发挥生物多样性的控制病虫的生态效应，应采取“总体生态为主，局部化防为辅，发挥系统功能，实现持续控制”的稻田病虫草害防控策略。一是规范实施稻田生态多样性工程建设和种植养殖技术规范，确保生态系统整体生态效益的发挥；二是加强病虫害动态监测，特别加强对迁飞性害虫和流行性病害的监测，由于其迁入量大、来势猛、流行快，必要时必须采取化学防治；三是适当放宽防治指标，减少农药施用次数和施用量；四是要使用高效低毒农药及生物制剂防治病虫害，不用高剧毒农药和对水产动物毒性高的农药，并改善施药技术，达到对水产动物和害虫天敌的保护。

第四节　稻田渔业水稻病虫害的药物防治

稻田渔业通过养殖水产动物及其他综合防治措施，就可以有效抑制稻田病虫害的发生和危害程度。但是，在水稻病虫害严重年份，仍有可能对水稻单产造成比较大的影响。因此稻田渔业中对水稻病虫害的防治应该遵循在保证水产动物安全的前提下，选择高效、低毒和低残留农药进行防治，应该成为稻田渔业田块水稻病虫害防治的重要手段。同时，应严格执行农药使用准则，适时适度适当使用农药，在保证水稻质量安全的前提下，获得较高的产量。但如果是生产有机水稻和有机水产品，则应严禁使用农药和化肥。

一、选择安全农药

各种水产动物对农药的敏感程度有较大差异，一般来说，虾蟹类对农药最为敏感，这是由于其与水稻害虫同属节肢动物。所以。虾蟹类养殖稻田一般不宜使用农药，即便病虫害严重必须使用时，也应极其慎重，并谨慎选择使用农药的品种，注意使用时间和使用方法。农药对无鳞鱼类、两栖类动物伤害严重，这也是20世纪七八十年代农药大量推广使用后，原先在稻田常见的蛙类、黄鳝和泥鳅等全面消失的重要原因。还有肉食性凶猛鱼类，如鳜鱼、鲶鱼等，因其性格暴烈，一遇农药反应强烈，容易中毒死亡。而鲤鱼、鲫鱼、乌鳢等因其适应性强，对农药的敏感性相对较低。条纹叶枯病是属于病毒病，经试验，防治药物可使用噻虫啉、棉铃虫核型（战尽）、阿维菌素、伊维菌素、宁南霉素等药物，也可用枯草芽孢杆菌等。这些药物毒性低、副作用小，可以在稻田中使用。以下表中所列农药均是有关大专院校和科研院所进行的系列农药在稻田渔业中应用的安全品种和相应安全浓度，可以在稻田渔业中选择使用，但应注意安全浓度，不可超量使用，以免造成意外事故，或残留量超标（表8-9至表8-12）。

表8-9　养鱼稻田农药常用药量及安全浓度

农药名称	常规用药量（克/亩）		安全浓度（毫克/升）
	一般用量	最高用量	
井冈霉素	150	200	0.69
25%杀虫双水剂	150	200	1.5
25%杀虫脒水剂	50	100	1
10%叶蝉散可湿性粉剂	200	250	0.5
25%速灭威可湿性粉剂	100	150	1.5
90%晶体敌百虫	95	100	2
50%杀螟松乳剂	50	75	0.8
50%甲胺磷乳剂	50	75	1
40%乐果乳剂	50	75	2
50%多菌灵可湿性粉剂	50	75	1.5
20%三环唑可湿性粉剂	50	75	1.5
40%稻瘟灵乳剂	50	75	0.5
40%异稻瘟净乳剂	100	125	0.5

续表

农药名称	常规用药量（克/亩）		安全浓度（毫克/升）
	一般用量	最高用量	
敌敌畏（已禁用）	50	100	
托布津	50	100	
马拉硫磷	50	100	
稻瘟净	50	100	

表8-10　常见水稻病虫害与使用农药种类

病虫害种类	可使用农药品种
三化螟、二化螟、大螟	杀虫双、杀虫脒（不适用杀大螟）、慎用杀螟松
稻纵卷叶螟	杀虫双、杀虫脒、甲胺磷，慎用杀螟松
稻蓟马、花蓟马	杀虫双、速灭威，慎用乐果
黑尾叶蝉、白背稻虱、灰稻虱	速灭威、巴松，慎用杀螟松
稻瘟病	三环唑、多菌灵
纹枯病	井冈霉素

表8-11　各种农药、化肥对稻田四种养殖鱼类72小时的安全浓度

农药化肥品种	鲤鲫杂交鱼		尼罗罗非鱼		呆鲤		芙蓉鲤	
	试验水温（℃）	安全浓度（毫克/升）	试验水温（℃）	安全浓度（毫克/升）	试验水温（℃）	安全浓度（毫克/升）	试验水温（℃）	安全浓度（毫克/升）
甲胺磷	23 ~ 30	110	18 ~ 22	50	23 ~ 27.5	78.5	18.5 ~ 29	78.5
乐果	23 ~ 30	53	22 ~ 26	21.5			23 ~ 25	53
4049	21.5 ~ 24.5	6.9	22 ~ 25	2.1	23 ~ 27.5	17.6	23 ~ 25	10.6
敌敌畏（已禁用）	25.5 ~ 28	12.9	24.5 ~ 26	9.2	24 ~ 30	11.7	22 ~ 23	10.7
杀虫双	25.5 ~ 28	25.2	21 ~ 23	31.5			21.5 ~ 24.5	31.5

续表

农药化肥品种	鲤鲫杂交鱼		尼罗罗非鱼		呆鲤		芙蓉鲤	
	试验水温（℃）	安全浓度(毫克/升)	试验水温（℃）	安全浓度(毫克/升)	试验水温（℃）	安全浓度(毫克/升)	试验水温（℃）	安全浓度(毫克/升)
敌百虫	25.5 ~ 28.5	50	22 ~ 24.5	8.3			21.5 ~ 24.5	25
杀虫脒	21.5 ~ 24.5	55.5	22.5 ~ 24.5	22.2	23 ~ 27.5	92.5	23 ~ 27.5	22.2
叶蝉散	23 ~ 24	1 250	23 ~ 30	420	23 ~ 27	416	23 ~ 25	665
稻瘟净	25 ~ 28	6.1	24 ~ 26	3			22 ~ 27	9
井冈霉素	21.5 ~ 24.5	4 950	22 ~ 26.5	2 750	23 ~ 27.5	3 500	23 ~ 25	4 440
尿素	23 ~ 28	909	21 ~ 28	909				
碳酸氢铵	23 ~ 28	18.1						

表8-12 稻田养鱼农药常规用量与安全浓度（中科院水生所试验结果）

农药品种	常规用药量（克/亩）		试验得出的安全浓度（毫克/升）	安全用药量（克/亩）	安全用药为最高用量倍数
	一般用量	最高用量			
井冈霉素	150	—	2 500	6.9×10^4	458
敌百虫	100	150	250	6.9×10^3	46
敌敌畏（已禁用）	50	100	143	3.9×10^3	39
甲胺磷	50	100	100	2.7×10^3	27
乐果	50	100	33	916	9.2
甲敌粉	1 000	1 250	20	549	–1.3
甲氯粉	1 000	1 250	20	549	–1.3
杀虫脒	200	250	20	549	2.2
稻瘟净	100	150	17	458	3.1
4049	50	100	10	275	2.7

二、进行毒性试验，控制稻田渔业农药使用风险

农药对稻田主要养殖对象的急性毒性是指水产动物接触农药在短时期内所产生的急性中毒反应。半致死浓度通常用鱼类在一定浓度的农药溶液浓度，经48小时鱼类死亡一半时的溶液浓度，用48小时LC50来表示。

为稳妥起见，在稻田渔业使用农药前，应结合当地稻田主要养殖对象进行毒性试验。在试验时应选用大小相等，在同一条件下得到的，经淘汰病劣的健康、活泼的水产动物苗种。试验用水最好经曝气处理。然后，对一定数量的水产动物预先进行试验，大致得出LC50值的浓度范围，以此为中心，制定出LC0值到LC100值之间若干阶段的药液作用浓度。LC0值称为最小致死浓度，LC100值称为最大安全浓度。同时设置不含农药的对照处理。每一处理设置3次重复，每一重复盛试液3 000毫升。投入大小一致的供试水产动物20尾，水产动物苗种大小和体重应一致。经24小时更换试液1次，观察死鱼数，此外，环境因子对急性毒性试验的影响较大，试验时的水温应保持20～28℃为好，并应注意曝气。记录经48小时的死鱼数，应用直线内插法即可求出鱼类在各种农药试液中48小时LC50值。具体做法为：在半对数坐标纸的对数刻度上设供试药液的浓度，在普通刻度上设生存率的上下两点，用直线连接此两点，相交于50%生存率，把以相交点所表示的浓度叫作半致死浓度（或用TLM表示耐药中浓度）。

鱼类对农药的敏感性因农药种类而不同，通常拟除虫菊酯和有机氯杀虫剂对鱼类毒性强，而有机磷杀虫剂较弱。但也有对人畜和鸟类毒性强的农药，对鱼类却是较弱的。所以不能以对人畜和鸟类毒性来推测对鱼类等水产动物的毒性。通过农药对水产动物的急性毒性试验，在以室内试验水产动物耐药48小时半致死浓度的基础上，通常以耐药浓度为1毫克/千克以下定为对鱼类高毒农药，1～10毫克/千克定为中毒，10毫克/千克以上则为低毒。以此毒性指标为根据，属于高毒农药的有：林丹（666）、对硫磷（1605）、敌杀死（溴氰菊酯）、速灭杀丁（杀灭菊酯）、五氯酚钠、鱼藤精等。中毒农药有敌百虫、久效磷、敌敌畏（已禁用）、马拉松、稻丰散、杀螟松、稻瘟净、稻瘟灵等。低毒农药有多菌灵、甲胺磷、杀虫双、三环唑、速灭威、扑虱灵、叶枯灵、稻瘟酞和井冈霉素等。在选择稻田渔业中农药使用浓度时，应小于无死亡最大浓度。避免使用易致死水产动物的农药（表8-13和表8-14）。

表8-13 农药对养殖鱼类的毒性

单位：毫克/升

农药品种	鲤鱼		草鱼		鲫鱼	
	半致死浓度	无死亡最大浓度	半致死浓度	无死亡最大浓度	半致死浓度	无死亡最大浓度
杀虫双	17.5	5	9.5	5	4.7	1
杀虫脒	20	9	20.5	16	26.5	15
甲胺磷	12.2	11.5	16.8	14	18	3
杀螟松	3.4	2.5	3.7	2.7	3.6	2.5
喹硫磷	0.43	0.04	0.8	0.07	0.47	0.07
甲醚菊酯	0.78	0.09	0.3	0.05	1.15	0.12
甲氰菊酯	0.000 1	0.000 01	0.003 1	0.000 7	0.000 95	0.000 5
来福灵	0.000 6	0.000 09	0.001 1	0.000 5	0.000 65	0.000 09
扑虱灵	9	3	17	1.8	7.5	0.75
叶枯灵	413	320	298	265	373	265
灭幼脲	6.3	0.75	12	7	8.75	1
稻瘟灵	4.8	0.48	5.3	0.33	5.5	0.6
三环唑	16	1	14	7	15.5	5
水胺硫磷	0.45	0.1	0.76	0.32	0.116	0.24
多菌灵	293	210	240	130	210	180
甲基1605	7.6	1.2	6	1	9	1
稻丰散	8.3	2.1	9.1	2.7	8.7	2.5

表8-14 农药对泥鳅的致死浓度

商品名称	温度（℃）	致死浓度（毫克/升）
异艾压剂	23 ~ 30	0.01 ~ 0.05
敌百虫	11 ~ 18	20 ~ 30
五氯酚钠	14 ~ 18	0.62（24.5小时致死浓度）
草毒死	14 ~ 18	7.9（24.5小时致死浓度）
艾氏剂	18 ~ 20	5.4（48.5小时致死浓度）
对硫磷	4 ~ 8	0.002 ~ 0.02
六六六（粉剂）（已禁用）	10 ~ 13	13 ~ 16
滴滴涕（乳剂）（已禁用）	10 ~ 13	10 ~ 15
滴滴涕（粉剂）（已禁用）	10 ~ 14	25 ~ 29

三、稻田渔业农药安全使用技术

1. 正确选择农药品种

稻田渔业使用的农药必须选择针对性强、效果好、毒性低、降解速度快、残留低的农药，严禁使用毒杀酚、杀虫脒、氯氰菊酯、溴氰菊酯、林丹等对水产动物毒性强的农药品种。农药剂型方面，应多选用水剂或油剂，少用或不用粉剂。农药用量应按农药使用技术要求常规推荐量施药，如果超过正常用量，轻者也会影响其正常生长发育，重者会毒杀水产动物和水稻。但应注意的是，虾蟹尤其是虾蟹苗对农药比较敏感，对鱼类中低毒的农药，并非对虾蟹类也安全，所以凡养殖虾蟹的稻田，在选用抗病虫害水稻品种的前提下，应尽量避免使用农药，或另行进行毒性试验，以取得安全使用值。如必须使用农药时，应选择高效低毒的农药，如乐果、杀虫脒、叶蝉散、稻瘟净、多菌灵、扑虱灵、杀螟松、亚铵硫磷、井冈霉素、杀虫双等对虾蟹毒性低的农药。

尤其是虾蟹类水产动物，与稻田害虫一样都属于节肢动物，对其常用具有同样的敏感程度，使用不当品种或用量不当，极易引起其死亡。上海海洋大学曾开展了“10种农药对克氏原螯虾幼虾的急性毒性”试验，结果表明，克氏原螯虾幼虾对不同农药的耐受力相差较大。敌杀死、索虫亡、百草一号、敌敌畏（已禁用）、卷清、逐灭（池塘水）、逐灭（自来水）、锐劲特、抑虱净、草甘膦、星科对克氏原螯虾幼虾的48小时半致死浓度分别为3.07×10^{-3}毫克/升、1.46×10^{-2}毫克/升、15.8毫克/升、1.98×10^{-1}毫克/升、4.33×10^{-3}毫克/升、3.48×10^{-2}毫克/升、1.48×10^{-2}毫克/升、6.01×10^{-2}毫克/升、6.47毫克/升、4.06×10^{3}毫克/升、1.99×10^{-1}毫克/升。这11种农药对克氏原螯虾幼虾的毒性大小依次为卷清、敌杀死、锐劲特、逐灭、索虫亡、星科、敌敌畏（已禁用）、抑虱净、百草一号、草甘膦。从而可看出农药对克氏原螯虾幼虾的毒性大体上还是与农药的类型有关，如生物农药（卷清）的毒性最大，拟除虫菊酯类农药（敌杀死）和氟虫腈类农药（锐劲特）也较大，有机磷农药［逐灭、索虫亡和敌敌畏（已禁用）］的毒性中等，而混合农药（星科和抑虱净）的毒性相对较低，植物源农药百草一号毒性更低，除草剂草甘膦毒性最低。因此，在养殖虾蟹类水产动物的稻田中应尽力避免使用农药或毒性中等极其以上的农药，以免造成经济损失。试验还证明，农药对蜕壳期间的幼虾毒性危害更大，施用农药的时期最好避开其蜕壳的高峰期，少施或不施农药。同时，还应注意到，在农药对虾蟹的安全浓度范围内，对虾蟹类肝脏胰脏仍有伤害。据水科院淡水渔业研究中心研究，最近几年暴发并流行的河蟹水瘪子病便是由过量使用杀虫剂引起的。因此，稻田养蟹使用农药应尽力不用，争取少用，决不乱用。即便使用也应用高效低毒农药，并做到与生物制剂、生态方法、物理方法配合使用。如养蟹稻田在水稻中期（7月下旬）主攻纹枯病、二代三化螟，每亩可用5%井冈霉素水剂300毫升加8 000国际单位/微升苏云金杆菌250毫升进行防治。水稻后期主攻三代三化螟，由于缺乏既对三化螟防效好，又对鱼、虾、蟹安全的农药，江苏省兴化市采用乙酰甲胺磷或乙酰甲胺磷与生物农药复配剂取得了较好的防效。

2. 引导水产动物进入沟、塘（凼或溜）

为了稻田渔业中水产动物施用农药时能有个安全去处，同时便于集中投喂饵料，避免盲目投喂，以提高饵料效率，也便于水产动物集中起捕，不论是哪种水稻栽培方式的稻田渔业，都必须按技术要求开挖稻田田间沟、塘（凼或溜），也可避免或减少水产动物中毒。具体方法是先从离鱼凼远的地方喷施农药，鱼群嗅到气味后，自动游到鱼凼躲避。或在施药前在鱼凼内投入带香味的饵料，吸引水产动物进入沟、塘（凼或溜）。为了防止施药期间沟、凼中鱼的密度过大，造成水质恶化缺氧，应启动微孔增氧设备，并每天向沟、塘（凼或溜）内加注新水，等药效消失后，再往稻田里灌注新水，让水产动物游回田中。

3. 加大稻田渔业田间水层

施药时稻田应保持一定的水层，养鱼稻田施药时田水深浅影响到农药的安全浓度，提倡深灌水用药，特别是治虫，水层高既可提高药效，也可稀释药液的浓度，减少对水产动物的危害。稻田水层至少应保持6厘米以上，最好能保持15～20厘米的水深，即便有少量农药落入稻田水体，因为水深而很快被稀释，不易造成药害。如能在使用农药期间保持稻田微流水状态，效果更佳。

4. 选用安全的用药方法

病虫害发生季节往往气温较高，一般农药随着气温的升高而加速挥发，也加大了对水产动物的毒性，施药时在掌握安全用药品种和用药量（表8-15）的同时，应掌握在阴天或下午17:00后施药，可减轻对水产动物的危害。为了保证鱼的安全，应注意农药的使用方法，喷施水溶液或乳剂均应在午后进行，药物应尽量喷洒在稻叶上，这样不但能提高药效，而且可避免药物落入田水中危害水产动物。喷雾法雾滴细而不飘移，沉积量高，每亩用量少，防治效果最佳又有利于保护天敌及水生生物，减少对农业环境的污染。喷施粉剂则要在露水未干时进行，尽可能使药粉粘在稻秆和稻叶上，减少落入水中的机会。喷雾采用背负式手动喷雾器滴落到水中的农药少。还可分段或分块使用农药，第1天先喷施半块田或一部分田，第2天再喷施另半块田或剩下的其他田块，分片轮流用药，以减少对水产动物的伤害。扬州大学曾进行"养蟹稻田减量使用农药对稻、蟹生产的影响"研究，在养蟹稻田内，适当降低药剂浓度和选择性地施用某些高效、低毒农药来防治水稻主要的病虫草，虽然对河蟹生产有一定的影响，但能显著提高水稻产量，有利于实现水稻与养殖的共同发展。有研究认为，稻田中用细雾喷洒法施药后雾滴在水中的沉积分布比率为30%～35%。还有研究报道，一般药剂施用时有38.5%落入稻田水中。该研究模拟大田喷雾法药物落入稻田水中的结果与上述研究一致。在试验稻田保持4厘米水层的情况下，如试验用量为田间推荐用量的30%、50%和70%时，以40%药液落入水中，对应浓度分别为0.09毫克/升、0.15毫克/升、0.21毫克/升。因此，生产上采用小于田间推荐药物用量的70%（或本研究的60%），或三唑磷与其他对河蟹毒性较低的杀虫剂复配使用，并适当增加田间水层深度和提高弥雾质量，以及用药后及时换水，就可以达到既对水稻害虫有较好防效又对河蟹较为安全的目的。另外，尽管三唑磷和锐劲特对河蟹等甲壳类生物有很强毒性，但只要注重用药质量，采用60%的田间用药量和高质量喷雾技术，以及用药后及时换排水，试验区与对照区成蟹数量虽有差异但不影响养蟹稻田最终经济效益；同时，应用气相色谱对本研究两个用药区和对照区锐劲特、三唑磷进行了农药残留分析，在土壤、稻米和蟹肉中均未检测到两类农药的亲体。结果证明，在养蟹稻田内，选择性施用某些高效、低毒化学农药，并以60%的田间推荐用量防治主要病虫草害，对稻田内河蟹不会产生明显负面效应，既能使河蟹安全生长，又对水稻病虫草害有较好的防效。

表8-15　虾蟹养殖稻田中常见水稻病虫害防治技术

防治对象	防治时期（时间点）	防治药剂及用量[克、毫升（有效成分）/公顷]	用药方法
稻蓟马	秧田卷叶株率15%，百株虫量200头；大田卷叶株率30%，百株虫量300头	吡蚜酮60～65	喷雾
稻水象甲	百蔸成虫30头以上	杀虫双750	喷雾
褐飞虱	卵孵高峰至1～2龄若虫期	噻嗪酮112.5～187.5；吡蚜酮60～75	喷雾
白背飞虱	卵孵高峰至1～2龄若虫期	噻嗪酮112.5～150	喷雾
稻纵卷叶螟	卵孵盛期至2龄幼虫前	氯虫苯甲酰胺30；杀虫双或杀虫单810～1080；苏云金杆菌（8 000国际单位/毫克）3 750～4 500	喷雾
二化螟、三化螟、大螟	卵孵高峰期	氯虫苯甲酰胺30；杀虫单675～94；苏云金杆菌（8 000国际单位/毫克）3 750～4 500	喷雾
秧苗立枯病	水稻秧苗2～3叶期	广枯灵45～90；敌克松875～975	喷雾
稻瘟病	发病初期	三环唑225～300	喷雾
纹枯病	发病初期	井冈霉素150～187.5；苯醚甲环唑·丙环唑67.5～90	喷雾
稻曲病	破口前3～5天	苯醚甲环唑·丙环唑67.5～90	喷雾

四、使用灭虫灯杀灭稻田虫害

灯光诱虫杀虫是成本低、用工少、效果好、副作用最小的水稻虫害物理防治方法。其中以频振式杀虫灯为代表的灭虫灯的原理是利用害虫的趋光、波、色等特性，配以频振高压电网触杀害虫。从实践效果看，在稻田渔业田块利用频振灯、节能宽频灯作为诱虫光源，利用水溺式的杀灭方式获得了较好的害虫杀灭效果，是解决农产品农药残留和农村环境污染问题的有效途径。据有关单位研究，在蔬菜田中诱杀的斜纹夜蛾占全部害虫的65.2%。对斜纹夜蛾的防治效果分别为70.37%和72.34%。同时，太阳能诱虫灯对防治斜纹夜蛾也具有很好的效果。在杀灭成虫、降低田间落卵量、压低虫口数量、减少农药使用量和使用次数方面起到了积极的作用，是一项重要的绿色防控技术。

所以，所有稻田渔业田块都应安装灭虫灯（参见第四章第四节）。灭虫灯的使用应根据水稻害虫成熟起飞的时间（既可以根据当地农业部门对水稻病虫害的预报，也可以根据有经验的农技人员对稻田的检查，还可以在晚上试开部分灯进行试用），在害虫羽化的高峰期应每天晚上定时开启灭虫灯，诱杀稻田及周围农田的害虫作为水产动物的饵料。同时，利用灯光或音响等手段，做好水产动物摄食害虫习惯的驯化，使稻田养殖的水产动物形成定时到灭虫灯下吃虫的习惯，以促进水稻和水产动物健康成长。

第五节　稻田渔业水产病害防治

一、稻田渔业水产病害发生特点

1. 稻田渔业水产病害发生少

首先，稻田渔业田块为人工湿地系统。水稻植株、杂草本来就是具有水质净化作用的水生植物，再加上有益菌和浮游植物等多种微生物都有净化水质的作用，因此，稻田渔业田块中的水质普遍好于一般池塘，不易诱发水产动物发病。其次，稻田渔业田块水产品产量较低。稻田渔业田块与养殖池塘相比，养殖密度小、产量低，一般在池养殖塘单位面积产量的1/3以下，尤其是不投饵的稻田渔业形式，单位面积产量不到池养殖塘单位面积产量的1/10，一般不会发病。即便个别个体发病，因为密度较低和水稻植株的间隔，传染的可能性也大大降低。三是稻田渔业水体交换快。由于稻田渔业水体水位浅，为了补充高温蒸发和植物蒸腾作用造成的水量损失，几乎每天都要注水，经常化交流的活水也是生态预防水产病害的方法。

2. 稻田渔业病害方便药物防治

稻田渔业田块都开有田间沟、塘（凼或溜），当发生水产病害时，可以降低稻田水位，使养殖的水产动物相对集中到田间沟、塘（凼或溜）中，无论是投喂药饵，还是全田泼洒药物，用药都比较方便，并且用药量小，用药成本低，便于观察治疗效果。同时，也因为水体较小，也有利于换水，及时解除药物对水产动物的伤害。

3. 稻田渔业水产病害经济损失小

由于稻田渔业水交换量大，生态环境较好，单位面积产量较低，所以，水产病害发生也较少。水产病害主要是在稻田水产苗种放养初期，因运输过程受伤出现零星死亡。即便发生少量水产病害，造成的经济损失也较小。

二、稻田渔业水产病害的预防方法

1. 搞好稻田田间沟、塘（凼或溜）清理

稻田渔业经过一个生产周期，田间沟、塘（凼或溜）四周沟坎或塘（凼或溜）壁坍塌，沟、塘（凼或溜）底积存过多淤泥，容易引发水产动物发病。应该利用冬春农闲季节进行清理，清除过多的淤泥，平撒到田面上，增强稻田肥力。或用于修复沟、塘（凼或溜）四周沟坎与塘（凼或溜）壁。

2. 搞好药物消毒

在稻田渔业进入生产季节前一周到半个月，要对稻田田间沟、塘（凼或溜）进行药物消毒。如果上年稻田养殖的水产动物发生了病害，则应对全田进行消毒。一是使用生石灰消毒。生石灰是首选清田消毒药物。一般以田间沟、塘（凼或溜）面积计算，每亩用量为100～150千克，化水后全面泼洒，如包括田面，田面用量为20～30千克/亩。二是使用漂白粉消毒。一般以田间沟、塘（凼或溜）面积计算，每亩用量为10～15千克，化水后全面泼洒。如包括田面，田面用量为2～3千克/亩。三是溴氰菊酯药塘。如果系养殖河蟹的稻田，并且上年曾发生了颤抖病（抖抖病），建议使用溴氰菊酯清塘。根据群众的实践，使用溴氰菊酯清塘对颤抖病（抖抖病）有特效。一般使用2.5%的溴氰菊酯（敌杀死），水深20～30厘米，每毫升可用于2亩左右稻田。四是使用茶粕药塘。如果稻田养殖虾蟹，并且引水时带入野杂鱼较多，还可以采用茶粕药塘。茶粕又称茶饼，别名茶麸、茶枯、茶籽饼。呈紫褐色颗粒。茶粕中含有12%～18%的茶皂素。茶皂素是一种溶血性毒素，能使鱼的红细胞溶化，故能杀死野杂鱼类、泥鳅、螺蛳、河蚌、蛙卵、蝌蚪和一部分水生昆虫。茶皂素易溶于碱性水中，使用时加入少量石灰水，药效更佳。由于茶粕的蛋白质含量较高，是一种高效有机肥，对淤泥少、底质贫瘠的池塘还可起到增肥作用，对虾蟹类蜕壳具有促进作用。使用茶粕作为清塘药物，一般按稻田田间沟、塘（凼或溜）面积计算，每亩用量为25～30千克，最好与生石灰配合使用效果更好。但如是上年水产动物已发生病害的稻田，还是以生石灰和漂白粉针对性更好。上述消毒方法也对水稻病害产生良好的防治作用。

3. 定期药物预防

在稻田渔业水产苗种放养前，使用盐水或高锰酸钾等溶液浸泡消毒，是预防水产病害的关键措施之一（参见第六章第四节）。在稻田渔业生产季节，可以定期进行药物消毒。最好使用生石灰，生石灰除了消毒杀菌作用外，还有提高水体硬度和稳定酸碱度的作用，用量为10～15毫克/升；也可使用漂白粉，用量为1～1.5毫克/升。还可以投药饵内服预防。如预防鱼类肠道发炎，可按每100千克鱼类用大蒜头0.5千克，捣碎后加盐100克，拌麦麸、面粉投喂。也可用铁苋菜、水辣蓼做成药饵，每100千克鱼用干药0.5千克，先把药磨成粉与面粉混合后用热水调成糊，晾干投喂，每天1次，每3天为1疗程。

在稻田渔业生产中预防病害，其用药量不能过大，防止造成药害。特别是一些特殊品种，如鳜鱼等对一些药物敏感，用药不当极易引起死亡。

鳜鱼对敌百虫、氯化铜等药物较敏感。敌百虫浓度在0.2毫克/升以上，氯化铜浓度在0.7毫克/升以上就可导致鳜鱼中毒死亡。故要掌握适宜用药量。

加州鲈对晶体敌百虫较为敏感，故用晶体敌百虫全池泼洒防治加州鲈病害时，浓度应严格控制在0.3毫克/升以下。

乌鳢对硫酸亚铁十分敏感，应慎用或不用。

河蟹对晶体敌百虫、硫酸铜较为敏感，全池泼洒时，敌百虫浓度应控制在0.3毫克/升以下，硫酸铜浓度应控制在0.7毫克/升以下。“敌杀死”（溴氰菊酯）对虾蟹等水产动物是毒药物，在日常生产中不可使用，只能在清塘时使用，并且苗种放养需在药性消失后，并用少量青虾苗试水安全后方可放苗。在青虾和罗氏沼虾等虾类养殖生产中也是如此。

青虾对杀灭菊酯、晶体敌百虫、硫酸铜较为敏感，故应禁用或慎用。全池泼洒时，控制敌百虫浓度在0.013毫克/升以下，硫酸铜浓度在0.3毫克/升以下。

罗氏沼虾对敌百虫特别敏感，故严禁使用。全池泼洒药物，漂白粉浓度应控制在1毫克/升以下，硫酸铜0.3毫克/升以下，生石灰25毫克/升以下。

4. 使用微生态制剂

微生态制剂具有多重作用，既是饲料添加剂，具有调节肠胃的功能；也是水质调节剂，具有净化水质的功能；还是抑菌剂，具有预防抑制水产动物体内外及水中病原微生物繁殖的功能。所以，应根据稻田养殖水产动物的品种，选择合适的微生态制剂（参见第九章第四节）。按照早用、常用、连续用的原则，形成有益微生物种群优势，以预防水产病害。值得注意的是，消毒药物应避开微生态制剂使用，如果稻田水质良好，有益微生物旺盛时，不应使用消毒药物或抗生素。同时，还应注意好氧菌使用的负面影响，在使用芽孢杆菌时要注意稻田水的溶氧变化，最好在使用时向稻田注水或开启微孔增氧设备。

5. 做好生态预防

做好稻田水位和水质调节，使稻田水产动物拥有良好的生态环境，是预防水产病害的最佳途径。同时，确定合理的水产动物放养模式，使水产动物之间和水产动物与水稻及水生植物保持互利共生关系，也是稻田水产病害生态预防的重要内容。另外，要做好水草种植和稻田中螺蛳、水蚯蚓等底栖动物培育，也是净化稻田生态环境和生态预防水产病害的重要手段。

稻田渔业是生态渔业，稻田养殖水产品产量是根据稻田生态环境承受力设计确定的，切不可贪图高产高效，加大生产、生态和质量安全风险而得不偿失。但如发生水产病害，则应聘请水产专家现场诊断，以便对症下药。

三、生物敌害防治

水蛇、鼠类、蛙类、食鱼鸟类以及肉食性鱼类都是稻田水产动物的天敌害虫。敌害中以鸟害最大，对老鼠、水蛇、水鸟等生物敌害，应采取驱逐、围拦等方法进行预防。

1. 防鸟害

稻田渔业中为害鸟类有苍鹭（白鹭与灰鹭）、鹰、红咀鸥、翠鸟等，近年来，由于水产养殖业的快速发展，白鹭及苍鹭等种群极度膨胀，已成为造成水产养殖业和稻田渔业损失的头号害鸟。

（1）预防方法

水鸟是水产动物的天敌，而且传播水产病害。每年水鸟都会给养殖业造成较大损失。稻田水位浅，加上田鱼、金鱼、小龙虾等水产动物色彩艳丽，更易被水鸟发现而被捕食。随着水产养殖业的发展，极大地丰富了以水产动物为食的水鸟的食物来源，尤其是鹭鸟（以白鹭为主）已成为水产养殖业的主要灾害之一，种群数量大，危害极其严重。仅笔者曾在扬州所辖高邮、宝应的水产养殖区瞭望塔观察，在连片意杨林树梢上，几乎一片雪白，有数以千只的白鹭栖息，每当水产捕捞、清塘或生病时，成群的白鹭或在空中盘旋，或进入池塘中捕食，总之，现行鹭鸟种群量极大。它们已不仅仅是水产动物的敌害，已成为水产养殖业的灾害，并且是禽流感和水产病害的主要传染途径。所以，应该及时修订野生动物保护名录，将种群过大、并产生危害的野生动物排除到保护动物名录之外，白鹭应该首当其冲。

目前，人们预防鸟害的方法也有不少，一是可以通过在稻田里投放规格较大的水产苗种，降低鸟类对在田水产动物的捕捉率。二是在养鱼田上空安装塑料防鸟网或防鸟带，这种方法对水产动物没有影响，是最理想的预防措施，但安装成本较高。三是可以通过人为驱赶，如在田边设置一些彩条或稻草人进行恐吓、驱赶。或者在田中用竹竿挂废弃的光盘，在晴天可通过风力作用引起的晃动、翻转与太阳光反射达到驱鸟目的。四是安装细丝线。在稻田的东西向（或南北向）每隔30厘米打一个相对应的木（竹）桩，每个木（竹）桩高20厘米，打入田埂10厘米，用6磅胶丝线（直径0.2毫米）在两两相对应的两个木（竹）桩上拴牢、绷直，形状就像在稻田上面画一排排的平行线。由于胶丝线抑制了水鸟的飞行动作，就限制了水鸟对水产动物的捕食。五是可以在稻田里养殖萍类，使鸟从空中看不见水产动物而达到防鸟目的。主要是在稻田田间沟、塘（凼或溜）放养浮萍、槐叶萍等漂浮水生植物，既可为水产动物提供饵料，又可作为其隐藏物，但其覆盖水面不能过大，不能超过1/2，浮萍过多会造成水体缺氧，影响水产动物的活动和生长。六是搭建瓜藤蔬菜架或遮阳棚。在稻田渔业沟、坑边田埂种植瓜藤蔬菜，在沟、坑上方搭建瓜藤蔬菜木架，等蔬菜藤爬满木架时，棚架除了支撑蔬菜藤蔓，还可以起到遮阴、降温、防鸟的作用。

（2）利用装置诱捕器捕捉

翠鸟有喜欢在高处栖息的特点，根据这个特点，在大田中插上木桩，再在桩上安装老鼠夹，当翠鸟站在老鼠夹上时，脚被夹住不能逃脱而被捕捉。山区农户有用此法习惯，均能达到较好效果。由于捕到的翠鸟都是活的，直接放回自然界它会重新回来吃鱼，最好办法将灭虫药杀之。

（3）安装水流动力驱鸟发声器

如果稻田田埂较高，并有源源不断的流水时，可以利用流水作为动力安装简易驱鸟发声器。在水流附近固定驱鸟发声器，利用杠杆原理，在棒的一头安装竹筒盛接流水，棒的另一头安装一个木槌，木槌下面固定一个用于发声的空竹筒。当竹筒中接满水向着田间下降到一定程度时，竹筒中水倾泻一部分，竹筒向上自动回归原位，另外一头的木槌则迅速回到空竹筒位置并撞击空竹筒，发出“当”的声音。这样有规律的敲击声能有效驱赶鸟类。

2. 防鼠害

鼠类可在稻田埂上设置鼠夹、鼠笼或毒饵等进行清除。但如养殖的是可以上岸的河蟹、小龙虾、甲鱼、黄鳝等水产动物，则可能被误杀。所以，捕鼠装置应尽量放在水产动物不易到达的地方。

3. 防蛙害

如果养殖是河蟹、小龙虾等水产苗种，则应预防蛙类危害。防蛙可以采取人工方法，蛙卵可以从水中捞到岸上，经日晒使其失水而死，成蛙可以在夜间直接用手电筒光照进行手工捕捉。

4. 防止黑鱼等凶猛鱼类为害

养殖虾类和幼蟹等水产动物，要防止因为稻田进水带入的肉食性鱼类对其侵害。一般可以用茶粕的方法予以清除。茶粕用量为5毫克/升，将茶粕散洒全池，不但可以杀死鱼体表和鱼鳃的病原体，还可以杀死寄生虫（卵）。但在主要养殖螺蛳的稻田不宜使用。

5. 防水蛇

可以在堤岸上撒一些药饵毒杀或在田埂（堤岸）上架设丝网缠杀。

第九章
稻田渔业日常管理与生态越冬技术

第一节　稻田渔业日常管理的必要性

稻田渔业以水稻和水产动物两类生物为主要生产对象的农业生产活动，加强日常观察，及时发现问题，并正确应对采取补救措施显得十分重要。

首先，稻田渔业所有生产活动都以维持水稻和水产动物两类生命体的正常生命活动为前提。两类生物中任何一类生物生命活动中止，作为人类经济行为的生产活动也归于终结。只有生命活动与生产活动持续稳定维持，才能实现生产的最终目的，即生产出市场需要的一定产量的合格农产品和水产品。所以，稻田渔业日常管理就是防范一切威胁水稻和水产动物生命的因素，将其消灭在萌芽状态。

其次，稻田渔业所有生产活动以维持水稻和水产动物两类生物的生命活动为基础。稻田渔业日常管理就是要维护稻田中水稻和水产动物这两类生物保持健康成长，减轻或避免各类病虫草害的威胁，才能节省生产成本，降低生产风险，减少意外损失。

第三，稻田渔业所有生产活动以维持水稻和水产动物两类生命体健康成长为理想境界。稻田渔业的日常检查与管理，就是及时发现和终止两类生物的病虫草害迹象和蔓延趋势，并力求避免因病虫草害而大量使用药物，破坏生态环境，增加药物残留，保障农产品和水产品质量安全。

第四，稻田渔业作为农业生产的一种形式，直接受到各种自然灾害的威胁。尤其是台风、暴雨等灾害都可能破坏各种稻田渔业生产设施，并造成水稻倒伏而减产。暴雨可能直接损坏田埂或淹没稻田，造成水稻减产或水产动物逃逸而造成重大损失。稻田渔业的日常检查与管理就是了解气候及气象变化，及时发现隐患并采取针对性措施，防范或减轻自然灾害造成的损失。

因此，稻田渔业需要加强日常管理，要求稻田渔业生产管理人员具有高度的责任心，操作时专心，检查时细心，生产过程自始至终能够尽心，稻田渔业生产才能取得良好的经济效益。

第二节　稻田渔业的日常管理

稻田渔业既非单纯种植业，也非单一水产养殖业，工程设施多，技术设备多，生产环节多，涉及范围广，需要多方面知识和操作技能，日常检查千头万绪，更需要有很强的责任心。

一、工程设施检查维护

稻田渔业工程设施是稻田渔业抵御自然灾害的主要屏障，是稻田渔业的安全保障。检查维护主要包括以下几方面。

1. 稻田渔业产地周围的外圩堤坝、涵闸等设施的检查与维护

稻田渔业产地周围的外圩堤坝、涵闸等是稻田渔业的主要屏障。应该在每年冬季设施维修之前、生产季节到来之前、雨季（汛期）到来之前，以及天气预报的台风与暴雨到来之前，都应该组织有关专家或专业人员进行现场检查，是否存在倒塌、渗漏、破损、老旧等现象，以便及时进行整修、维护或更换，做到防微杜渐，确保安全。

2. 稻田渔业田块周边的田埂、进排水口和防逃设施的检查与维护

田间田埂、进排水口和防逃设施是保障稻田渔业生产安全的首道屏障。检查内容包括田埂是否坍塌，进排水口是否堵塞或破坏，防逃墙是否歪倒，材料是否破损等，这项检查和第一项检查的时间基本一致，应该专门培训，及时提醒和通知，让每块稻田的生产人员自行认真检查。还可以组织片区生产人员统一检查与维护。稻田的田埂和进水口、排水口的拦鱼设施要经常巡查，严防田埂破损和漏洞。时常清理进水口、排水口的围栏栅网，加固防逃保护设施，发现塌方、破

损和漏洞要及时修补。

3. 稻田渔业田块中田间沟、坑（凼或溜）的检查与维护

田间沟、坑（凼或溜）是稻田稳产高产的重要保障。应对其及时疏理，并清理其中杂物，保持稻田渔业田块中沟、坑（凼或溜）的畅通，这也是稻田渔业设施维护中最为频繁的日常工作。要防止因田间沟、坑（凼或溜）坡坎塌陷而堵塞沟、坑（凼或溜），造成进排水流不畅，影响稻田渔业田间水质。尤其要在水稻搁田（晒田或烤田）、农药使用前及时疏通鱼沟和鱼溜，防止水产动物发生浮头、泛塘或中毒事故。

二、稻田渔业机械及仪器设备检查维护

稻田渔业机械设备包括输电设备、排灌设备、增氧设备、投饵设备、冷藏设备和简易饲料加工设备等。

1. 输电设备的检查与维护

输电设备能否满足稻田渔业生产需要是稻田渔业能否实现高产高效和保障生产安全的重要设备。在每年稻田渔业投入生产前都要对输电设备进行认真的检查，包括变压器是否正常运转，线杆是否歪倒、断裂，线路是否老化等。

2. 排灌设备的检查与维护

排灌配套对水稻生产和水产养殖生产都是基本生产设备。生产季节前要检查泵站设备是否损坏，排灌能力是否下降，排灌水道是否畅通等，是否有备用或应急水泵（包括潜水泵）等排灌设备等。

3. 增氧设备的检查与维护

高产稻田渔业田块必须配备增氧设备。尤其是稻田渔业的生产后期和水稻搁田期，增氧设备是稻田渔业生产顺利进行的“安保”设备。每年生产季节前，首先要及时安装和测试好增氧设备，包括检查是否损坏，功率是否下降，管道是否存在堵塞、破损、老化或漏气等隐患。

4. 投饵设备的检查与维护

要检查投饵机是否正常运转，蓄电池储能是否正常，安装投饵设备的船只

是否破损，能否正常行驶等。

5. 冷藏设备的检查与维护

稻田养殖河蟹、小龙虾及肉食性鱼类等都必须投饵一些海/淡水冰鲜鱼虾及其他动物性饵料，这是保障稻田渔业水产品实现优质高产，并改善水产品风味的重要途径。因此，必须配备冷藏设备。在生产季节到来之前，要检查冷藏设备是否能正常运转，冷藏能力是否下降。

6. 简易饲料加工设备的检查与维护

稻田渔业为了开发当地自然饵料资源，必须配备一些水产饵料的初加工设备，如粉碎机、搅拌机或绞肉机等，在生产季节到来之前也要进行必要的检查或试用，检查其是否还能正常使用。

7. 水质检测设备的检查与维护

规模较大的连片稻田渔业基地和高产稻田渔业养殖农户都应该配备简易的水质检测设备，在生产季节到来之前进行必要的检查和测试，检查其是否能正常使用，是否需要校准和维护等。

8. 农药喷施器械的检查与维护

在水稻生产季节到来之前，要对用于稻田渔业喷施农药的普通喷雾器或弥雾机进行检查或维护，保持完好，以保证生产季节能正常使用。

9. 插秧机械的检查与维护

规模稻田渔业生产基地都必须配备较为现代化的插秧机械。在水稻生产季节到来之前，要对插秧机械进行检查或试用，以应生产之需。

10. 灭虫灯具的检查与维护

连片规模稻田渔业基地使用灭虫灯是保障水稻质量安全和水产品生产安全的重要措施。灭虫灯在冬春季基本停止使用，应该在进入稻田渔业生产季节之前进行检查维护，检查安装是否松动或脱落，灯泡是否需要更换，控制器是否需要维修等。

三、水稻生产检查与田间管理

1. 苗情检查与田间管理

水稻苗情是进行稻田田间管理的主要依据。因此，必须实时掌握在田水稻秧苗苗情，包括秧苗生长情况，已达多少叶龄，从而根据苗情，确定何时移栽以及移栽后的灌水深度。在水稻秧田期要做好“三防”。一是防烧芽。育秧剂、化肥不过量，营养土拌匀、施匀，糊泥沉实后再播种；壮秧剂要分层施、分层装盘、隔层播种。二是防生长过旺。秧田灌水不上畦面，雨天及时排水，叶子不卷筒、土壤不发白不浇水。三是防起苗根系不带泥，拔秧的前一天要浇透一次水。

水稻移栽后，进入大田期。由于秧苗尚小，根系发育不完全，对水肥的吸收能力相对较弱，加上刚移栽根系需要一段时间的恢复，而且风大、气温高，叶片的水分蒸发较快，所以刚栽插后的秧苗要保证水分供应充足，马上建立水层，但不宜大水漫灌，以浅灌为主，水层深度以苗高的一半为宜，最多不超过苗高的2/3，不能淹过苗心。这样的规定一方面能防止叶片水分过度蒸腾导致苗枯；另一方面也可以起到保湿的作用，防止夜晚气温低温产生冻苗。要注意控制田间秧苗群体数量，既可以防止病害发生，又可以减少拔节期因群体大造成的养分过度消耗，防止田间通透性差导致病虫滋生。达到基本苗后，做到及时搁田。

秧苗返青后，应把水位降低，保持浅水层，深度控制在3～5厘米，这种浅水透光度好，利于水温、地温的提升，能有效促进秧苗根系发育，出根快，新发根多，秧苗也能早分蘖。同时要及时检查，掌握水稻植株发育情况并对苗情进行分类从而确定是否需要施肥，何时进行施肥，施肥量多少，适时适度进行田间管理。

2. 草情检查与田间管理

稻田杂草是影响水稻单产的主要因素之一，新开发的稻田渔业田块，应及时了解往年稻田杂草发生的主要品种和草量，以便确定稻田水产动物养殖结构中能够食草的水产动物（如草鱼、鲫鱼、鲤鱼、小龙虾和河蟹等）比重，以控制稻田杂草；另外，中华鳖、蛙类等水产动物虽然食草很少，但在活动将一般杂草均压入稻田泥土中，控草效果十分显著，也属控草的重要水产动物。在秧苗期间可以按需要使用除草剂，但在大田移栽后，如果草情严重，养殖的又是能够食草的水产动物，则可以减少饵料投喂量，促使水产动物摄食田间杂草。如养殖水产动物没有吃草品种，则应慎重考虑是否需要用药，用药品种和用药量如何掌握，以及哪些杂草需要人工拔除等。即便必须用药也应最好先药试，再规模用药。

3. 搁田与田间管理

稻田渔业田块准备晒田时，排水要缓慢进行，让水产动物可以顺利进入田间沟坑（凼）中，并确保搁田期间水产动物有稳定的栖息场所。排水也不能完全将田间水排干，水位只需降到田面以下，但须保留田间沟、坑（凼）里面水体空间。稻田田间沟、坑与田面间有内埂的块田，应该在田间内埂上多开几个口子，便于水产动物进入沟、坑（凼）中。排水时，还可以放地笼，将已达上市规格的水产品捕捞上市，减小沟、坑（凼）中因水产动物密度过大造成缺氧死亡。同时，应注意晒田时间不要太长，发现沟、坑（凼）中水产动物有异常反应，应立即加水或开启微孔增氧设备。

4. 病虫害情况检查与田间管理

要根据稻田病虫害发生规律，及时检查稻田病虫害发生情况，包括病虫害品种、发生情况与危害程度，是否需要用药防治等。稻田养殖鲤鱼、鲫鱼和草鱼等鱼类，蛙类，小龙虾、青虾等虾类，都能较好地利用和控制稻田害虫。如果往年稻田害虫较多，可考虑增加上述品种在稻田放养结构中的比重，或进行补放，尽力做到以鱼、以虾或以蟹等水产动物控虫。如果田间水稻病虫危害严重、必须使用农药时，尽量在晴天进行，如果没有内埂的虾稻田，可选择放水后用药，以免农药随水流入田间沟、坑（凼）；如果有内埂的稻田，可将田间水位加到20厘米左右后再喷雾用药，喷药时还可采用分片用药的方式。如果养殖的是虾蟹类水产动物，是否用药则应根据水稻和水产动物的市场供求和经济价值，进行取舍或决定用药量大小。在稻田渔业生产过程中，尤其是稻田养殖虾蟹类水产动物时，原则上是能不用药时尽量不用药，即便需要用药也尽量避开菊酯类、有机磷类药物，并在用药后及时加水或换水，并恢复到正常水位。

四、水产养殖情况日常检查与管理

1. 水产动物生长情况检查与田间管理

通过早晚巡田，认真观察在田水产动物生长情况以及摄食量大小。还可以定期采集部分在田水产动物测量生长情况，进行测量对照，确定养殖水产动物的存田量，及时合理调整饵肥品种结构、投饵量及施肥数量。另外，稻田田间沟、坑（凼或溜）中的水草状况与水产动物生长生活密切相关，必须细心检查，防止因病、虫及水产动物摄食而大量减少，及时对种植的水草进行防虫防病，或进行补种或移植。在生产后期，如田间沟、坑（凼或溜）中栽植的沉水植物大量缺失，可以移植水花生（水旱莲子草）、水浮芦或浮萍、槐叶萍等品种，其中水花生以移植漂浮性的种群更易适应稻田田间沟、坑（凼或溜）的生态环境，可占其面积的1/2左右为宜，这对避免稻田水产动物受水鸟袭击也十分重要。

2. 水产动物健康状况检查与田间管理

通过定期观察或采集部分在田水产动物进行健康状况检查，检查其体表是否有伤、病、虫等情况，确定预防或治疗措施，如消毒、投喂药饵等。巡田时应注重对田中水产动物活动、吃食情况的观察。水产动物在正常情况下，除少数到水面抢食外，健康的水产动物在大多数时间都是在水中觅食，很少到水面游动。如发现水产动物出现吃食不佳、无精打采在稻田下风处漂游或在水中打转、狂躁不安、游动迅猛等异常行为时，说明此时水产动物发生了疾病，应及时采取防治措施。发现个别患病个体，应立即捞起进行无害化处理并深填，避免传染蔓延。对症治疗可将药物按饲料比例混合制成药饵投喂，也可将发病水产动物引入沟、坑（凼或溜）中，采用在沟、坑（凼或溜）中施药用浸洗法治疗，也可用挂袋（挂篓）法治疗或预防。

3. 水质状况检测与田间管理

稻田渔业的水质状况在前期由于水产动物个体小，存田量少，一般水质良好。进入中期，随着水产动物的生长和水稻的封行，水质状况会有所下降，每天都应注意观察，一般有经验的生产者可以目测水色和透明度变化判断水质状况，当稻田田间沟、坑（凼或溜）中透明度低于25厘米时，应考虑加大稻田日常注水量或换水。

如是连片稻田渔业基地，应配备水质检测仪器，尤其是溶氧检测仪器。利用测氧仪器掌握水中溶解氧的变化规律，如有可能，一天应做四次溶解氧检测和记录：第一次是早上5:00—5:30，一天内溶解氧最低阶段；第二次是上午8:30—9:00，可作为是否开始喂料的依据；第三次是下午15:30，一天中溶解氧最高时间点；第四次是晚上22:00—23:00，可作为是否全面开启微孔增氧设备的依据。通过长时间的观察记录，可预知底质、水质变化，提前调控增氧机械设备的使用。另外，还可以使用微生态制剂或生石灰调节水质等。

在7—8月高温季节，如果红萍死亡，可能使稻田水质快速变肥，这时稻田水体内蓝藻等藻类会大量繁殖，当pH值为8～9.5，水温为28～30℃时，以微囊藻等蓝藻类繁殖最快。微囊藻细胞外面有一层胶质膜，鱼类不能消化，这种藻体死亡后，藻体蛋白质会分解产生有毒物质（硫化氢、羟胺），对水产动物产生毒性。据报道，每升水中含有50万个左右微囊藻时，就会使鳙鱼苗死亡；当达100万个以上，则大部分鱼类死亡。当蓝藻类过度繁殖时，可通过注水、换水或用0.7毫克/升硫酸铜均匀撒洒予以杀灭。

4. 生物敌害情况检查与田间管理

要根据生物敌害的活动规律，认真观察数量及其危害情况，以便采取必要的措施进行防控。田间常有鸟类、田鼠、水蛇等打洞穿埂，还会捕捉鱼类为食，一旦发现其踪迹，应及时进行驱逐或消灭。水产动物苗种放养后要绝对禁止鸭子下田，以免造成稻田渔业失败。另外，还要检查防鸟和驱鸟装置的使用情况。

5. 稻田水产动物密度检查与轮捕轮放

轮捕轮放是保证来年小龙虾持续生产量的重要措施。应该在水产动物处于活跃时，检查稻田水产动物的在田密度，也可以在水产动物摄食时进行观察和检查，防止因暴雨、台风等自然灾害造成水产动物逃逸，或因水质和病害造成水产动物死亡而达不到预期产量。如发现密度过稀，应及时补放。一般可补放夏花鱼种、夏季刚繁育青虾幼苗或抱卵虾、幼蟹等种苗。

尤其是小龙虾养殖稻田，更需要加强日常检查，密度过大，则影响生长速度和上市规格；密度过小，则会影响单位面积产量。需要特别注意的是，小龙虾还有夹水草的习性，夹草速度堪用“推土机”来形容。这主要是有两方面原因，一是小龙虾生长较快，当规格较大时才可能夹水草（吃水草），夹水草的小龙虾一般规格都在15～20克以上，基本已达到上市规格。这时需要加紧轮捕，捕大留小，将达到上市规格的商品水产品及时捕捞上市，决不能因为价格偏低而惜捕，造成不必要的损失。这是保证稻田养殖小龙虾产量的关键措施，切不可错误认为继续养殖能增加产量、加大规格、提高效益。因为这种规格的小龙虾争斗性很强，相互残杀率较高。许多有多年经验的小龙虾养虾户发现，十天半个月前还密度很高的大规格小龙虾，往往等到价格回升捕捞时已难以捕到。所以在夏季生产季节，如果见虾能捕应该立即就捕，切不可有丝毫迟疑。二是小龙虾只有在饵料缺乏时才会夹草，这是其饥饿时到处觅食，找不到适口饵料，就会夹食水草，并且会搅浑水质，这时需要增加投喂，以满足其摄食需要，喂到不浑水不夹草为止。如果稻虾连作的老田（多年养殖小龙虾的稻田），在春天检查时发现在田虾苗特别多，也应该加紧捕捞出售稻田里过密的虾苗，即便虾苗价格低，也应该捕捞出售。这是因为过密的虾苗会带来不良影响。一是容易引发病害，造成意外损失；二是小龙虾既有“圈地”特性，又有好斗性，密度越大，成活率越低；三是受环境限制，小龙虾密度过高，生长速度降低，不仅难以取得高产量，而且因为规格小，销售价格低反而会降低养殖效益。所以，应适时、适度轮捕，使在田小龙虾保持合理密度。近年来许多成功的小龙虾养殖户的实践都证明，只有保持在田小龙虾密度较大，并且持续进行轮捕的养虾户才能获得较高的持续生产量，取得良好的经济效益。小龙虾所谓持续生产量，就是在多年养殖小龙虾的稻田里，随着大规格龙虾春季持续捕捞上市，不停地有种虾从稻田虾洞里出来，补充减少的在田虾密度，形成持续不断的“生产力”。

稻田养殖青虾也要及时进行轮捕。青虾是一种一年多次繁殖型的水产动物，加上稻田放养的虾苗也存在个体差异，在养殖一段时间后往往差异更大，而且青虾的寿命仅有17个月左右，已经繁殖的个体，如不及时起捕上市，有部分可能直接死亡在稻田里。早期放养的幼虾，经过2～3个月的饲养就可以达到性成熟，在池中自行繁殖，密度过大，个体大小不均，不利于个体虾苗生长。因此，从9月开始，在日常检查中如发现稻田中养殖的青虾已达商品规格，应及时起捕上市。一般先排去一半稻田田间沟、坑（凼或溜）中的水，再用拖虾网反复捕捞，将规格在4厘米以上的商品虾及时起捕上市，小规格的继续饲养或转田作为苗种放养。也可以用虾笼诱捕、虾罾扳捕、捞海赶捕等。至11月，青虾已经停止生长，可以用干池法将稻田水排干，捕净余虾。个体较大的可以直接上市或暂养后在春节前后出售，个体较小的可以另行放养到翌年5—6月起捕出售。

五、天气和气候状况调查与管理

稻田渔业是受人工影响的自然生产，受天气和气候情况影响大。稻田渔业生产单位或个人必须认真搜集天气预报，观察天气状况，防止突发性的自然灾害。同时，要根据天气状况和季节变化，调整饵肥品种和使用数量，减少浪费。尤其是台风、暴雨等突发性天气现象，可能引发洪涝灾害，必须制订应急预案，采取多种方式的防灾抗灾措施，以避免或减轻灾害造成的损失。暴雨或洪水来临前，要再次检查进、排水口拦鱼设备及田埂，防止下暴雨或行洪时稻田水位漫埂或冲垮防逃设施或防逃设备，造成大量水产动物逃逸。

还应做好防暑降温工作。稻田渔业由于水体较浅，水温变化剧烈。在盛夏期常达38～40℃，已超过常规水产动物的致死温度（如当年鲤鱼38～39℃，两年鲤鱼30～37℃），泥鳅、黄鳝、河蟹和小龙虾等水产动物不适应较高的水温，当水温达30℃以上时，便会停止摄食，打洞或钻洞“夏眠”。因此，高温季节连续高温时，如不采取措施，轻则影响水产动物生长，重则引起大批死亡。所以，当稻田水温上升到32～35℃时，应及时灌注新水降温。先打好平水缺口，边灌边排，待水温下降后再加高挡水缺口，将水位升高到10～20厘米。

六、做好水产动物转田

水产动物转田只适用于有较强游泳能力的水产动物。最好的方法是在一块稻田里、各半种植成熟期不同的稻作品种，例如种植早熟、中熟或晚熟品种，这样在收割早熟或中熟稻谷时，水产动物就会自然游到晚熟稻那边去，而收割晚稻时，原来早熟品种的那一半稻田已插入晚稻秧苗；水产动物又会自动游到以插晚稻秧苗的这一部分稻田中来，晚稻品种的这部分稻田耕作可照常进行。

第三节　冬闲稻田生态渔业技术与越冬管理

稻田养殖的水产动物，大部分可以在当年秋冬起捕上市。但其中也有部分水产品或因未达上市规格，暂时不能上市；或因秋冬水产品市场销售价格较低，暂时不宜上市；还有的目标是培育水产苗种的稻田渔业模式，需要过冬之后向外销售苗种。所有上述情况，水产动物都需要在稻田里越冬。越冬期根据各地气候不同，开始时间最早从9月底、最迟从11月初开始，结束时间最早在翌年3月底结束，最迟到6月上旬结束。水产动物能否平稳安全越冬，有的直接关系到能否丰产丰收，有的关系到来年生产能否顺利进行。

另外，在我国华南、西南和东南部的丘陵山区有大量的冷浸田、冬闲田，历史上就有开展稻田渔业的传统，可以在冬季稻田里养殖鱼虾类等水产品，既提高稻田利用率，又增产了水产品。同时，冷浸田、冬闲田养殖水产动物，还能清除其中水生杂草，并转化为稻田肥料，提高这些田块的土壤质量和生产性能。因此，认真搞好稻田在田水产动物的越冬工作，积极利用好冷浸田、冬闲田开展水产养殖具有许多优势。首先，冬季不仅是许多地方稻田的休闲季节，也是农村劳动力的清闲季节，利用两类闲置的资源，发展稻田渔业，具有良好的经济效益和社会效益。其次，改造稻田形成比较宽的田埂可以用于种植青绿饲料，有利于降低稻田渔业的生产成本。第三，冬闲田渔业养殖时间长、条件好、产品质量好。选择水源充足、无污染的冬闲稻田养殖水产动物，养殖时间少则5个多月，最长达8个多月，同时，冬季水温低，水产养殖密度不大，水产动物处于良好的生态环境中，在越冬期的两头，则水温适宜，水产动物食欲旺盛，生长较快。10月至翌年5月是水产病害低发期，又是稻鱼轮作的养殖模式，只要搞好病害预防，无须使用化学药物，属生态养殖，产品质量好。最后，元旦至春节是水产品的主要消费期，春季到夏初又是水产品供应的淡季，水产品销售价格高，有利于提高养殖效益。具体应抓好以下几点。

一、加高加固田埂，做好稻田田间沟、坑（凼或溜）的清理

用于越冬的稻田，必须蓄较深的水才能保持严冬时能保持较高的水温，确保水产动物安全越冬。尤其是在长江以北地区，应在冬季到来之前，对稻田渔业

田间工程进行整修，加高加固稻田田埂和防逃设施，并清理田间沟、坑（凼或溜）中的淤泥和杂物，确保田间沟、坑（凼或溜）能蓄水120~150厘米以上，田面能蓄水50厘米以上，从而保证遇到寒潮时，也能保持水温相对稳定，避免水温突降，引起水产动物应激反应，或冻伤致病。

二、修建保温设施

如果是罗非鱼、罗氏沼虾、革胡子鲶等热带性水产动物，还需要建设保温设施。如在福建、江西、湖南等以南的南部省区，应该建设简易保温设施，可以利用稻田原有面积较大的田间沟、坑（凼或溜），用竹木材料或钢管在上面搭建防风棚，再在顶棚上覆盖一层稻草。如果是长江以北稻区，则应该建设比较封闭的塑料大棚或日光温室，棚顶覆盖聚乙烯薄膜，以遮风挡雨，保暖越冬。

三、做好越冬准备工作

用于越冬的稻田在完成田间养殖的主要水产品起捕，并维修清整稻田工程设施后，应该按照稻田渔业苗种放养的程序，尽早对田间进行清理消毒，尤其要抓好田间沟、坑（凼或溜）底进行清理消毒（参见第四章第四节）。在药物毒性消失后，尽快将田间水位加大到越冬所需的水体深度（田面水深50厘米以上。在进入隆冬时，如有可能，可加深到100厘米以上）。如果是在越冬大棚内，养殖密度较高，还应安装微孔增氧设备，可按每亩0.3~0.5千瓦的功率配置安装。

四、水产苗种放养

在稻田水产品越冬期，由于气温和水温均较低，水产动物的活动量小，摄食量小，所以暂养水产动物的密度可大于正常养殖密度的1~2倍。对于耐低温的水产动物，在冬季仍然保持摄食，如河蟹、鲫鱼、鲤鱼等放养密度则不能过大，只能略高于正常放养密度。如果是培育苗种的稻田，一般1亩越冬稻田可集中放养3亩稻田培育的水产苗种进行越冬。其他水产动物放养要求如下。

1. 常规水产

（1）福建放养模式

冬闲稻田于9月11日放养规格为体长17~20厘米草鱼鱼种450尾，放养体长为

14～16厘米鲢鱼种200尾，放养体长为14～16厘米鳙鱼种50尾，放养体长为7～9厘米建鲤鱼种200尾。

（2）重庆放养模式

以鲤鱼、鲫鱼为主，搭配适量的鲢鱼、鳙鱼，一般每亩放养规格为50～100克的鲤鱼、鲫鱼种350～400尾，每尾10～13厘米鲤鱼、鳙鱼种100尾；水草较多的田，加放17厘米草鱼种100尾。若培育鱼种，以草鱼为主，适当搭配鲢鱼、鳙鱼、鲫鱼等，一般每亩放养10～13厘米草鱼种1 000～1 500尾，3～7厘米鲢鱼、鳙鱼种500～1 000尾，3～7厘米鲤鱼、鲫鱼种50～100尾。

（3）广西放养模式

放养10厘米鲤鱼种160尾，体重100克的草鱼种80尾，体重50克的鳙鱼种20尾，体重50克的鲢鱼种10尾；或放养10厘米鲤鱼种275尾，体重50克的草鱼种90尾，体重50克的鳙鱼种13尾，体重50克的鲢鱼种8尾。

（4）江苏放养模式

若养成鱼，应以鲤鱼、鲫鱼为主，搭配适量的鲢鱼、鳙鱼，一般每亩放养50～100克鲤鱼种350～450尾，10～13厘米鲢鱼、鳙鱼种100尾。如是水草较多的田，每亩增加放养体长17厘米左右草鱼种100尾。若培育鱼种，以放养草鱼为主，适当搭配鲢鱼、鳙鱼、鲤鱼等，一般每亩放养10～13厘米草鱼种1 000～1 500尾，3～7厘米鲢鱼、鳙鱼种500～1 000尾，3～7厘米鲤鱼种50～100尾。

（5）蓄养商品鱼模式

投放规格以达到或接近商品鱼规格的成鱼及特大规格鱼种为宜，一般鲢鱼400克以上，鳙鱼600克以上，草鱼500克以上，鲤鱼、鳊鱼250克以上，鲫鱼100克。一般亩放400～600尾，其中草鱼、鳊鱼占50%左右，鲤鱼、鲫鱼占30%左右，鲢鱼、鳙鱼约占20%。

2. 泥鳅

泥鳅对水温变化相当敏感，当水温降至5℃以下时，泥鳅便钻入淤泥中越冬，越冬期长达2～3个月。越冬期要做好防寒保温工作，保持水深1.5米以上，使水温在2～8℃。稻田养殖的泥鳅，在越冬前应将泥鳅集中于鱼沟内，并用稻草铺设在鱼沟上，泥鳅便会潜入鱼沟底部的淤泥中越冬。

3. 稚鳖

应将池水加深至80厘米以上，池顶覆盖竹帘，竹帘上再铺一层20～30厘米厚的稻草保温，亦可在池顶搭棚覆上塑料膜保温。

4. 蛙类（美国青蛙或虎纹蛙）

当蛙类进入冬眠状态后，要注意保持越冬池安静。蛙类冬眠期间主要靠皮肤呼吸，耗氧量较低，水中的氧气完全可以满足其越冬的需求。越冬期水温不能低于0℃，水深应不低于1.5米。

5. 黄鳝

黄鳝越冬方法有两种。一是带水越冬，一般田间沟、坑（凼或溜）中留水深50～80厘米，在水温6℃以下时，黄鳝可潜入池底泥土洞穴深处越冬。水面冰层还可起保暖作用，气温较高时，黄鳝能在白天出洞呼吸和捕食。二是排水越冬，即越冬前将田间沟、坑（凼或溜）中水排干，保持池内土壤湿润，在严寒冰冻天气到来之前，在池面上盖一层稻草、草包等物保暖防冻。应注意，黄鳝在冬眠期间，尽管处于休眠状态，但仍然有微弱的呼吸，因此，田间沟、坑（凼或溜）中上不宜堆积重物。

6. 蟹种

生产实践证明，稻田蟹种越冬工作做得好，蟹种成活率可达95%以上，且个体增重明显，有利于提高下一年稻田养蟹的成活率。

（1）网箱暂养

稻田捕起的蟹种也可以暂养在网箱内，应该尽快销售，尽量不要过夜。暂养要注意两方面问题，一是挂置网箱水域的水质必须保持清新，箱底不能着底靠泥；二是每只网箱内暂养的蟹种数量不宜过多，一般网箱暂养密度不要超过25千克/米^3，网箱暂养时间为2～3小时，主要是让蟹种清洁鳃部，排放污泥，促进其胃肠内容物排泄，有利于长途运输。

（2）越冬坑（凼）准备

蟹种越冬坑（凼）一般选在计划翌年养殖成蟹的稻田西北角方位。并要求靠近水源，土壤以壤土为宜，保水性强，通气性能好。越冬坑（凼）面积大小根据稻田养蟹面积及其蟹种的放养密度而定。一般每亩蟹种越冬坑（凼）放养量掌握在100～150千克，越冬坑（凼）保持蓄水1.2～1.5米，池底要求平坦，淤泥少量，长方形，东西向。越冬坑（凼）四周还应修好防逃设施（参见第四章第三节）。应根据越冬坑（凼）面积大小，配备不同型号排灌水泵，进水可将水泵直接伸入塘中，排水口应设置平口缺，通连着稻田排水沟流出。进排水口都要设置较密的金属网片，以免敌害生物进入或蟹种外逃。在蟹种放养前应搞好清塘消毒，一般每亩越冬坑（凼）用150千克生石灰化水泼洒。消毒后，应移植部分低温水草（如伊乐藻或菹草等），种植面积控制在坑（凼）面积的1/3左右。

（3）蟹种放养

稻田中培育的扣蟹在进入冬季后应及时转入越冬坑（凼）。如需要购买蟹种则应在11—12月进行。蟹种以选购当地水系（南方以长江水系为宜，北方可选用辽河水系蟹种）天然蟹种或亲蟹人工繁育的蟹种为好。经长途运输的蟹种，为防止直接下池吸水过多，影响成活率，在下池前，应将购买的蟹种在水中浸泡2～3分钟，然后取出再搁置10～15分钟，如此反复2～3次，而后将蟹种倒入木盆或塑料盘中，再将蟹放在越冬池坡边，让其自行爬走。病伤蟹和死蟹应随时捞出。

7. 成蟹

水稻收割后稻田成蟹的管理。水稻收割离田后，为延长河蟹养殖期，通常水沟内仍保持九成满的水位，以满足河蟹对水体条件的要求。适量投饲，做好防逃，按市场需要起捕，捕蟹通常在夜间，先放干沟内水，等多数河蟹爬出洞穴，借灯光捕捉，捕后再放水，如此反复捕捉3个夜晚，大部分可捕净。如果计划到元旦或春节及其以后销售，则也需越冬。越冬坑（凼）条件和准备工作与蟹种越冬坑（凼）相似，一般每亩商品蟹暂养量为300～500千克，过多容易造成缺氧，败坏水质，同时避免争食和相互残杀现象发生。

8. 青虾

亲虾越冬应挑选体质健壮，附肢齐全，体型标准的大虾，雌虾规格为140～500尾/千克，雄虾规格为140～240尾/千克，雌雄按2：1配比。每亩可放养规格为2 000～3 000尾/千克的幼虾20～40千克。

五、适度投饵

越冬期应根据水温状况，适度进行投饵。一般在天气晴朗、水温相对较高、水产动物较活跃时投喂精饲料。农家饲料有麦麸、米糠、花生麸、玉米粉、谷芽、木薯粉、红薯粉等精饲料，以及木薯叶、甘蔗叶、青菜叶等青饲料。配合颗粒饵料一般按照在田水产动物体重的0.5%～1.5%投喂，每1～2天投喂一次，阴雨和风雪天气暂停投喂，无风的晴暖天气可每天投喂。一般越冬初期和末期按1.5%投喂，在隆冬季节投喂的饵料品种以配合饵料为主，饲料的投喂时间以9:00或16:00左右为宜，每天投喂一次即可。也可利用农家饲料自制发酵饵料投喂，投喂量可比专业饲料厂家生产的配合饲料多投50%左右。如果在保温的稻田沟、坑（凼或溜）水体中越冬，则应根据水温高低确定投饵量。

搭配饲养有草鱼的冬闲田，每天投喂1次青饲料，青饲料投喂量以3～4小时内吃完为宜。另外，除农家青饲料外，还在田头地角或旱地上种植黑麦草及利用收割后再生稻生长的禾苗养殖草鱼。此外，还可在养殖沟坑（凼）中套养浮萍等。

六、水质水位科学控制

越冬期间，保持水深1.5米以上，以维持较高的水温，若水位过浅，需及时补水，防止水产动物冻伤。若水质过肥，要及时更换新水，防止其因缺氧窒息引发死亡。越冬期间如遇天气晴暖，水温在4℃以上，越冬水产动物会少量摄食，可投喂少量饵料，补充营养。

七、施用有机肥作基肥

稻田渔业的施肥主要是施用基肥，施肥品种包括畜禽粪便及其他有机肥料均可。在稻田蓄水后，施入发酵过的农家有机粪肥作基肥培育水体中的浮游生物，有机粪肥用量为300～1 000千克/亩，若稻田土壤为壤土，施肥量为300～500千克/亩，若为沙壤性土质，施肥800～1 000千克/亩。施肥宜在晴天上午进行，当水体水色呈清爽的土褐色时，水体中硅藻繁殖较多。对于在稻谷收割前已储水放苗的冬闲田，在稻谷收割、冬闲田改造、消毒后再进行肥水。

稻田渔业秋冬季施肥可以采用堆肥的方法，即在稻田田面或田间沟、坑（凼或溜）边堆放肥堆，肥堆可以半水上半水下，并拌入乳酸菌、枯草芽孢杆菌或EM菌等微生态制剂。气温很低时，可在肥堆上覆盖塑料薄膜保温。

八、秸秆还田

冬季稻田渔业的重要特点是可以利用稻田废弃的水稻秸秆还田，提升稻田肥力和土壤性状，为稻田多种生物提供饵料来源或营养成分，增殖稻田天然生物饵料资源。目前适宜在稻田渔业中应用的秸秆还田形式有翻压还田、留高茬还田、堆沤（腐熟剂处理）还田等方式。

1. 秸秆粉碎翻压还田

机械化秸秆粉碎直接还田技术应具有显著的经济效益和社会效益。这种方式就是将水稻收割后的秸秆通过机械化直接粉碎并抛洒于耕地地表，再经机耕直接翻压在土壤表层之下，使之更易于腐烂分解，从而把水稻秸秆的营养物质充分保留在稻田生态系统（包括土壤和水体）中，使水稻秸秆在稻田田间全量还田利用，从而培肥地力，培育水质，为稻田系统中各营养层级的多样化生物提供营养，进入新的物质循环，促进稻田渔业增产增收。这种方式一般适合于首次作为稻田渔业的田块，并且产生效果的时间比较滞后，尤其在秋冬季节，气温和稻田水温都比较低，各类微生物活动和各种形式的化学反应速度都比较慢，因此秸秆降解速度和降解效果都比较差。同时，在已养水产动物的稻田，因田间已有水产动物栖息和活动，耕翻肯定会伤害在田水产动物，造成不应有的损失。

2. 留高茬还田

留高茬秸秆还田技术是指在水稻收割时，通过事先设置，确定好收割时的水稻留茬高度，同时进行机械化收割。这种方式的前期，稻田渔业可以在田间控制在较浅的水位，秸秆下部浸泡在稻田水体中而缓慢分解；后期随着水位加大，秸秆上部也淹没于水中，实现了秸秆的全量利用。同时，这种高茬的秸秆即成为田间水产动物的栖息场所，并且高茬部分萌发的嫩芽，可供放养的水产动物直接摄食，对水质还有一定的净化作用。利用秸秆营养在田间就地培养水产动物活性饵料，有利于田间水产动物快速健康成长，并提高水产品风味品质。

3. 堆沤腐熟还田

秸秆堆沤快速腐熟还田技术是在堆积的秸秆中拌入微生态制剂，快速腐熟处理作物秸秆，制成生物肥料或其他生物食料的过程。这种方式利用收割脱粒后的秸秆在田间堆积成垛，并拌合微生态制剂加速分解，就地利用。该方式堆制简单，快速高效，并且不受季节气候与地区地形影响，适用于各个地区和各种类型的秸秆，省时又省力，既提高了秸秆利用效果，又保护了生态环境，适宜规模化大面积推广，被认为是利用秸秆制作有机肥料的最佳途径。这种方式既可以为稻田水产动物及其饵料生物提供食料，又为稻田水体中各类植物（包括浮游植物）提供营养，有利于提高田间水体溶氧。其作用机理和制作与使用技术参见第七章第四节“有益微生物作用机理与稻田渔业应用技术”的详细阐述。

九、越冬期日常检查

越冬期间要勤巡田和检查防逃设施和设备，经常观察水色和水产动物活动情况，并及时捞除残饵及其他杂物，适时加注新水，保持足够的水深。如果是在有保温设施的稻田沟、坑（凼或溜）水体中越冬，还应定期检查水质状况，适时开启增氧机械，使用微生态制剂调节水质。同时还应防除敌害生物。

第四节　冬闲稻田小龙虾养殖（稻虾轮作）技术

稻田养殖小龙虾起源于湖北省潜江市积玉口镇，最早的形式就是利用冬闲稻田（也称低湖田）养殖小龙虾，事实上是一种稻虾轮作模式。然后又逐步衍生出了稻虾共作（共生）模式，即在种植稻田里养殖小龙虾，一田两用，一熟双收。还衍生出了稻虾连作（共生）模式，即在稻虾共作（共生）模式基础上，水稻收割后，达到上市规格的小龙虾起捕上市，未达到上市规格的小龙虾留田继续养殖；或者在达到上市规格的小龙虾选择性状良好的留做种虾，也可以直接选取其中个体较大、性状良好的抱卵虾留田继续养殖。这两种方式都能取得较好的经济效益。第一种模式，经过越冬养殖后的小龙虾规格较大，在翌年春季上市时，由于大部分龙虾尚未上市，此时售价为秋季售价的2～3倍，效益溢出明显。第二种模式，可以为翌年提供充足而优质的小龙虾苗种，避免外地采购带来的质量风险和数量风险，同时，繁殖后的种虾在翌年春季上市，规格大，价格更高，效益更好。以上两种模式均适宜在长江流域及其以南地区推广，但以冬季气温较高的江南地区及长江中游地区更有优势，效益也更好。由于小龙虾是既不耐热，又不耐寒的水产动物，也没有河蟹那样的冬季洄游性，在淮河以北地区越冬存在一定程度的风险。搞好小龙虾冬季养殖关键要注意以下几点。

一、修建田埂，搭建塑料大棚，安装微孔增氧设施

稻田养殖小龙虾必须建设完备的田间工程，包括田埂、沟、坑（凼）等内容和防逃设施，应在8月20日至9月10日完成。如果以繁育虾苗为重点，还应建设塑料大棚，并配套微孔增氧机械（参见第二章第四节），应在10月底搭建完成，并配备相应的遮阳网。通过这些措施，来保证翌年4月有较大规格的小龙虾苗种供应。

二、养殖稻田的准备

①清沟消毒。放苗前10～15天，每亩养虾沟用生石灰50～75千克进行清沟消毒。

②施足基肥。参见上节第七项施肥方法。水稻收割后加水，开始水位为20～30厘米即可，11月中旬以后保持30～50厘米，随着气温下降，田面水位逐渐加深到50～60厘米。

③移栽水生植物。虾沟内栽植伊乐藻、水芹菜或水花生等水生植物。水生植物种植控制在占田间沟、坑（凼）面积的10%左右，以零星分布为好，不要聚集在一起。

④投放活螺蛳。活螺蛳投放量100～200千克。

三、投放小龙虾种苗

苗种在放养前要进行试水，试水安全后才能投放。虾苗虾种放养方法有以下三种。

1. 放养种虾模式

每年7—9月，在中稻收割之前1～2个月，往稻田的水沟或暂养池中投放经

挑选的克氏原小龙虾亲虾，让其自行繁殖。投放量根据稻田养殖的实际情况而定，一般每亩放养规格为30～50尾/千克的克氏原螯虾（小龙虾）15～30千克，雌雄比例3：1。亲虾繁殖后，让其孵化出来的幼体直接进入稻田中。待发现有幼虾活动时，可用地笼捕走种虾。高密度放养适宜用于为周边其他稻田提供小龙虾苗种，低密度放养为小龙虾苗种本田“自育自养”方式，做到自给有余。

2. 放养抱卵虾模式

每年9月中稻收割后，立即灌水，并往稻田中投放抱卵虾，投放量为每亩15～30千克。待发现有幼虾活动时，可用地笼捕走种虾上市出售。其苗种用途与上述方式相似。

3. 放虾苗或幼虾模式

每年10月当中稻收割后，用木桩在稻田中营造若干深20厘米左右的人工洞穴并立即灌水，并往稻田中均匀地投撒腐熟的农家肥，用于培肥水质。之后，往稻田中投放刚离开母体的幼虾2万～3万尾或规格为300～600尾/千克的天然虾种1万～1.5万尾。

4. 种苗放养应注意的问题

无论是放养虾苗，还是种虾，放养之前都要进行虾体消毒。可用浓度为3%左右的食盐溶液对种苗进行浸洗消毒，浸洗时间应根据当时的天气、气温及虾体本身的忍受程度灵活确定，一般消毒时间宜控制在5～8分钟为宜。从外地购进的虾种，采用干法运输时，因离水时间较长，有些虾甚至出现昏迷现象，放养前应将虾种在田水内浸泡1分钟，提起搁置2～3分钟，再浸泡1分钟，如此反复2～3次，让虾种体表和鳃腔吸足水分后再放养，可有效提高虾苗的成活率。

四、水温、水位和水质的生态调控

小龙虾下田后，针对其不同阶段生活习性进行水位与水质调控。在9—10月，水位应保持在0.8～0.9米，每隔3～5天注水1次，注水2厘米左右，补充蒸发或流失的水量，每隔15～20天换水1次，每次约1/3，同时每月交替按10毫克/升的浓度泼洒1次生石灰和按6毫克/升的用量泼洒一次微生态制剂改善水质；11月至翌年3月初，水位稳定在1米左右，中间换水2次，主要保证小龙虾安全驻穴越冬；3—4月，水位控制在0.5米左右，利用日照晒水升温，促进天然生物饵料及幼虾迅速生长，每隔20天换水1次，每次换水1/4～1/3，每月交替用10毫克/升浓度的生石灰水和6毫克/升用量的微生态制剂泼洒一次，调控水质，田水透明度保持在35厘米左右；5—6月每周换水1/3～1/2，水位保持在0.9～1米，每隔20天交替泼洒20毫克/升的生石灰水和6毫克/升微生态制剂。

五、合理投喂，培育大规格苗种

如果是温室培育小龙虾虾苗，且亲虾成熟度好，再加上大棚的强化培育，可在10中旬后出苗，这样虾苗在冬前就有一个多月的生长时间，要想虾苗长势好，培肥水质是关键。从虾苗到幼虾这一阶段，小龙虾主要是靠水中的浮游动物和细菌团等天然饵料满足生长发育需要。在培育苗种阶段，要视天气、水温、水质好坏和小龙虾摄食情况来确定饵料投喂。投喂品种应以投喂动物性饲料为主，如鱼糜、屠宰加工厂下脚料、螺蛳、河蚌等。饵料投喂数量和时间，一般每天3～4次，早、中、晚或夜间各喂一次；投喂量为幼虾体重的8%～10%。稻田进水后，除及时栽种水草和施足基肥外，还要及时将虾沟中的幼虾引到稻田田面，并根据水温适当投喂饲料。当水温下降到10～15℃以下，小龙虾基本停食，应停止饵料投喂。进入春季后，水温回升到15℃以上，小龙虾生长开始进入旺季，此时更要加强投喂。一般每亩每半个月投一次水草，每次约50～100千克；每半个月投一次发酵过的畜禽粪，每次约50～100千克/亩。每日傍晚投喂1次人工饲料，投喂量为在田小龙虾总重量的2%～3%。饲料以麸皮、饼粕、小麦等为主，还可以投喂人工配合颗粒饲料，投喂量随着水温的升高而增加。每周可投喂1～2次动物性饲料，每亩用量为0.5～1千克。待幼虾生长到3～5厘米时，即可将幼虾起捕投放到大田中。

六、加强蜕壳虾管理

蜕壳是小龙虾生长的重要环节和标志，搞好蜕壳虾管理有利于小龙虾健康成长。蜕壳虾管理，主要是通过科学投饵和适当换水等措施，促进小龙虾群体大致在同一时间蜕壳。即当大批小龙虾蜕壳时，应减少投饵次数，细心谨慎操作，避免人为干扰，创造一个安静的良好环境，以保障小龙虾顺利蜕壳。大批小龙虾蜕壳后，要及时增喂优质饵料，防止因饵料投喂不足而引发相互残杀。

第十章
稻田渔业产品收获方法与水产品活运技术

第一节 稻田渔业的水稻收获

一、稻田渔业的水稻收获时间

1. 收割确定的依据

稻田渔业水稻收割时间的早晚也能决定水稻产量和稻米质量。准确把握收割时间，应注意影响水稻产量最大的三个时期：分蘖期、幼穗分化期和灌浆结实期。在这三个时期抓好水稻田间管理，是水稻稳产高产的关键。未成熟水稻田提前收获，不仅影响产量，而且还会直接影响稻米质量。一般水稻成熟要经历四个时期：乳熟期、蜡熟期、完熟期和枯熟期。

（1）乳熟期

水稻开花3～5天后开始灌浆，持续时间为7～10天。灌浆后籽粒内部呈白色乳浆状，随着淀粉的不断积累，干物质重量不断增加。乳熟初期，鲜重迅速增加；乳熟中期，干重迅速增加；乳熟末期，鲜重最大，这个时期用手压稻穗中部籽粒有硬物的感觉，米粒逐渐变硬变白，背部仍为绿色。

（2）蜡熟期

这个时期经历的时间大约为7～9天。这个时期水稻的籽粒内容物浓黏，无乳状物出现，用手压稻穗中部籽粒有坚硬的感觉，鲜重量开始下降，干重量接近最大。米粒背部的绿色开始逐渐消失，谷壳开始变黄。在这个时期收割仍为时稍早。

（3）完熟期

大约在水稻抽穗后45～50天，黄化完熟率95%以上。稻谷外壳逐渐变黄，米粒水分逐步减少，干物重量达到定值（最大值），籽粒变硬，不容易破碎，这个时期为水稻最佳收获期。

（4）枯熟期

谷壳黄色退淡，秸秆枝叶干枯，顶端枝梗易折断，米粒偶尔有横断痕迹，影响米质。这时收割为时已晚。

水稻收割的越晚，稻米的糙米率和精米率就越高，但是整米率则是在出穗后的50天时收割为最高。水稻收割的时间越晚，除了直链淀粉含量以外其他含量的差异并不明显。因此，在水稻出穗后的45～55天收割时，水稻的产量差异并不明显，出穗后45～50天收割可以兼顾产量和米质。

当水稻出穗后的积温达到950℃以上时，一般水稻品种从外观上看，如有5%～10%青粒或1/3的穗变黄时收割为最佳时间。

2. 南方水稻收割最佳时间

江苏三系杂交中籼稻区水稻一般5月中上旬播种，成熟时间一般是10月上旬，全生育期140天左右。

江苏淮北地区种植中熟中粳稻品种5月上旬播种，成熟时间一般是10月中下旬，全生育期150～160天。

江苏中部及宁镇扬丘陵地区种植迟熟中粳稻品种，一般5月中上旬播种，成熟时间一般是10月中下旬，全生育期150～160天。

江苏南部可以种植水稻，一年两熟，早稻在7月下旬，晚稻在10月中下旬成熟。

长江上游地区以单季中稻为主。大多在清明前后播种，5月初移栽（立夏前后，小满前移栽完毕），8月中下旬收获。

长江中下游平原，早稻4月中上旬播种，5月初插秧，7月下旬收割，随即晚稻插秧（即双抢），一般必须在立秋前结束，10月下旬至11月晚稻收割。

另外，南方水稻种植两季，第一季水稻4月下旬插秧，7月下旬收割；第二季水稻8月1日以前插秧，10月底收割。

3. 北方水稻收割最佳时间

华北地区一般为单季稻。一定要在清明前播种，4月底至5月初移栽（如条件允许，还可在谷雨移栽）；东北地区为早熟单季稻。播种时间为4月左右。

为了水稻的产量和质量，建议稻农以一般水稻的品种从外观上看有5%～10%青粒或1/3的穗变黄时收割为最佳时间。但是绝不允许下枯霜后进行收割，因为枯霜后收割水稻将严重影响稻米的质量。

二、水稻收割机械的选择

1. 水稻收割机械功率的选择

水稻收割机的功率一般为9～107千瓦。因此，所选机型大小要与田块大小及集中连片的状况相适应。如果小田块选用大型收割机，收割机效率不能充分发挥；大田块选用小型收割机，则生产率低，不能满足农忙快速收割的要求。因此，在地势平坦的水稻主产区水稻田面平整，田块较大，高低落差小，应该选择较大型收割机；反之，在丘陵山区的梯田稻田因为田块分散，而且面积较小，则应选择小型收割机。

2. 水稻收割机械喂入方式的选择

按喂入方式不同，水稻收割机分为半喂入机型和全喂入机型。两者的主要区别在于对水稻秸秆的处理方式不同。

半喂入机型，水稻脱粒时仅穗部进入脱粒装置，秸秆基本保持完整。这种机型的割茬较低，一般在6～10厘米。该机型秸秆输送装置比较复杂，价格高，故障较多。这种机型只在需要将秸秆完整输出出售的地区使用，一般稻田渔业无需选用，尤其在再生稻田更不可使用。

全喂入机型，秸秆和穗部全部喂入脱粒装置。经滚筒打击后，秸秆被打断搅碎，排放在田间。为了减轻脱粒滚筒的负荷，一般割茬留得较高，在10～20厘米。该机型结构简单，可靠性好，故障较少，价格相对较低。这种机型适宜在稻渔连作或稻渔轮作田块（一稻一渔或一稻两渔）选用，在再生稻的首茬收割则必须选用全喂入式，这种机型将水稻秸秆切断并进行了一定程度的粉碎，有利于实现秸秆堆放发酵，回田利用。

3. 水稻收割机械行走方式选择

水稻收割机的行走装置有轮式和橡胶履带式两种。这都可以在农机网站上按照分类选择。轮式行走装置结构成熟，通用性广。但是轮胎与稻田接触地面积小，如水田泥泞，作业时容易下陷较深，转向行走困难，同时对田表土壤破坏较严重。适合于田块较干和土质较硬不易下陷的地区使用。履带式收获机械的履带接地面积大，作业时下陷深度较浅，一般性稻田都可正常作业。

因此，应根据当地稻田土壤性质和生产习惯来选择不同行走方式的收割机械。对沙性、半沙性土壤，承载力较强，可选用轮式行走装置的收获机械。对于黏性、半黏性土壤，以选用履带式行走装置的收获机型为宜。

另外，轮式行走装置的背负式收获机械，农闲时可卸下收获机具，可作为拖拉机从事运输作业；农忙时，还可配犁、耙或旋耕机进行农田作业。主机一机多用，利用率高，经济效益好。而履带式行走装置的收获机械，是专用的收获机械，利用率较低。在选购时，应根据当地实情和用途仔细斟酌选择。

4. 水稻收割机收获方式选择

水稻联合收割机集收割、脱粒及清选等数道工序一次完成，机械化程度高，收割后籽粒基本清洁干净，这在连片规模较大的稻田渔业基地一般应优先选项。但一次性投入大，使用成本相对较高。有的地区受经济条件的限制和经济效益的影响，也可以考虑选择功能较为单一的水稻割晒机。

联合收割机构造比较复杂，一次性投入大，使用和维修都需要一定技术，使用成本较高。应根据当地农村或企业经济实力和技术水平来确定选择与否。联合收割机驾驶员必须经过专业培训。当前收割机械都是专业队伍，有条件的稻田渔业基地也可以自己配备，并积极开展对外服务，以提高机械利用率。

三、稻田渔业田块水稻收割前的准备

1. 降低水位

为了保证稻田渔业田块水稻顺利收割，首先必须降低稻田渔业的田间水位，放干田面积水，只在田间沟、坑（凼或溜）保留适当水深。做到既有利于水稻收割机械操作，又保证稻田渔业田间水产动物安全。稻田降低水位持续时间应较长，尤其是一些常规鱼类（鲤鱼、鲫鱼、草鱼等）在降低到一定水位（3～5厘米）时持续半日或一天，以促使田间所有水产动物都能回避进入田间沟、坑（凼或溜），其中田间沟、坑（凼或溜）水位可低于田面5～10厘米。

2. 搞好田间检查

进行收割作业前，应调查水稻植株自然高度、倒伏程度、亩产量、土壤含水率、稻田泥层深度、转移通道等情况，以选择适宜的机械收割。收割时，需要割道的应事先开好，少部分严重倒伏的在收割前应先由人工割除。

3. 检查机械状况

检查收割机各部件是否完好紧固，各机构是否灵活。正式收割前，应做好试割、检查和调整收割机各工作部位，使作业质量符合要求。与手扶拖拉机配套的收割机要合理配置，使收割一端略重为宜。发动机排气管口应安装安全火星收集器，防止火灾事故发生。

4. 注意事项

在作业前，要让收割机从低速到高速空转1～3分钟，确认无故障再进行作业。田间作业时要直线行走，不要忽左忽右，因为急转向时，易发生漏割。如遇到雨后或早晨露水大时，待雨水或露水干后再进行收割。作业中，要严格遵守安全生产操作规程。发现故障，应立即停机，并切断动力，然后再进行故障检查并及时排除。使用时输送皮带会经常出现掉带故障，主要是被动轮两个调节螺栓的调整长度不同，使皮带倾斜。另一个原因是皮带轮变形所致。第一种原因，要调整被动皮带轮，使两个调节螺栓调整到正确位置。如果发现皮带轮变形，就要校正或更换新的皮带轮。

第二节　稻田渔业水产品捕捞时间的选择

稻田渔业水产品主要捕捞时间一般应根据在田水产品是否已达到正常上市规格来确定。稻田养殖水产品大批量捕捞上市一般在水稻收割之后，这时捕捞既方便捕捞操作，也可防止损坏水稻植株，影响水稻产量。但是，为提高稻田渔业经济效益，稻田养殖水产品的捕捞时间更应该根据水产品消费需求变化规律和水产品市场价格变化而确定。

一、秋季捕捞上市

我国淮南地区农业茬口大都是稻麦两熟制，华南、东南及部分江南地区为“一麦两稻”三熟制，东北地区位于高寒地区，则为水稻一熟制。用于稻田渔业的稻田一般以稻麦两熟制的稻田为主，少数为“一麦两稻”三熟制稻田。稻田渔业基地无论是稻麦两熟制的田块，还是“一麦两稻”三熟制及水稻一熟制田块，水稻大都是春播、夏插、秋收，稻田渔业田块里的水产品大多应在水稻收割后收捕。尤其是罗氏沼虾、南美白对虾、罗非鱼、革胡子鲶等热带性水产动物也与水稻生产基本同步，必须在当地低温到来之前捕捞上市。另外，具有冬眠钻泥习性的水产动物，如中华鳖、泥鳅、黄鳝、乌鳢和河蚌等，应该在它们冬眠之前捕捞集中，以便组织上市。

二、冬季捕捞上市

冬季是水产品的消费旺季，尤其是元旦与春节前后，更是水产品消费的高峰。对于实行稻渔连作或稻渔轮作田块里的水产品，安排在冬季捕捞上市，一来便于水产品捕捞和运输，二来此时水产品的销售价格一般高于秋季，有利于提高稻田渔业经济效益。

三、春末夏初捕捞上市

稻田大田秧苗栽插前，是所有稻田渔业生产的水产品捕捞的最后期限。大部分地区水产养殖都是冬春放养，秋冬捕捞上市，与稻田渔业的生产时间基本一致。所以，总体而言，水产品最主要的捕捞上市时期是冬季。春节之后，正常养殖水体能够上市的在养水产品已为数不多，如果偏多，要么是上年水产养殖大丰收，造成部分在塘水产品滞销压塘；要么是畜禽肉类产品产量大增，拉动水产品价格暴跌，使养殖水产品大量存塘。根据一般规律，市场消化这部分滞销的畜禽肉类产品一般要到2月底，甚至4月初才能销售结束，而市场消化因畜禽肉类产品滞销造成压塘的水产品，一般需要1～2个月，即在3月底至4月底销售结束。所以，稻田渔业留田水产品捕捞上市应当尽力避开水产品冬季大捕捞大上市的时期，主要控制在春季上市。如果遇到上述两种情况，则应推迟捕捞上市，建议在5月捕捞并上市销售。

双季稻田早稻收割前，将达到商品规格的水产品及时捕捞上市，对达不到规格的水产动物即赶入田间沟、坑（凼或溜）中暂养，待晚稻插秧后，再将鱼种放入大田养殖，如田中水产苗种不足，要及时补放，并适当投喂饲料。在晚稻收割前，再次将达到商品规格的水产品捕捞上市。如水源条件好，晚稻收割后，剩下来的水产苗种仍可放入大田继续进行养殖，直至翌年春天捕捞上市。

四、特殊水产品捕捞时间

在长江流域的大中城市，淡水小龙虾已成为时令食品，形成了特殊的消费季节。“端午节吃龙虾，重阳节品螃蟹”已成为一年中两个消费热点。即上半年小龙虾旺销，也是其风味最为鲜美的季节，此时，“虾黄”（即肝胰脏）尚未硬化，味道最佳，也是一年中价格最高的时期，尤以每年3—4月为最高，往往高出下半年销售价格的2～3倍。稻虾连作或轮作的小龙虾起捕时间集中在4 月上旬至6月中旬。采用虾笼诱捕，捕大（30克以上）留小，适时捕捞。第一季捕捞时间从4月中旬开始不断将达到商品规格的小龙虾起捕上市，至5月中下旬结束，使在田小龙虾密度不断降低，以提高留田小规格虾的生长速度。第二季捕捞时间从8月上旬开始，至9月底结束。有道是“小龙虾养得好，不如捕得好；捕得好，不如卖得好”。小龙虾养殖是“短平快”项目，养殖周期短，苗种经30～45天养殖就能起捕上市。稻田养殖小龙虾不能只埋头养虾，还要关注市场行情，尽力选择在价格好的时期上市。但当密度过高时，为后续小虾龙的健康生长，也应起捕销售。

而河蟹虽为特殊风味食品，但其生长季节与水稻基本一致，捕捞上市主要在秋季。稻田虾蟹混养模式下，河蟹和小龙虾的捕捞和销售时间就能基本错开。“西风响，蟹脚痒”，若在春天投放的蟹种，中秋之后1～3个月是河蟹的捕捞、销售时节。河蟹只有在生殖洄游季节，才会离开栖息地活动，其他时间，即使有地笼等捕捞工具，河蟹的捕获量也很少，这就为虾蟹混养捕捞小龙虾提供了便利，又避免了捕捞小龙虾时对河蟹可能造成的伤害。

再如螺蛳，全民消费食品，是深受欢迎的平民食品。再如泥鳅，既是出口韩国、日本的创汇产品，也深受国内消费者喜爱，捕捞时间必须根据消费季节来确定。

五、特殊地区水产品捕捞时间

在传统稻田渔业产区中，许多地方已成为农业旅游与民俗风情旅游的胜地。如云南红河哈尼梯田、贵州从江高山梯田、广东连南排瑶稻田养鱼、湖南通道阳烂梯田系统和浙江青田稻田田鱼生态系统等，已成为当地旅游的热点地区。进入21世纪，湖北潜江稻田养虾基地和浙江稻田中华鳖养殖基地逐渐发展起来，也成为当地新兴旅游消费的主要看点和热点。每逢旅游旺季，稻田优质稻米和风味水产品又成为当地特产中最大的卖点。因此，在这些地区，稻田渔业水产品捕捞时间应适应旅游消费的时间节点，作为旅游产品和旅游消费品销售，则可以获得比一般市场销售更高的价格和更好的效益。

浙江省青田县田鱼早放迟捕和分次捕获的方法是：利用当地无霜期长，气温高，有利于稻、鱼生长的特点，将鱼种早放迟捕，即在3月前放养鱼种，至12月捕捞上市，以充分利用当地温、光、热、水等自然条件，促进鲜鱼增产。并在夏季套养夏花鱼种，为翌年培育大规模越冬鱼种。这样可在翌年水稻移栽前先收获部分生长较好的商品鱼，在水稻收割后再收获部分商品鱼，成为当地春秋两季旅游期专供旅游者消费和旅游销售的重要产品。翌年12月还可再收获一次，以降低田间饲养密度，获得了较高的经济效益。

第三节　稻田渔业水产品起捕方法

一、稻田渔业捕捞前的准备

1. 降低稻田水位

水产动物捕捞总是水体越小，捕捞越方便。因此，稻田渔业捕捞的首要准备工作就是降低稻田水位。必须注意的是，稻田渔业田块的排水速度不宜过快，否则可能导致部分水产动物来不及转移到田间沟、坑（凼或溜）中，而搁浅滞留在稻田田面上，造成不必要的损失。所以，稻田水位降低速度只能慢，不能快。

捕捞前应先把田间沟、坑（凼或溜）疏通，使水流畅通，捕捞应在夜间排水，等天亮时排干，使水产动物自动进入田间沟、坑（凼或溜）中。

2. 约定销售对象

在稻田渔业生产的水产品起捕前，必须与客户签订好销售合同，包括品种、规格、价格和数量以及交货地点和结算方式等，保证起捕后的稻田水产品能及时实现销售，以避免因衔接问题，形成销售风险。即便是稻田水产品的内部转运或结算，也应该在起捕前做好内部环节衔接，防止因协调不好，水产品离水时间过长而损伤，造成不应有的损失。

3. 准备暂养水面

稻田渔业起捕的水产品并非都是直接上市销售。往往会因为水产品价格正处于低谷期，需要经过暂养，以等待较好的市场价格窗口销售。于是，需要选择田间沟、坑（凼或溜）中水面较为宽阔，水深较大，保水保温性能较好的田块进行水产品暂养。如果稻田渔业田间沟、坑（凼或溜）都是窄、浅的水面，也可以选择周边池塘进行暂养，也可以在河沟、湖荡等大中型水面设置网箱或网围进行暂养。

4. 准备捕捞及运输工具

稻田渔业生产的大部分水产品主要是利用网具进行捕捞，如地笼、底拖网、手推网及捞海等网具，如长途运输还需准备好活水车，或卡车和帆布箱，以便起捕后的水产品及时运输到目的地。

二、捕捞方法的选择

1. 稻田渔业的一次性捕捞方法

捕捞前缓慢排水，加以适当的人工驱赶，使稻田水产品集中到田间沟、坑（凼或溜）中，再使用小拉网、抄网或捞海轻巧地捕捞，集中放养到水桶或网箱中，再运往附近暂养。也可以采用在排水口安放笼箱将水产品捕出。如果水产品数量大，一次性难以捕完，可再次进水和排水捕捞。最后，应检查田间沟、坑（凼或溜）和脚坑中是否还留有水产品。在捕捞过程中，为避免水产动物受伤死亡，要及时把其放入网箱，保证活体上市。水产动物进箱后，应冲洗淤泥，清除杂物，将不同品种和大小规格分开暂养，分类上市。对于未达到食用规格的水产苗种，及时转入其他水体或稻田田间沟、坑（凼或溜）中暂养，以备翌年稻田放养。

若捕捞选择在水稻收割前，为了便于把水产动物捕捞干净，又不影响水稻生长，可进行排水捕捞。在排水前先要疏通鱼沟，然后缓慢放水，让水产动物自动进入稻田田间沟、坑（凼或溜）中，随着水流排出而捕获。如一次捕不干净，可重新灌水，再重复捕捞一次。

如果起捕的是水产苗种，应尽快运往越冬池，入池前要先放入网箱，使其释放出鳃内污泥，并剔除病伤个体，然后用5%的食盐溶液消毒。在起捕运输过程中要精心操作，用手抓捕水产动物时，要戴棉线或绒布制成的手套，以免使水产动物受伤或黏液、鳞片脱落，影响越冬成活率。水产苗种放入越冬水面后要投饵进行后期饲养。

最后，全面排干田间沟、坑（凼或溜）的水，人工捕捉干净。

2. 稻田渔业水产品的轮捕方法

稻田渔业养殖的水产品由于苗种来源和放养时个体的差异，在田水产品规格随着时间的推移差异逐步加大。同时，城乡居民消费水产品已成为生活的常态。为了满足市场需求，取得良好的经济效益，稻田渔业也须转变经营方式，将传统稻田渔业的一次性捕捞，转变为根据市场需求和价格变化规律适时轮捕，既做到“养得好”，又争取“卖得好”，以营销增效益。捕捞方式有以下几种。

（1）泥鳅和小龙虾笼捕方法

用于捕捞的“笼”最早是用竹片编成，主要用于捕捉河虾。现在也大规模用于捕捞泥鳅及小龙虾等品种。一是在编织的鳅（虾）笼中放诱饵捕捉；二是将塑料盆用聚乙烯密眼网片把盆口密封，盆内置放诱饵，在盆正中的位置开2～3个直径1厘米左右的小洞，使泥鳅（小龙虾）因进入其中摄食而被捕捉。因为水温、水质、水草不好和投喂不科学的影响，会造成塘里产生3钱左右的小硬壳红虾，俗称“丁壳虾”。这种虾只吃饲料，个头、体重增加都极小，必须及时捕出稻田，以免浪费饲料。

（2）地笼网捕捞

小龙虾地笼网捕捞：在稻田中放养的小龙虾幼虾，经过2个月左右饲养，便有一部分能够达到商品规格，即可捕捞上市。捕捞工具主要是地笼。地笼网以有结网为好，每只地笼长约20～30米，10～20个方形的格子，每只格子间隔地两面带倒刺，笼子上方织有遮挡网，地笼的两头分别圈为圆形。把能用于捕捞龙虾的网片制作成地笼，每天上午或下午把地笼网放到稻田田间沟、坑（凼或溜）的边上，里面放进腥味较浓的鱼、鸡肠等物作诱饵。傍晚时分，小龙虾出来寻食时，闻到腥味，便会寻味钻进笼子，笼子上方有网挡着，爬不上去，进了笼子的小龙虾爬向地笼网深处，成为笼中之虾。这种捕捞法适宜沟水较深的龙虾捕捞。地笼网眼规格应为2.5～3厘米，成虾规格可达到30克/尾以上，只捕获成虾，幼虾能通过网眼跑回稻田中。

轮捕轮放是保证来年小龙虾持续生产量的重要措施。小龙虾密度过高的副作用很多，尤其是达到上市规格（性成熟）的小龙虾还有相互残杀的习性，如果不及时捕捞，会大幅度减产，所以及时轮捕是保证小龙虾养殖产量的关键措施。同时，大规格小龙虾还有夹水草的习性。所以，小龙虾在上半年一定要及时轮捕，一方面上半年小龙虾市场价格高，另一方面，成熟后小龙虾成活率很低。第一季捕捞时间从4月中旬开始，至6月中旬结束。开始捕捞时，无需排水，直接将虾笼置放于稻田田面上及环沟内的水草边，每天早上捕捞1～2次，每隔3～10天转换地笼布放位置，当捕获量比开捕时有明显减少时，可排出稻田田面积水，将地笼转移到沟坑（凼）中捕捞。捕捞时遵循捕大留小的原则，晚上小龙虾捕捞效率较高，约6小时应可以倒笼一次，以避免因笼中存虾过多、造成挤压伤到幼虾。在收虾笼时，应对捕获到的小龙虾进行挑选，将未达到商品规格的小龙虾幼虾挑出，放入稻田中继续养殖，并避免幼虾相互挤压，造成伤残。第二季捕捞时间从7月下旬开始，9月底结束。9月以后，达到30～35克/只的亲虾留在塘内不予捕捞，选择体质健壮、肥满结实、规格一致的虾种雌雄比为（2～3）：1，使亲虾就顺利进洞抱卵繁殖。后期则留取抱卵亲虾，翌年需要的小龙虾虾苗便能自育自养。

泥鳅地笼网捕捞：傍晚将地笼网放置在稻田田间环沟、坑（凼或溜）边，第二天早晨收捕。坚持“捕大留小，适时上市”的原则，将大规格的泥鳅适时捕捞上市销售，这样既控制了水稻田中泥鳅的养殖密度，又适时销售，提高养殖经济效益。

地笼网还可以用于捕捞多种水产动物，如鲫鱼、鲤鱼、黄鳝、河蟹等。

（3）人工捉中华鳖或中华绒螯蟹

中华鳖在水温降至15℃以下时，可以停止饲料投喂。一般至11月中旬以后，可以将鳖捕捞上市销售。收获稻田里的鳖通常采用干塘法，即先将稻田的水排干，等到夜间稻田里的鳖会自动爬上淤泥，这时可以用灯光照捕。平时少量捕捉，可沿稻田边沿巡查，当鳖受惊潜入水底后，水面会冒出气泡，按气泡的位置潜摸，即可捕捉到鳖。

放水手工捕蟹是先将稻田田水放干，使河蟹集聚到田间沟、坑（凼或溜）中，先用手抄网捕捞，再灌水、再放水，如此反复2～3次即可将绝大多数的河蟹捕捞出来，最后进行手工捕捉。

这种方法同样适用于捕捞小龙虾。

（4）拉网捕捞法

用拉网捕捞法适宜捕捞一般鱼类和虾类。如捕青虾，其一是网目规格12～15毫米，捕捞3克以上的大虾；其二是网目10毫米，捕捞体长小于4厘米的幼虾；如此两种拉网按网目大小前后装配成一个双层虾拉网。捕虾前2～3天开始排水，使稻茬区的水缓慢排干至水位刚在其泥面之下，及时快速回放进水，使稻茬区的水位反升5厘米左右，再排水降低水位。如此反复两次，使稻茬区的大部分青虾随水流爬出，进入稻田田间沟、坑（凼或溜）水体中。

采用虾拉网捕虾时，两人各自手执网具的相对两头，站在宽沟两边的稻作区，从虾沟离坑（凼）远端开始，进行拉网驱赶青虾。拉网时，网底必须紧贴沟底泥面缓慢贴地拽行，最后扦捕完稻田内的青虾。半小时之后，重复进行拉网一次，经过两次拉网能捕出在田活虾80%左右，且能将部分青虾实行大小分离。

（5）排水干沟捕捉法

在稻田排水口安装好一个密眼网箱，排水时以过滤游泳型的水产动物。先排水将稻茬区内的水产动物引出进入田间沟、坑（凼）内，再排干沟内的积水。排水时，部分水产动物随水流进入滤网中。捕捉沟坑（凼）内余虾，先沟后坑

（凼），分线分段进行。从田间沟、坑（凼）远端开始，将扎成捆的稻草把横卧于沟底泥面上，顺沟慢慢往前推移，当青虾和泥水积聚达一定密度时，用小抄网捞出青虾，其余零星余虾用碗舀手捉起；最后将稻草推移进入虾池，直至排水口滤虾网。

（6）须笼冲水捕捞

须笼冲水捕捞是利用泥鳅等鱼类的溯水习性，用冲水形成的水流，将溯水冲入须笼中的水产动物捕获的方法。一般在泥鳅收捕前应停食1天，捕捞时，笼内无需放诱饵，将须笼设置在进水口处，笼口顺水流方向，泥鳅溯水时就会游入笼内而被捕获。一般半小时至1小时收获一次，取出笼中泥鳅，重新布笼。通常夜晚捕捞效果比白天好。连捕几个晚上，起捕率可达80%以上，并且捕获泥鳅的质量好，不受伤。

河蟹捕捞也可以利用其逆水的习性，采用流水冲水法捕捞。通过向稻田中灌水，边灌边排，在进水口倒装蟹笼，在出水口设置袖网捕捞，并在养蟹稻田内的进出水口附近埋置大盆，边沿在水底与田面相平，河蟹掉入盆中便难以逃脱，这种方法捕捞效果也较好。

（7）灯光诱捕法

主要是利用部分水产动物的趋光习性进行捕捞。如泥鳅、河蟹、小龙虾等都有趋光性，而且一般下半夜更为活跃，所以可以在下半夜进行灯光照捕。还可以利用河蟹晚上上岸的习性，人工田边捕捉（利用河蟹趋光性）。光源为白炽灯（15~40瓦）或其他灯1~3盏，夜间置灯于坑（凼）和宽沟内的田埂端，灯光不能太强，不能直射。待灯光下所诱集的水产动物密集成堆时，用大抄网将其捞出水即可。

（8）饵诱袋捕法

此法是根据泥鳅喜欢寻觅水草、树根等隐蔽物栖息、寻食的习性，用麻袋、聚乙烯布袋，内放破网片、树叶、水草等，并放入诱饵，放在水中诱使泥鳅进入袋内，定时提起袋子捕获泥鳅。此法非常适宜在泥鳅养殖稻田内采用。在稻谷收割前后均可进行。

选择晴朗天气，先将稻田田间沟、坑（凼或溜）中的水慢慢放干，待傍晚时再向田间沟、坑（凼或溜）中缓缓注水，同时将捕鳅袋放入鱼溜中。袋内放些树叶、水草等，使其鼓起，并放入饵料。饵料可以用炒熟的米糠、麦麸、蚕蛹粉、鱼粉等与等量的泥土或腐殖土混合后做成粉团并晾干，也可用聚乙烯网布包裹饵料。作业时，把饵料包面团放入袋内，泥鳅到袋内觅食，就能捕捉到。这种方法宜在4—5月作业，以白天为好。8月至入冬前捕，应在夜晚放袋，翌日清晨太阳尚未升起之前取出，效果较佳。如无麻袋，也可把草席制作成60厘米长、30厘米宽的草席袋，将饵料团或包置于草席袋内，并把草席两端扎紧，中间轻轻围起，然后放入稻田中，上部稍露出水面，再铺放些杂草等物，泥鳅会到草席内摄食，同样也能捕到大量泥鳅。

（9）药物驱捕法

通常使用的药物为茶粕（亦称茶枯、茶饼，是茶籽榨油后的残存物，存放时间不应超过2年），每亩稻田用量5～6千克。将药物烘炒3～5分钟后取出，趁热捣成粉末，再用清水浸泡透（手抓成团，松手散开），3～5小时后方可使用。

将稻田田间水位水放浅至3厘米左右，然后在稻田的四角设置鱼巢（鱼巢用淤泥堆集而成，巢面堆成斜坡形，由低到高逐渐高出水面3～10厘米），鱼巢大小视泥鳅的多少而定，巢面一般面积0.5～1平方米。面积大的稻田中央也应设置鱼巢。

施药宜在傍晚进行。除鱼巢巢面不施药外，稻田各处须均匀地泼洒药液。施药后至捕捉前不能注水、排水，也不宜在田间走动。泥鳅一般会在茶粕药性作用下纷纷钻进泥堆鱼巢中。

施药后的第二天清晨，用田泥围一圈拦鱼巢，将鱼巢围圈中的水排干，即可挖巢捕捉泥鳅。达到商品规格的泥鳅可直接上市，未达到商品规格的小鳅继续留田养殖。若留田养殖需注入5厘米左右深的新水，有条件的可移至他处暂养，7天左右待田中药性消失后，再转入稻田中饲养。此法简便易行，捕捞速度快，成本低，效率高，且无污染（须控制用药量）。水温10～25℃时，起捕率可达90%以上，并且可捕大留小，均衡上市。但操作时应注意以下事项。首先是用茶粕配制的药液要随配随用；其次是用量必须严格控制，施药一定要均匀地全田泼洒（鱼巢除外）；此外鱼巢巢面必须高于水面，并且不能再有高出水面的草、泥堆物。

此法捕鳅时间最好在收割水稻之后，且稻田田间无集鱼沟、坑；若稻田中有集鱼沟、坑，则可不在集鱼沟、坑中施药，并用木板将沟、坑围住，以防泥鳅进入。

（10）蟹种捕捞方法

蟹种捕捞要突出提高捕捞效果，减少损伤。第一步：水草诱捕，11月底或12月初将池中的水花生分段集中，每隔2～3米一堆，为幼蟹设置越冬蟹巢，春季捕捞只要将水花生移入网箱内，捞出水花生，蟹种就落入网箱内，然后集中挂箱暂养即可。第二步：用同样的办法捕起其他蟹巢中的蟹，蟹巢捕蟹可重复2～3次，上述方法可捕起70%左右的幼蟹。第三步：干池捕捉，捕捉结束后将池水彻底排干，待池底基本干燥后采用铁锹人工挖穴内蟹种，要认真细致，尽量减少伤亡。第四步：挖完后选择晚上往池内注新水，再用地笼网张捕，反复2～3次，池中蟹种绝大部分都可捕起。

（11）罗氏沼虾捕捞

应根据市场行情、气候水温变化确定捕捞时间，一般当9月中下旬水温降至18℃以下，虾的活动力减弱，摄食量减少，生长缓慢，就可开始起捕，至10月下旬水温降至15℃以下，若不及时捕捞，便会发生死亡。因此，10月底稻田养殖的罗氏沼虾必须捕捞结束。收捕时先将稻田田间沟、坑（凼或溜）中的水排掉一半，以利起捕。捕捞可以采用鱼种网反复拉捕、在排水口设网放水捕虾，也可以彻底排干沟、坑（凼）的水，手工捕虾。

（12）田螺采收

稻田养殖的田螺生长到10克左右的较大规格时，就可捕捞上市。捕捞销售应根据市场需求情况，并尽力错开田螺的繁殖季节，捕出大的，留下小的和足够多的亲螺继续繁育。民谚有“稻收螺蛳麦收蚬（河蚌）”之说，入秋后的田螺最为肥美，价格也最高，起捕后上市销售可获得不错的收益。

（13）虾巢诱捕法

采用水、陆生植物的茎梗（如水花生、柳树枝、茶树枝等），用细绳捆扎成把，即制作成1个虾巢，每亩稻田放置数量为10～20个。虾巢如同虾笼诱捕，沉放在水下诱集青虾，起水后的虾巢都放在网箱内，逐个抖动虾巢，使其中攀爬躲藏的青虾全部掉落在网箱中。

（14）手抄网捕虾

把网上方扎成四方形或三角形，下面留有带倒刺锥状的漏斗，沿虾塘边沿地带或水草丛生处，不断地用竹竿驱赶，待虾进入四方形抄网中，提起网，各种虾都可以捕到，这种捕捞法适宜用在稻田养殖的各类虾比较密集的田间沟、坑（凼或溜）捕捞，包括稻田养殖的青虾、小龙虾、罗氏沼虾等多种虾类。

第四节　稻田渔业水产品鲜活运输

稻田渔业养殖的水产品都是鲜活水产品，而水产品的消费价值主要体现鲜活状态下的特殊风味，生猛海鲜只有在“生猛”状态下才能保持特有的“鲜”味。改革开放以来，我国水产品运输适应水产品消费的“生猛”要求，由传统的保鲜运输，转变为保活运输。这就形成了与一般农产品所不同的“保活”运输特点。同时，稻田培育的水产苗种销售也需要进行“活运”，所以，水产品运输最重要的特点就是“保活”。

一、水产动物运输的基本原理

1. 降低温度，减缓代谢

每种水产动物均有其生存的温度可适范围。通常在适温范围内，水产动物的新陈代谢强度及耗氧率随水温的降低而减弱。控制水温的主要目的是避免夏季高温引起水产动物突发性死亡；其次，降低水温可减少水产动物在运输过程中的活动量，减弱新陈代谢，减少氨氮和二氧化碳的排放，一定程度上保持了水质；同时可减轻水产动物相互碰撞、撕咬所造成机体损伤，保证水产品活体质量。由于大多数水产品对温度较敏感，环境骤变会导致其生病甚至死亡，因此在运输过程中，应选择梯度降温，每小时降温不大于3℃。在运输到达目的地后，应该将目的地环境水源和运载工具中的水逐渐混合，待所运输的水产动物适应新环境温度后，再移到目的地养殖环境中。

2. 降低耗氧，保持水质

绝大多数水产动物都离不开水，水中溶氧水平高低直接决定水产动物的运输距离和运输成活率。当水体溶氧充足时，既可减少水产动物因缺氧引起死亡，同时还降低水体中氨氮等还原物含量。运输途中维持运输水溶氧水平取决于两方面，一是耗氧多少，二是溶氧来源。而耗氧高低除了与运输温度密切相关外，还与运输过程中水产动物排泄物多少和运输密度大小有关。

水产动物呼吸的产物是二氧化碳，它与水结合生成弱酸，而降低水体中pH。通常鱼类承受的pH值范围是6.5 ~ 9。高浓度二氧化碳会阻碍水产动物对氧气的摄取，所以运输途中维持合理的二氧化碳浓度很重要。在运输过程中，水产动物新陈代谢等会生成有毒有害的氨氮，氨氮包括离子氨（NH_4^+）和非离子氨（即NH_3），其中非离子氨毒性较强，在0.02毫克/升时，即可产生较强毒性。关于离子氨是否也产生毒性尚有争议，有研究认为，离子氨的毒性只有非离子氨的1/10或更小。非离子氨氮的浓度在很大程度上取决于水温和pH值，其在总氨氮中所占比例随温度和pH值的升高而增大。因此，要保持运输过程中良好的水质，使运输用水中有毒有害物质控制在合理范围内，就必须控制运输密度和运输距离，如果运输距离远，就应该适度降低运输密度，否则就应该在运输途中进行换水，以保持运输水质良好。

3. 减少应激，维持健康

水产动物运输成活率还与水产动物自身健康状态和运输环境状况有关。水产动物运输成活率直接受运输前水产动物的健康程度、运输前后环境变化大小和水产动物对运输环境的忍受程度等因素影响。如水产动物在运输前的饱食程度，是否有病或受伤，运输前后溶氧、水温等高低和变动幅度等，都可能引发水产动物的应激反应。方法是：运输前两天停食、运输用水温与原养殖环境水温一致，保持运输过程的平稳、缓慢降温、适度加入食盐等。Dupree等（2009）报道增加水体中氯化钠和氯化钙的浓度可以减少鱼在装卸过程中的应激反应。

二、稻田水产品活运特点

1. 运输难度大

能够在稻田中养殖的水产动物种类很多，大体可分为鱼、虾、蟹、龟、鳖、蛙、螺、蚌等多种类型，其中以鱼类、虾类和蟹类为主。另外，鱼类产品中还可划分为低档鱼类和中高档鱼类。由于虾类、蟹类和贝类与鱼类的习性有较大差异，在运输过程中也有明显差异。我国稻田渔业生产的水产品除在当地直销外，一般都是在水产品批发交易市场、农贸市场、大型超市和水产品专卖店销售。不同品种的水产品大多要经过起捕、暂养、装货、运输、卸货、批发配送等环节，对运输设施、装备、技术提出了不同的要求，这也造成了稻田养殖的鲜活水产品运输难度较大。

2. 受季节影响大

由于各地气候和自然地理环境，稻田养殖的鲜活水产品种类、习性以及消费者的消费习惯等因素影响，使稻田鲜活水产品生产消费中受季节影响较大。处于我国东北地区的稻田一般只适宜养殖普遍鱼类或冷水性鱼类及河蟹，而我国南方地区除可以养殖普遍鱼类和名贵鱼类外，还可以养殖热带性鱼类和虾类，这些品种生长季节和出产季节都有明显不同，而小龙虾则主要在长江流域稻田养殖，并在当地形成了巨大的消费群体。

3. 技术装备要求高

鲜活水产品不同于普通产品，在鲜活农产品中也属于较为特殊的一类产品，在运输过程中对技术和装备的要求比较高。为保持稻田养殖的水产品长距离运输后仍然保持鲜活性，对技术和装备的要求更高，充氧运输、无水运输、麻醉运输等技术，活鱼运输车、玻璃钢运输箱、运鱼筒、运鱼帆布箱、聚乙烯活鱼运输袋等装备相继出现。溶氧控制技术是水产品保活的关键技术，不同的运输车辆配备有不同的增氧设备，目前主要有喷水式、气泡式、射流式和吸气式4种增氧设备。有条件的运输车辆上可配置高压液态氧罐（瓶），用液态氧向水中补充纯氧，不仅溶氧值高，而且在其气化的过程中大量吸热，还能起到降低运输水温的作用，更加有利于增加水产品的保活运输距离。

4. 运输速度要求快

鲜活水产品运输的宗旨是尽早将水产品在健康、鲜活状态下运输到消费地的水产品批发交易市场、农贸市场或直销商店。由于我国稻田渔业生产基地点多面广，主要集中在农村地区，不少在边远地区的丘陵山区。同时，稻田生产的水产品消费地区也很分散，主要在城市地区，并且各地区对水产品消费的种类和规格要求也存在差异，这导致了稻田渔业水产品运输必须完成从分散的产地向集中的消费区域流通的过程，从而要求稻田水产品运输必须加快速度，保活保鲜，以尽量短的运输时间运达目的地。

三、稻田水产品活运方法

1. 传统的密闭式运输法

密封式运输所使用的工具通常是尼龙袋。运输方法是先往尼龙袋中注入1/4～1/3袋的水，然后放入适量水产品，排出袋内的空气后向袋内充氧，然后将袋口扎紧。但若所运鱼类是革胡子鲶、斑点叉尾鮰和鳜鱼等鳍条有硬刺的鱼类时，为了防止其将袋子刺破而影响运输结果，要用橡胶充氧袋或用2～3层尼龙袋运输才能保证安全。将尼龙袋充氧扎口后即可直接运输，也可以将尼龙袋放在盛有水的大容器内在水中加冰，让塑料袋浮于水面。这样可以起到防震的作用，同时间接降低了水温，以降低鱼的新陈代谢强度，保持袋内的水质。当采用尼龙袋运输时，途中要注意检查，是否有松口或者袋子被刺破的情况，要及时换袋和补充氧气。如果运输途中不方便携带氧气瓶，可以准备多只已充氧的备用尼龙袋。被运送的品种一旦被包装成箱后，就可以像其他货物一样进行海、陆、空运输。此法成本较高，一般适于长途运输或空运。使用此法进行活体运输，适用于鱼、虾、蟹等多种水产动物苗种及亲本运输，可获得较高的成活率，现已在世界各地广泛采用。

2. 无水湿法运输

针对一些比较特殊的水产动物，如泥鳅、黄鳝、蟹苗、鳗鱼、中华鳖、小龙虾苗种或商品虾、青虾商品虾等都可以采用此法运输。在运输途中，并不需要将水产动物完全浸入水中，只需要保持外表的湿润即可存活，这使运输过程大大简化。运输时用水草裹住水产动物身体或对其体表淋水等方法以维持一个潮湿的环境，避免水分的大量蒸发和表面干燥而影响呼吸，使水产动物能借助皮肤呼吸作用生存一定时间。但应注意防止太阳直射。此种方法也可长距离（2～6天）运输，成活率达90%。

3. 干法运输

干法运输主要是指无水充氧包装和低温木屑包装运输。此法运输密度大，成本低，不需要进行水质管理。以日本对虾为例，包装运输时直接往袋中放5千克的活虾，摊平后充氧，然后封口放入泡沫箱中密封。木屑包装运输是将已经在-15℃冷冻间内冷冻48小时的木屑铺在箱底约1厘米，然后摊平放约1.7千克的虾，再放一层木屑，接着放3.3千克左右的虾，一般摆2～3层，再盖上木屑，然后在箱内侧封上冰袋，最后封箱。干法运输时，经过10～18小时运输，存活率高达90%。水产动物在脱水状态下，生命可维持24小时以上。这种运输法不仅使水产动物鲜活率大大提高，而且可节省运费75%。如南美白对虾、罗氏沼虾和河蟹等都可用木屑纸箱运输。采取无水运输时，应尽量在低温条件下运输。

4. 活鱼运输车运输

需要长途且较大规模活鱼运输时，一般采用集装箱或者是专门的汽车运输机组，具有自动化、易操作和运输量大等优点。运输装置一般由发电机组、照明装置、循环水泵、制氧机、过滤装置、杀菌装置和制冷机及活鱼仓组成。此法运输批量大，运输距离远，是被广泛运用的长距离水产品运输方法。还有的将制氧机改成液态纯氧瓶充气，运输距离更远，效果更好。

5. 帆布桶运输

帆布桶适用于对虾苗、亲虾、亲鱼等的运输。用粗帆布缝制成帆布桶，用铁架支撑，桶内装水约为容积的2/3即可。装运鱼、虾数量可根据鱼、虾个体大小、水温高低、运输时间长短等条件而定，一般每立方米水可装商品鱼100千克左右，用火车、汽车、拖拉机、马车或轮船运输均可。途中可以通过换水的方法补充氧气。所换的水，一定要事先处理好，以免发生意外，一般运程可达6天；如果能经常给桶内充气或充氧，运输时间可更长。此法安全性好，但设备等成本略高。

6. 氧气运输剂运输

把一组氧气运输剂投放在运鱼桶水中6小时，可产生1升氧气，能防止鱼类因密度过高、氧气不足所引起的死亡。氧气运输剂的配方：过氧化氢15克，抗坏血酸15克，活性炭15克，pH值调节剂5克，黏合剂5克，丙烯酸-乙烯醇共聚物5～6克。

7. 淋水运输

部分特种水产品短期抗缺水能力较强，在运输时常采用淋水运输。如鳖、乌龟、蟹等都可以采取淋水运输方法。

8. 活鱼保鲜运输

在放鱼的容器里充入50%二氧化碳和50%氧气，可使鱼处于睡眠状态，鱼在这种混合气体中可熟睡30小时。到达目的地后，把鱼放回水中，几分钟后，鱼就会苏醒，同运输前一样活跃。

四、运输前的准备工作

1. 落实销售客户或市场

水产品运输前首先要落实销售客户，切不可“货到地头死”。即便将水产品运输到批发市场销售，也要先行了解市场行情，保证养殖的水产品销售“有利可图”，否则，形成低价销售或销售时间过长，造成亏损及其他不应有的损失。

2. 停止投喂

为了减少水产动物在运输过程中排泄物污染水质并增加氧气消耗，运输前1～2天应停止投喂。

3. 准备好包装材料和运输车辆

各种运输方法需要相应的包装材料和运输车辆，应保证在运输过程中不会破损，车辆行驶状况良好，还可以准备一只小型氧气瓶或几袋增氧剂。

4. 搞好暂养

在运输前一天应该将次日需要运输的稻田水产品或水产苗种集中暂养到网箱中，网箱应设置在水质清洁的水体中，无需投喂饵料。起运前，给水产动物足够的暂养时间，且暂养水质与运输用水质尽量保持一致。暂养可锻炼水产动物的耐受能力，并排泄体内的部分代谢产物，减少在运输途中对水质的污染，有利于提高运输成活率。

五、常见稻田养殖水产品活运方法

1. 常规鱼活运方法

可在木箱底部及四周铺上塑料薄膜（用木桶更好），盛水装运。为减少途中的死亡，装运前要清除活动不够灵活、有机械性创伤的鱼。同时，在木箱上面加盖尼龙网罩，防止活鱼跳出水面或摔出车外。如运输距离远可用活鱼车运输，如果运输距离很远，还可以用液氧代替充气。长途运输还可以采用安眠方法，使用乙醚等麻醉剂使鱼处于昏迷状态后，将其捞出来装入塑料袋或箱、盒中运输，这样可使其昏迷30～40小时。到达目的地后，再放入清水中，只需几分钟，鱼便可清醒过来。

2. 泥鳅活运法

数小时的短途运输，可用浸透水的尼龙编织袋等较严实的袋子装运，鱼叠放厚度不宜超过35厘米。长途运输如用桶加盖装运，注水应没过鱼体，再放入少量姜片和打散的鸡蛋，并适时换水，可保证多天运输。如将其置于5℃的环境中，则更利于长途运输。

3. 黄鳝活运法

黄鳝数小时的短途运输，可用水充分淋湿鱼体后盛入湿蒲包内并扎口，再放入加盖的鱼篓中，每篓可容纳10千克。也可以用水充分淋湿鱼体后盛入水桶或帆布篓内。运输途中必须勤淋水，使其保持体表湿润。

黄鳝的耐缺氧能力特强，极利于长短途运输。长途运输如每天换1～2次水，并保持荫凉，再放入少量的泥鳅或生姜，一周仍能保持鲜活。一般先将捕获起的黄鳝，放在水缸、木桶或水泥池中进行贮养，并确保容器中无油渍。暂养几天待其体内的排泄物基本排净后，才能起装外运。长途贩运由于密度大、溶氧低，加之鱼体相互缠绕，移动性与透气性差，很容易造成鳝体发热、缺氧。为此，要坚持每天换水1～2次，每隔24小时投放一次青霉素，以防止黄鳝“发烧”，还可在每50千克黄鳝中放入1～1.5千克泥鳅，利用泥鳅好动的习性，使其在容器中上下窜游，既可避免黄鳝互相缠绕，又可提高容器内部的通气性，进而提高鳝鱼运输成活率。

4. 虾类活运方法

将池养虾类放入冷却水池中，使池水温度缓慢降至12～14℃，使之只能勉强活动，待体色微红，再把活虾捞出装箱。采用此法，对虾一般可存活3～5天。目前，常用的是虾箱组合运输活虾的方法，效果很好，其主要优点是运输数量大；行程远，成活率高；运输不受季节限制；操作管理方便，成本低。其方法如下。

（1）虾箱组合

①虾箱按容积大小有2吨、3吨和5吨级。箱底部一角有一排水孔，箱前部和箱内装有增氧系统的导管。

②增氧和动力系统由增氧泵、直径50毫米的空心铁管、直径15毫米自来水管、两只闸阀和相应的橡胶管组成。每只虾箱配2台增氧泵，每台增氧泵配1台4千瓦以上的发电机。一台增氧泵与一台动力共同安装在一个机座上，用皮带传动增氧泵运行。一般安装在车箱内虾箱的前端，一边装一台。

③集虾箱由直径6毫米的钢筋、8号铁丝、无结网片制成。钢筋做箱架，容积为85厘米×40厘米×10厘米，集虾箱的装虾口位于箱的宽边。按虾箱的吨级大小配一定数量的集虾箱。

（2）装运虾的方法

①装运数量：以5吨级箱为例，秋末、冬季、春季气温较低，每次装运活虾1 500千克，春末、夏季、秋季中气温较高，装运量为1 000千克。其他吨级虾箱装运量，以5吨级装虾量换算。

②装运方法：将虾箱内洗净，注入清水，注水量以人能在其内操作为准。开动增氧泵增氧，后把暂养1～3天的活虾装进集虾箱，每只装10千克，扎紧集虾箱口，立即平置于装运车箱内，待虾箱一层放满后，接着放第二层、第三层，以此类推，一直装到所需运数量后，注满水，盖好箱盖立即起运。

5. 甲鱼活运法

中华鳖短途运输可采用蒲包篓装法，将50厘米高的篓中隔成两层，并分层用湿蒲包加盖装运，每层可盛活甲鱼7.5～9千克。长途运输可用木桶加盖装运。其桶底应铺垫一层含水分的黄沙（忌用水浸泡）（另夏天须防蚊虫叮咬，冬天须加稻草保暖）。运输甲鱼比活鱼容易得多，但对收购待运的甲鱼一定要严格检查，只有外形完整、神态活泼、喉颈转动灵活，将腹部朝天时能迅速翻身的甲鱼，才能保持较高的成活率。运输前最好能停食数日，使其减少在运输途中排泄，在运输途中还应每隔数日即清洗甲鱼和运输工具，清除甲鱼排泄物。甲鱼有相互抓咬的习性，切忌将其长时间地密集在一起。可在浅竹筐、木箱内部用木板隔成若干个小区，每个小区只放一只甲鱼（或用布袋每袋装一只甲鱼），并在甲鱼下铺上一层水草，箱壁四周需留数个通气孔。在运输过程中，需要注意经常洒水，以保持其体表湿润。

6. 河蟹及小龙虾活运方法

短途运输可用湿透水的蒲包装运，运输途中应避免挤压；长途运输则宜采用严实的篓子存装，先在篓底铺一层泥，然后撒一些芝麻或打散的鸡蛋，而后将活蟹一只只摆平叠放，再加盖保阴。若在蟹群中放些吸水的海绵或泡沫塑料，效果会更好。因蟹怕风吹，所以在运输途中一定要用蒲包或麻袋挡风。

为适应网上交易和快递运输的需要，在选择体质健康活泼的商品蟹捆扎后，放入保温泡沫箱中，并加入冷冻后装满水的塑料瓶，以保证在低温下运输，此法可运输3～5天。

装运蟹苗（大眼幼体）一般用规格为50厘米×40厘米×（25～30）厘米的蟹苗箱，箱底铺一层水草，每箱盛苗0.5～1千克，运输途中要避免高温、风吹、颠簸，并适时喷水保湿。装运蟹种时可用蒲包、麻袋、蟹篓等工具，应平放，防止堆、压、挤，途中保持稳定的温度和一定的湿度，防止温差过大。切不可冷藏运输用于养殖的蟹苗、蟹种和小龙虾苗种，此法严重影响放养后的苗种成活率。

河蟹活运方法同样适用于小龙虾运输。

7. 田螺活运方法

螺蛳有坚固并封闭的外壳，在阴凉处可成活较长时间，因此，田螺活运较为方便。一般在活田螺挑选分级后，用清水洗净后进行封闭包装，即可进行长途运输，进入农贸市场销售，也可出口创汇。如果不能及时销售或出口，还可在包装后放入暂养池内暂养，或存放在阴凉处，并经常淋水。活田螺可用竹箩或柳条筐包装。

六、水产品运输的注意事项

①选择无病无伤、体质健壮的水产动物进行活运。

②运输前1～2天停止喂食，进行拉网锻炼并进行暂养，排空胃肠以待运输。

③采用降温运输时，温控要准确，避免降温不均匀、不充分或降温过度造成活体死亡。

④袋装充氧时，水质要清洁，充氧要充足，塑料袋应厚实牢固，不能漏气漏水。

⑤活体运输装箱或装袋时，盛装密度或每袋（箱）盛装数量严格按标准进行，不能随意加大或减少。

⑥包装好的水产品或苗种应及时起运，装卸时注意轻拿轻放。

⑦运输过程中必须保持稳定的温度，温度升高会提升水产动物代谢水平、污染水质、增加耗氧、降低体重、增加死亡率。运输距离远还要换水，保持良好的水质。

⑧非封闭型包装运输，应避免直接风吹和日晒，保持运输的水产动物体表湿度，运输距离较远，应洒水保湿。

参考文献

敖礼林, 2005. 冬闲稻田养鱼增效技术[J]. 致富天地 (9):29−29.

柏韦军, 2008. 无公害稻田养鱼施肥与打药技术[J]. 养殖与饲料 (9):20−22.

邴旭文, 徐跑, 严小梅, 2003. 黄鳝的饵料驯化与网箱养殖技术[J]. 渔业现代化, 30(5):22−24.

白艳莹, 闵庆文, 李静, 2016. 哈尼梯田生态系统森林土壤水源涵养功能分析[J]. 水土保持研究 (02):166−170.

蔡炳祥, 王根连, 任洁, 2016. 稻鳖共生单季晚稻主要病虫发生特点及绿色防控关键技术[J]. 中国稻米, 22(4):75−76+80.

蔡炳祥, 吴伟, 李建应, 等, 2014. 稻鳖共生种养结合模式的技术要点[J]. 浙江农业科学 (8):1266−1268.

蔡国良, 1983. “稻鱼连作”培育鱼种初报[J]. 内陆水产 (3):49−52.

蔡欣, 2010. 鱼凼式稻田养殖彭泽鲫增效益[J]. 科学养鱼 (3):20−20.

曹凯德, 肖友红, 1998. 稻田养鱼高产高效技术[M]. 北京: 中国农业出版社.

曹凯德, 2002. 贵州省实施稻田生态渔业技术值得推广[J]. 中国渔业经济 (2):24.

曹志强, 董玉慧, 2001. 北方稻田养鱼的共生效应研究[J]. 应用生态学报(3):405−408.

车文毅, 2002. 食品安全控制体系——HACCP[M]. 北京: 中国农业科学技术出版社.

陈灿, 黄璜, 郑华斌, 等, 2015, 稻田不同生态种养模式对稻米品质的影响[J]. 中国稻米 (2):17−19.

陈鹤平, 陈志财, 1999. 不同工程类型稻田育种的经济效益分析[J]. 水利渔业, 19(3):28−30.

陈华荣, 1992. 免耕种稻养革胡子鲶高产技术研究[J]. 云南农业科技 (2):8−10, 6.

陈介武, 吴敏芳, 2014. 试析青田稻田养鱼的历史渊源[J]. 中国农业大学学报（社会科学版）(3):147−150.

陈礼强, 2007. 稻田生态渔业在农业结构调整中的地位和作用及发展方向分析——以黔东南州稻田养鱼为例[J]. 渔业致富指南 (21):18−23.

陈玲, 方磊, 曹烈, 等, 2017. 虾稻共作养殖试验[J]. 江西水产科技 (5):18−19.

陈熙春, 2002. 中、晚稻田养鱼高产高效技术初探[J]. 现代渔业信息 (10):28−29.

陈欣, 唐建军, 2013. 农业系统中生物多样性利用的研究现状与未来思考[J]. 中国生态农业学报 (1):54−60.

谌学垅, 肖筱成, 马卓武, 等, 2001. 稻田主养彭泽鲫技术初探[J]. 内陆水产 (2):21-22.
程仙枝, 2017. 三江县“超级稻+再生稻+鱼”稻田综合种养技术模式[J]. 农业科技与信息 (16):70-71.
程家安, 祝增荣, 2017. 中国水稻病虫草害治理60年:问题与对策[J]. 植物保护学报, 44(6): 885-895.
崔勇, 2018. 稻田水旱轮作的研究进展[J]. 作物杂志 (3):8-14.
戴杨鑫, 冯晓宇, 谢楠, 等, 2018. 浙江省内稻鱼养殖现状及几种典型稻鱼综合养殖模式简介[J]. 杭州农业与科技(3):40-42.
丁凤琴, 2003. 青虾养殖技术之二 青虾集约化繁殖育苗技术[J]. 中国水产 (08):44-45.
董济军, 段登选, 2017. 浮动草床与微生态制剂调控养殖池塘水环境新技术[M]. 北京: 海洋出版社.
董艳, 江和文, 于永清, 等, 2010. 稻田养蟹“盘山模式”的水温特征分析[J]. 安徽农业科学, 11(23):152-155.
段美春, 刘云慧, 张鑫, 等, 2012. 以病虫害控制为中心的农业生态景观建设[J]. 中国生态农业学报 (7):825-831..
樊祥国, 陈宗君, 朱述渊, 1996. 稻田养鱼实用新技术[M]. 北京: 中国农业出版社.
冯社会, 李林, 2014. 利用农田生物多样性控制水稻害虫技术[J]. 福建农业 (8):2-3.
符家安, 李金华, 余宗尧, 等, 2013. 稻—虾—鸭复合种养模式研究[J]. 科学种养 (16).
葛加沐, 2013. 稻田养鱼模式下的水稻栽培技术[J]. 福建农业科技 (10):33-34.
耿金虎, 沈佐锐, 2003. 农田生态系统生物多样性与害虫综合治理[J]. 植保技术与推广, 23(11):30-32.
龚建辉, 龚世园, 2009. 不同雌雄配比对中华鳖人工繁殖受精率的影响[J]. 江西农业学报 (11):106-108.
龚建辉, 2012. 中华鳖人工繁殖不同雌雄配比对孵化率的影响研究[J]. 江西农业学报 (2):128-129.
顾宏兵, 2002. 中稻田养殖黄鳝试验初报[J]. 齐鲁渔业, 19(4):23-24.
官贵德, 2001. 低湿地垄稻沟鱼生态模式效益分析及配套技术[J]. 江西农业科技 (5):46-48.
管邦灿, 王世洪, 1998. 稻田主养斑点叉尾鮰试验[J]. 重庆水产 (2):25-28.
管雪婷, 周莹, 2017. 微生态制剂在北方养殖水域水质改良中的应用研究[J]. 畜牧兽医科技信息 (4):4-5.

归舟, 2001. 专题系列报道之四 稻谷飘香鱼儿跃村村寨寨争脱贫——稻鱼工程成为云南省扶贫开发的重点[J]. 中国水产, (12):26-27.

郭贵良, 高颖, 闫先春, 2010. 配合饲料养殖乌鳢的转食驯化方法[J]. 科学种养 (08):39.

郭丽华, 张达余, 周志华, 等, 2009. 阔池宽沟稻蟹鱼复合生态种养技术集成[J]. 作物杂志 (5):108-110.

郭严军, 1994. 稚鳖培育新技术[J]. 农村成人教育 (8):38.

郭印, 魏华, 邵乃麟, 等, 2017. 不同黄鳝放养密度的稻田水质及生产效果[J]. 上海农业学报, 33(5):58-63.

郭源, 2000. 稻田养殖青虾的捕捞妙法[J]. 农村百事通 (20):36-37.

韩梦颖, 王雨桐, 高丽, 等, 2017, 降解秸秆微生物及秸秆腐熟剂的研究进展[J]. 南方农业学报, 48(6):1024-1030.

何贤超, 2016. 稻田养虾模式研究[J]. 现代农业科技 (16):220-221.

何志辉, 1982. 浮游生物和淡水渔业 第五讲 鱼池施肥和浮游生物[J]. 淡水渔业 (5):37-40.

何志辉, 2000. 鱼池施肥的理论和实践[J]. 大连海洋大学学报, 15(1):1-9.

洪学, 2010. 稻田鱼的饲养管理[J]. 农村科学实验 (7):35-36.

胡火庚, 谌海虎, 2008. 冬闲田（单季稻田）人工养殖克氏原螯虾技术[J]. 江西水产科技 (1):24-26.

胡启山, 2009. 秸秆快速腐熟还田技术[J]. 科学种养 (1):52.

胡潜林, 徐巧风, 袁德明, 2013. 稻田套养美国青蛙生态稻作模式初探[J]. 浙江农业科学 (5):602-603.

胡小军, 杨勇, 张洪程, 等, 2004. 稻渔（蟹）共作系统中水稻安全优质高效栽培的研究Ⅲ. 适宜品种的选择与应用[J]. 江苏农业科学 (4):14-17.

湖南省农学会, 2016. 稻田高效生态种养模式与技术[M]. 长沙: 湖南大学出版社.

黄春勇, 杨玉吉, 1993. 稻田养殖革胡子鲶高产试验总结[J]. 内江科技 (3):37-40.

黄国勤, 黄禄星, 2006. 稻田轮作系统的减灾效应研究[J]. 气象与减灾研究 (3):25-29.

黄国勤, 熊云明, 钱海燕, 等, 2006. 稻田轮作系统的生态学分析[J]. 生态学报 (4):1159-1164.

黄国勤, 赵其国, 2017. 江西省耕地轮作休耕现状、问题及对策[J]. 中国生态农业学报, 25(7):1002-1007.

黄国勤, 2009. 稻田养鱼的价值与效益[J]. 耕作与栽培 (4):49-51.

黄小红, 2011. 红罗非鱼稻田生态养殖技术要点[J]. 科学养鱼 (10):15-16.

黄海, 苑德顺, 张宝欣, 2009. 水产品保活运输技术研究进展[J]. 河北渔业 (9):45-47.
黄厚鹰, 2000. 稻田养殖黄鳝技术初探[J]. 江西水产科技 (3):17.
黄仁国, 李荣福, 冯桃建, 2012. 异育银鲫半人工繁育技术[J]. 科学养鱼 (2):10-11.
黄姝伦, 2016. 600万亩农田启动休耕轮作[J]. 财新周刊 (46):12.
黄曙光, 张立根, 2012. 水稻田杂草发生特点及防除措施[J]. 江苏农村经济（品牌农资）(6):36-37.
黄业虎, 1998. 稻田繁殖鲤鲫鱼苗技术[J]. 渔业致富指南 (4):25.
黄毅斌, 翁伯奇, 唐建阳, 等, 2001. 稻—萍—鱼体系对稻田土壤环境的影响[J]. 中国生态农业学报 (1):74-76.
黄志农, 张玉烛, 2006. 水稻有害生物生态调控的理论与实践[J]. 作物研究, 20(4):297-307.
黄志平, 2005. 稻田养鱼技术之一：虎纹蛙稻田生态养殖技术[J]. 中国水产 (12):28-30.
黄志平, 2005, 水稻、虎纹蛙生态种养试验[J]. 水产养殖 (6):26-28.
纪伟锋, 2016. 秸秆快速降解腐熟技术的难点与对策[J]. 中国农业信息 (22):72, 133.
姜连峰, 1999. 稻田养蟹灭草效果研究[J]. 垦殖与稻作 (2):37-38.
姜文学, 2017. 盘锦稻田养蟹盘山模式与关键技术[J]. 新农村（黑龙江）(8):33.
蒋建成, 1991. 冬水田稻—鱼—稻综合技术[J]. 中国水产 (11):26-27.
蒋艳萍, 章家恩, 方丽, 2007. 浙江青田县稻鱼共生农业系统及其问题探讨[J]. 农业考古 (3):277-279.
蒋艳萍, 章家恩, 朱可峰, 2007. 稻田养鱼的生态效应研究进展[J]. 仲恺农业技术学院学报, 20(04):71-75.
蒋云龙, 闫晓琼, 2009. 浅谈全州县稻田养殖禾花鱼的产业化发展[J]. 广西水产科技, (2):19-21.
焦泰文, 曾德云, 陈军, 等, 2014. 稻香虾肥农家乐 稳粮增收钱景好——湖北省潜江市“稻虾共作”增收模式调研报告[J]. 农产品市场周刊 (50):14-18.
焦雯珺, 闵庆文, 2015. 浙江青田稻鱼共生系统[M]. 北京: 中国农业出版社.
柯实, 2003. 专家呼吁:保护稻田确保长三角可持续发展[J]. 城市规划通讯 (23):10-11.
科学养鱼编辑部, 2007. 水产饲料微生物添加剂在水产养殖中的应用（上）[J]. 科学养鱼, (2):84.
李东丰, 2015. 水稻主要病虫害发生新特点及防治技术[J]. 中国农业信息 (11):78.
李华, 陈子桂, 何金钊, 等, 2018. 罗非鱼稻田养殖试验[J]. 农村经济与科技, 29(5):99-100.

李晋, 2007. 辽河水系中华绒螯蟹的蟹种稻田培育技术探讨[C]. 中国水产学会淡水养殖分会学术年会.

李利, 江敏, 马允, 等, 2009. 水产品保活运输方法综述[J]. 安徽农业科学 (15):7303-7305.

李明锋, 1998. 青虾的苗种繁育及稻田养成技术[J]. 河南水产 (1):13-14.

李年文, 唐孟更一, 邓严妹尔, 等, 2016. 连南“禾花鱼”秋季繁育技术[J]. 海洋与渔业 (8):60-62.

李琦, 2008. 哈尼族生物多样性智慧研究[M]. 南京: 南京农业大学出版社.

李庆华, 2014. 山区稻田培育水蚯蚓生态养殖福瑞鲤试验[J]. 科学养鱼 (8):81-82.

李巧玲, 2016. 基于自然景观背景的乡村旅游发展模式、问题及对策探析[J]. 中国农业资源与区划, 37(09):176-181.

李生武, 王宾贤, 田习初, 1984. 常用农药、化肥对稻田养殖鱼类安全浓度试验的初步观察[J]. 淡水渔业 (1):37-41.

李诗模, 边光中, 徐幼堂, 等, 2016. 监利县虾稻综合种养示范与推广技术总结[J]. 渔业致富指南 (23):30-33.

李秀林, 王于, 李淮春, 1982. 辩证唯物主义和历史唯物主义原理[M]. 北京: 中国人民大学出版社.

李学军, 乔志刚, 聂国兴, 2000. 稻田养殖美国青蛙放养模式的研究[J]. 齐鲁渔业, 17(6):12-13.

李应森, 王武, 2010. 稻田生态种养殖新技术研究[C]// 第二届全国现代生态渔业可持续发展交流研讨会.

李应森, 1998. 名特优水产品稻田养殖技术[M]. 北京: 中国农业出版社.

李泽相, 1998. 充分利用冬闲田养鱼[J]. 江苏农机与农业, 24(6):29.

李正跃, 1997. 生物多样性在害虫综合防治中的机制及地位[J]. 西南农业学报 (4):116-123.

廖庆民, 2001. 稻田养鱼的经济与生态价值[J]. 黑龙江水产 (2):17-31.

廖新俤, 骆世明, 2002. 人工湿地对猪场废水有机物处理效果的研究[J]. 应用生态学报 (1):113-117.

林爱雄, 赵玲玲, 邹爱雷, 等, 2017. 青田稻鱼共生高效生态种养模式[J]. 丽水农业科技 (1):20-22.

林传政, 吕泽林, 周远清, 等, 2015. 不同稻鱼共生方式对水稻性状及稻鱼产量的影响[J]. 耕作与栽培 (6):19-21.

林金典, 洪飞鹏, 2007. 模式化稻田养殖湘云鲫[J]. 福建农业 (5):29.

林玉派, 1999, 利用稻田繁育鲤鱼苗种技术[J]. 福建农业 (4):17

凌启鸿, 2003. 论水稻生产在我国南方经济发达地区可持续发展中的不可替代作用[C]//中国作物学会水稻产业分会成立大会暨中国稻米论坛.

刘文斌, 2017. 稻鱼笋共生综合利用技术初探[J]. 时代农机, 44(04):136+138.

刘昌权, 2005. 稻田生态渔业区病虫害发生规律[J]. 贵州农业科学 (4):56−58.

刘芳, 王敏, 杨慧, 等, 2008. 一株紫色非硫光合细菌净化养殖水体初步研究[J]. 微生物学杂志 (02):95−96.

刘功朋, 张玉烛, 黄志农, 等, 2013. 水稻牛蛙生态种养对稻飞虱防效及水稻产量的影响[J]. 中国生物防治学报 (2):207−213.

刘某承, 伦飞, 张灿强, 等, 2012. 传统地区稻田生态补偿标准的确定：以云南哈尼梯田为例[J]. 中国生态农业学报 (6):703−709.

刘全科, 周普国, 朱文达, 等, 2017. 稻虾共作模式对稻田杂草的控制效果及其经济效益[J]. 湖北农业科学, 56(10):1859−1862.

刘晓春, 1987. 埃及胡子鲶的人工繁殖和育苗技术[J]. 中国水产 (2):15−16.

刘绪贻, 2013. 共生研究初探[J]. 书屋 (2):49−50.

刘义霞, 2015. “稻—麦—虾—经济作物”、“猪—沼—气”双重循环立体生态综合种养技术[J]. 科学养鱼 (4):26−28.

刘颖斐, 2017. 稻田生态培育蟹种模式试验[J]. 水产养殖, 38(9):51−52.

刘月芬, 2018. 稻田养殖台湾泥鳅高产技术研究[J]. 中国水产 (3):85−86.

柳富荣, 2001. 青虾的苗种繁育及养成技术[J]. 淡水渔业, 31(4):28−36.

龙启福, 2003. 因地制宜 实施休稻养鱼工程[J]. 重庆水产 (4):1−3.

龙胜碧, 张玉梅, 姚元海, 等, 2006. 沼液稻田生态养鱼试验初报[J]. 广西农业科学 (6):728−730.

卢升高, 黄冲平, 1988. 稻田养鱼生态经济效益的初步分析[J]. 生态学杂志 (4):26−29.

卢志广, 2011. “稻—沼—蟹”生态模式试验[J]. 农村能源, 19(6):18−20.

陆健健, 何文珊, 2006. 湿地生态学[M]. 北京: 高等教育出版社.

吕宪国, 王起超, 刘吉平, 2004. 湿地生态环境影响评价初步探讨[J]. 生态学杂志 (01):83−85.

吕东锋, 王武, 马旭洲, 等, 2010. 稻田生态养蟹的水质变化与水稻生长关系的研究[J]. 江苏农业科学 (4):233−235.

吕东锋, 王武, 马旭洲, 等, 2011. 稻蟹共生对稻田杂草的生态防控试验研究[J]. 湖北农业科学 (8):1574-1578.

吕东锋, 王武, 马旭洲, 等, 2010. 稻蟹共生系统河蟹放养密度对水稻和河蟹的影响[J]. 湖北农业科学 (7):1677-1680.

吕东锋, 王武, 马旭洲, 等, 2011. 河蟹对北方稻田主要杂草选择性的初步研究[J]. 大连海洋大学学报 (2):188-192.

吕东锋, 王武, 马旭洲, 等, 2010. 生态渔业中稻田养鱼（蟹）的生态学效应研究进展[J]. 贵州农业科学 (3):51-55.

吕东锋, 2010. 稻蟹共生对水稻和杂草影响的初步研究[D]. 上海: 上海海洋大学.

罗康智, 2007. 论侗族稻田养鱼传统的生态价值——以湖南通道阳烂村为例[J]. 怀化学院学报, 26(4):14-17.

罗鹏, 陈禧, 王燕群, 2017. 天全县十八道水香稻田套养抱卵小龙虾配套技术要点[J]. 基层农技推广 (11):118-119.

罗罔, 2006. 鲜活水产品运输方法知多少[J]. 海洋与渔业 (12):28-29.

马达文, 2000. 稻田养殖河蟹[M]. 北京: 科学技术文献出版社.

马达文, 2000. 稻田养殖青虾、罗氏沼虾[M]. 北京: 科学技术文献出版社.

马达文, 程咸立, 丁仁祥, 等, 2012. 2012年湖北省十一大主推养殖技术专题讲座（之二）虾稻连作技术（下）[J]. 渔业致富指南 (11):61-63.

马金刚, 何晏开, 万建业, 等, 2007. 冬闲田生态养殖克氏原螯虾增效技术[J]. 水利渔业 (3):40-41.

马为军, 2001. 专题系列报道之三 托起山区农民致富的希望——稻田生态渔业成为贵州农民增收的现实选择[J]. 中国水产 (12):22-24.

马永兵, 2001. 贵阳市稻田生态渔业存在的问题及建议[J]. 贵州农业科学 (3):68-69.

孟祥宏, 冯学娟, 许绍见, 等, 2006. 沼渣稻田养黄鳝技术[J]. 现代农业科技 (5):76-77.

闵庆文, 何露, 孙业红, 等, 2012. 中国GIAHS保护试点:价值、问题与对策[J]. 中国生态农业学报, 20(6):668-673.

闵庆文, 张碧天, 2018. 中国的重要农业文化遗产保护与发展研究进展[J]. 农学学报 (1):221-228.

闵庆文, 2009. 哈尼梯田的农业文化遗产特征及其保护[J]. 学术探索 (3):12-14, 23.

牟海红, 吴有庆, 2016. 怎样加速秸秆快速腐熟还田技术[J]. 汉中科技 (5):25-26.

倪达书, 汪建国, 1985. 稻鱼共生生态系统中物质循环及经济效益[J]. 水产科技情报 (6):1-4.

倪达书, 汪建国, 1988. 我国稻田养鱼的新进展[J]. 水生生物学报 (4):364-375.

农牧渔业部水产局编印, 1983. 全国稻田养鱼经验交流现场会资料选编［内部资料］. 北京: 农牧渔业部.

农业部渔业局, 全国水产技术推广总站, 1994. 稻田养鱼大有可为［内部资料］. 北京: 农业部.

欧小毛, 2017. 秸秆还田的作用和技术[J]. 农民致富之友 (14):68.

欧阳月, 2004. 秦巴山区稻田主养异育银鲫高产技术[J]. 水产养殖 (4):4-5.

欧宗东, 陈冬兰, 2012. 罗非鱼的繁殖关键技术[J]. 当代水产 (1):59-60.

裴光富, 2005. 光合细菌在稻田生态养殖河蟹上的应用研究[C]// 中国科协2005年学术年会.

潘明瑶, 2018. 小暑大暑稻虾共生如何度暑[J]. 渔业致富指南 (15):43-44.

勤耕, 1994. 杨纯武稻田养鱼获得双丰收[J]. 武汉市教育科学研究院学报 (05):45.

强润, 洪猛, 王家彬, 等, 2016. 几种种养模式对水稻主要病虫草害的影响[J]. 农业灾害研究, 6(5):7-9.

秦大荣, 2009. 酵素菌生物有机复合肥在水稻上的应用与研究[J]. 农家之友 (20):15-16.

全国农牧渔业丰收计划办公室, 1996. 稻田养鱼技术[M]. 北京: 经济科学出版社.

饶汉宗, 2007. 传统田鲤鱼苗繁育技术[J]. 现代农业科技, 14, 188.

任信林, 2009. 稻田养殖克氏原螯虾关键技术探讨[J]. 河北渔业 (9):14-15.

任玉民, 2000. 稻田养蟹灭草效果探讨[J]. 垦殖与稻作 (4):39-40.

阮公民, 陈梅天, 丁文庄, 1998. 越南的稻田罗非鱼育苗[J]. 北京水产 (1):12.

上海青浦农业科技孵化中心, 2008. 用虎纹蛙进行稻田种养试验初获成功[J]. 生物学教学, 33(4):77-77.

邵益栋, 2003. 养蟹稻田植保无害化技术研究[D]. 扬州:扬州大学.

沈建庆, 方志峰, 程勤海, 等, 2013. 机插稻田稻鳖共生生态控草技术[J]. 浙江农业科学 (6): 698-699.

沈君辉, 王敬宇, 刘光杰, 2004. 我国稻田养殖防虫除草的研究概况[J]. 植物保护, 30(3): 10-13.

史军超, 2004. 中国湿地经典——红河哈尼梯田[J]. 云南民族大学学报(哲学社会科学版), 21(5):77-81.

宋冰, 王典, 朱浩峥, 等, 2000. 光合生物液在稻田养蟹上的应用效果[J]. 垦殖与稻作 (06):31-34.

宋长太, 2008. 稻田培育蟹种生态种养技术[J]. 中国水产 (10):83-84.

宋长太, 1998. 鲜活特种水产品运输技术[J]. 渔业现代化, 25(1):40-41.

宋光同, 何吉祥, 吴本丽, 等, 2017. 中华鳖与两个水稻品种共作比较与效益分析[J]. 水产科技情报, 44(1):46-49.

苏宝林, 1991. 水稻栽培技术[M]. 北京: 金盾出版社.

苏雪红, 2000. 田螺稻田养殖试验初报[J]. 福建水产 (2):45-47.

孙翠萍, 2015. 水产动物对稻田资源的利用特征：稳定性同位素分析[D]. 杭州: 浙江大学.

孙和, 许华柱, 徐晓花, 2014. 关于苏州生态补偿政策的实践与思考[J]. 江南论坛 (2):28-30.

孙莉莉, 黄成, 唐建清, 2016. 稻—虾共作对早期水稻秧苗的影响[J]. 江西农业学报, 28(1):16-19.

孙文涛, 孙富余, 宫亮, 等, 2012. 一次性施肥对稻田蟹及水稻产量的影响[J]. 土壤通报, 43(2):429-434.

孙文通, 张庆阳, 马旭洲, 等, 2014. 不同河蟹放养密度对养蟹稻田水环境及水稻产量影响的研究[J]. 上海海洋大学学报 (3):366-373.

汤圣祥, 丁立, 1999. 利用生物多样性稳定控制水稻病虫害[J]. 世界农业 (1):28.

汤亚斌, 马达文, 易翀, 等, 2014. 鳖虾鱼稻生态种养试验[J]. 中国水产 (1):54-56.

唐春, 唐源, 1999. 大力发展禾花鱼养殖是确保农民增收的有效途径：全州县发展禾花鱼养殖的调查与思考[J]. 广西水产科技 (4):25.

唐春, 2004. 稻田养殖禾花鱼高产技术探讨[J]. 广西农业科学 (2):150-152.

唐世尧, 1985. 值得推广的稻田养鱼方式——田凼结合[J]. 内陆水产 (6):30-32.

唐文联, 2004. 利用冬水田蓄养商品成鱼[J]. 渔业致富指南 (20):25.

唐永华, 1988. 怎样利用冬闲田养鱼[J]. 中国水产 (11):23.

陶忠虎, 周浠, 周多勇, 等, 2013. 虾稻共生生态高效模式及技术[J]. 中国水产 (7):68-70.

田红, 麻春霞, 2009. 侗族稻鱼共生生计方式与非物质文化传承与发展：以贵州省黎平县黄岗村为例[J]. 柳州师专学报 (6):14-17.

田晓琴, 杨兴, 2005. 贵州省稻田生态渔业发展现状与技术[J]. 贵州农业科学 (4):86-87.

汪建华, 梁辉, 2001. 冬闲田养鱼获高产[J]. 科学养鱼 (10):20-24.

汪名芳, 薛镇宇, 1993. 稻田养鱼[M]. 北京: 金盾出版社.

王昂, 王武, 马旭洲, 等, 2011. 养蟹稻田水环境部分因子变化研究[J]. 湖北农业科学(17):3514-3519.

王波, 陈海霞, 刘金根, 等, 2008. 稻田人工湿地处理畜禽粪便能力研究[J]. 江苏农业科学,(2):206-210.

王广军, 2005. 斑点叉尾鮰营养需求研究进展[J]. 广东饲料 (5):27-29.

王寒, 唐建军, 谢坚, 等, 2007. 稻田生态系统多个物种共存对病虫草害的控制[J]. 应用生态学报 (5):1132-1136.

王吉桥, 徐昆, 2002. 关于中国水产养殖动物对营养物质需要量的研究[J]. 大连海洋大学学报, 17(3):187-195.

王琼瑶, 赵源, 朱艳婷, 等, 2018. 水稻秸秆的腐熟剂筛选研究[J]. 安徽农业科学, 46(14):68-70, 77.

王亚军, 林文辉, 吴淑勤, 等, 2010. 鳜塘底泥修复方法的初步研究[J]. 南方水产 (05):7-12.

王荣奎, 1996. 稻田养殖罗氏沼虾高产技术[J]. (5):38-39.

王树林, 2004. 稻田养泥鳅自繁自育自养[J]. 农家顾问 (12):45-46.

王树林, 2003. 畦面育蚯蚓 水沟养黄鳝[J]. 农家顾问 (7):42-43.

王树林, 2007. 无公害稻田生态养殖乌鱼新技术[J]. 农村新技术 (8):20-21.

王文成, 张胜景, 杜卫军, 2005. 水稻边际优势利用栽培增产的生态原因分析[J]. 中国农学通报 (2):122-125.

王武, 2000. 鱼类增养殖学[M]. 北京: 中国农业出版社.

王武, 2011. 我国稻田种养技术的现状与发展对策研究[J]. 中国水产 (11):48-53.

王武, 王成辉, 马旭洲, 2014. 河蟹生态养殖（第二版）[M]. 北京: 中国农业出版社.

王晓东, 2015. 稻田环沟对水稻生长及河蟹养殖的影响[J]. 现代农业科技 (16):252-253.

王兴礼, 2005. 乌鳢的稻田养殖技术[J]. 渔业致富指南 (1):34-35.

王怡平, 莢荣, 梅贤君, 等, 1999. 固定化光合细菌在中华绒螯蟹人工育苗中的应用[J]. 水产学报 (2):156-161.

王雨林, 2009. 稻田养鱼发展的现实意义分析[J]. 安徽农业科学杂志 (27):13256-13258.

王玉堂, 王友田, 1994. 稻田生态渔业利用技术[M]. 北京: 中国农业出版社.

王岳钧, 怀燕, 许剑锋, 2018. 稻田综合种养模式对水稻病虫草害的控制作用及机理[J]. 浙江农业学报, 30(6):1016-1021.

王占山, 2005. 稻田养鱼技术之四利用冬闲田养鱼高产高效技术[J]. 中国水产 (12):34-35.

王震, 欧阳月, 万星山, 2013. 稻田主养湘云鲫高产技术[J]. 科学养鱼 (4):47-49.
韦丽红, 2005. 休稻养鱼析[J]. 渔业致富指南 (4):35-36.
魏文燕, 李良玉, 唐洪, 等, 2018. 沼肥在稻田生态养鱼中的应用与效益分析[J]. 现代农业科技 (2):228-230.
翁伯琦, 唐建阳, 陈炳焕, 等, 1992. 稻萍鱼体系中红萍供氮的特点[J]. 核农学报 (1):51-56.
吴达粉, 葛玉林, 黄付根, 等, 2003. 蟹田稻病虫草发生特点及防治技术[J]. 植保技术与推广, 23(05):6-8.
吴建军, 边卓平, 1998. 生物多样性研究应用及其改善农业生态系统特性和效益的机制分析[J]. 生态学杂志 (4):39-44.
吴建平, 2008. "水稻—虎纹蛙"生态农业模式的研究[J]. 福建稻麦科技 (1):1-4.
吴敏芳, 郭梁, 王晨, 等, 2016. 不同施肥方式对稻鱼系统水稻产量和养分动态的影响[J]. 浙江农业科学 (57):1170-1173.
吴敏芳, 张剑, 胡亮亮, 等, 2016. 稻鱼系统中再生稻生产关键技术[J]. 中国稻米, 22(6):80-82.
吴楠, 沈竑, 陈金民, 等, 2013. 稻—虾—鳖共生模式虫害防治效果研究及经济效益分析[J]. 水产科技情报, 40(6):285-288.
吴勤, 夏有龙, 徐德昆, 等, 1989. 稻田养鱼[M]. 南京: 江苏科学技术出版社.
吴宗文, 吴小平, 1999. 稻田养鱼和小网箱养鱼[M]. 北京: 科学技术文献出版社.
吴宗文, 2000. 稻田养殖中鱼凼、鱼沟工程规范化建设及其优越性[J]. 水产养殖 (5):28-29.
伍峰, 2015. 水稻宽窄行栽培技术推广研究[J]. 园艺与种苗 (4):11-13.
武深树, 谭美英, 龙岳林, 等, 2009. 稻田养鱼的生态防灾机制与效益分析：以湖南为例[J]. 防灾科技学院学报 (3):5-8.
奚业文, 占家智, 羊茜, 2017. 稻虾连作共作精准种养技术[M]. 北京: 海洋出版社.
奚业文, 周洵, 2016. 稻虾连作共作稻田生态系统中物质循环和效益初步研究[J]. 中国水产 (3):78-82.
奚业文, 周洵, 周瑞龙, 等, 2016. 稻田稳粮增渔环保综合种养核心技术研究[J]. 中国水产 (11):96-100.
夏吉平, 蔡嘉文, 1989. "高垄深沟"稻鱼鳖混合种养技术评价[J]. 乡镇论坛 (4):35-36.
夏如兵, 王思明, 2009. 中国传统稻鱼共生系统的历史分析——以全球重要农业文化遗产"青田稻田养鱼"为例[J]. 中国农学通报 (5):245-249.

向远德, 向二英, 黄世聪, 等, 2017. 辰溪县稻田养鱼生态种养技术及效益分析[J]. 基层农技推广 (6):121-122.

项建军, 王华君, 陆君浩, 2010. 蛙稻田病虫发生与综合防治技术[J]. 上海农业科技 (5):130.

肖筱成, 谌学珑, 刘永华, 等, 2001. 稻田主养彭泽鲫防治水稻病虫草害的效果观测[J]. 江西农业科技 (4):45-47.

谢坚, 刘领, 陈欣, 等, 2009. 传统稻鱼系统病虫草害控制[J]. 科技通报 (6):801-805, 810.

谢坚, 张小兰, 毛凡义, 2014. 稻田养鱼如何防鸟[J]. 湖南农业 (7):26-26.

熊云明, 黄国勤, 王淑彬, 等, 2004. 稻田轮作对土壤理化性状和作物产量的影响[J]. 中国农业科技导报, 6(4):42-45.

徐大兵, 贾平安, 彭成林, 等, 2015. 稻虾共作模式下稻田杂草生长和群落多样性的调查[J]. 湖北农业科学 (22):5599-5602.

徐德华, 1999. 杨如香稻田养牛蛙结硕果[J]. 农机具之友 (6):41.

徐敏, 2013. 水稻栽培密度对稻田土壤肥力和稻蟹生长影响的初步研究 [D]. 上海: 上海海洋大学.

徐普新, 付爱昌, 1997. 宽沟稻田养鱼丰产技术初探[J]. 江西水产科技（2）:37-43.

徐琪, 杨林章, 董元华,等, 1998. 中国稻田生态系统[M]. 北京: 中国农业出版社.

徐琴, 李健, 刘淇, 等, 2009. 4种微生态制剂对对虾育苗水体主要水质指标的影响[J]. 海洋科学 (03):10-15.

徐如卫, 2010. 山区稻田规模化精养鱼类的可行性研究[J]. 宁波大学学报（理工版）(4):41-46.

徐兴川, 1994. 稻田养蟹的理论与实践[J]. 湖北渔业 (4):17-20.

徐怡, 刘其根, 胡忠军, 等, 2010. 10种农药对克氏原螯虾幼虾的急性毒性[J]. 生态毒理学报 (1):50-56.

徐志红, 李俊凯, 2016. 不同栽培方式稻田杂草发生特点及防控措施[J]. 长江大学学报（自科版）(33):1-3.

许谷秀, 2015. 稻田, 美妙的人工湿地[J]. 江南论坛 (12):62.

许轲, 杨勇, 张洪程, 等, 2004. 稻渔（蟹）共作系统中水稻安全优质高效栽培的研究Ⅳ. 施肥模式与技术[J]. 江苏农业科学 (5):11-14.

薛智华, 杨慕林, 任巧云, 等, 2001. 养蟹稻田稻飞虱发生规律研究[J]. 中国植保导刊,

21(1):5−7.

雅丽, 2002. 稻田养龟有高招[J]. 云南农业 (4):22.

严桂珠, 孙飞, 2018. 稻田综合种养技术模式及效益分析[J]. 中国稻米, 24(1):83−86.

阎立, 2009. 中国苏州发展报告. 2008[M]. 苏州: 古吴轩出版社.

阎有利, 郑亘林, 于春然, 等, 1996. 中华鳖繁殖技术初探[J]. 水利渔业, 16(3):45−46.

颜忠诚, 1991. 群落多样性——稳定性理论及其在有害生物防治中的应用[J]. 湘潭师范学院学报（自然科学版）(6):60−64.

杨金林, 1998. 稻田主养异育银鲫技术[J]. 内陆水产 (4):20−21.

杨劲松, 2003. 稻田养殖青虾试验报告[J]. 皖西学院学报, 19(2):61−62+66.

杨水娥, 2011. 模式化稻田养殖湘云鲫[J]. 渔业致富指南 (20):31−32.

杨卫明, 李建勋, 2014. 稻鳅生态种养技术[J]. 水产科技情报, 41(5):252−254.

杨银阁, 曹海鑫, 陈超, 等, 2005. 稻—萍—蟹农业生态模式技术研究[J]. 农村科学实验 (09):14−15.

杨星星, 谢坚, 陈欣, 等, 2010. 稻鱼共生系统不同水深对水稻和鱼的效应[J]. 贵州农业科学 (2):73−74.

杨益众, 邵益栋, 余月书, 等, 2006. 养蟹稻田减量使用农药对稻、蟹生产的影响[J]. 江苏农业学报 (01):19−23.

杨勇, 胡小军, 张洪程, 等, 2004. 稻渔（蟹）共作系统中水稻安全优质高效栽培的研究Ⅴ. 病虫草发生特点与无公害防治[J]. 江苏农业科学, 32(6):21−26.

杨勇, 张洪程, 胡小军, 等, 2004. 稻渔（蟹）共作系统中水稻安全优质高效栽培的研究Ⅰ. 不同稻作方式的特性与应用[J]. 江苏农业科学, 32(2):7−9.

杨勇, 张洪程, 胡小军, 等, 2004. 稻渔共作水稻生育特点及产量形成研究[J]. 中国农业科学, 37(10):1451−1457.

杨勇, 张洪程, 杨凤萍, 等, 2004. 稻渔（蟹）共作系统中水稻安全优质高效栽培的研究Ⅱ. 稻蟹生育与季节优化同步模式[J]. 江苏农业科学 (3):14−17.

杨勇, 2004. 稻渔共作生态特征与安全优质高效生产技术研究[D]. 扬州: 扬州大学.

杨玉仙, 侯松德, 潘多集, 等, 2018. 高寒山区稻—再生稻—鱼稻田综合种养技术模式[J]. 现代农业科技 (5):213−215.

杨振生, 苏守祥, 毛国良, 等, 1984. 稻田罗非鱼治虫除草效果的初步观察[J]. 水产科学 (3): 8−10.

杨庭硕, 2008. 推崇多样性, 一种智慧的农耕方式[J]. 人与生物圈 (05):12-13+4-11.
姚敏, 崔保山, 2006. 哈尼梯田湿地生态系统的垂直特征[J]. 生态学报 (7):2115-2124.
叶维明, 陈薇, 高雪忠, 2000. 稻田饲养罗氏沼虾试验[J]. 水产科技情报(2):75-76.
叶重光, 1997. 稻田养鱼技术[M]. 武汉: 湖北科学技术出版社.
叶重光, 叶朝阳, 周忠英, 2003. 无公害稻田养鱼综合技术图说[M]. 北京: 中国农业出版社.
殷瑞锋, 朱泽闻, 钱银龙, 2016. 湖北省潜江市稻田综合种养经济效益分析[J]. 中国农业会计 (10):9-11.
尤民生, 刘雨芳, 侯有明, 2004. 农田生物多样性与害虫综合治理[J]. 生态学报, 24(1): 117-122.
游修龄, 2006. 稻田养鱼——传统农业可持续发展的典型之一[J]. 农业考古 (4):222-224.
于会国, 崔志峰, 张忠, 等, 2015. 微生态制剂在水产养殖中的应用研究进展[J]. 山东畜牧兽医 (4):61-63.
俞水炎, 吴文上, 吴庆斋, 等, 1989. 稻田养鱼对水稻病虫草害控制效应的研究[J]. 生物防治通报 (3):113-116.
尉嗣南, 2012. 稻虾轮作种养模式试验[J]. 浙江农业科学 (9):1313-1314.
袁庆云, 高光明, 徐维烈, 等, 2013. 酵素菌生物肥在鱼虾稻生态种养中的应用技术[J]. 湖北农业科学 (14):3271-3273.
元生朝, 1989. 论我国的立体集约农作制度[J]. 耕作与栽培 (06):15-16+31.
岳冬冬, 王鲁民, 2013. 稻鱼共生系统的低碳渔业生态补偿标准研究——基于温室气体减排视角[J]. 福建农业学报 (4):392-396.
曾芸, 王思明, 2006. 稻田养鱼的发展历程及动因分析——以贵州稻田养鱼为例[J]. 南京农业大学学报(社会科学版), 6(3):79-83.
张承元, 单志芬, 赵连胜, 2001. 略论稻田养鱼与农田生态[J]. 生态学杂志 (3):24-26.
张春梅, 杨国林, 2009. 绿色水稻“鱼除草”试验简报[J]. 北方水稻 (4):33-35.
张从义, 李金忠, 雷晓中, 等, 2014. “再生中稻—黄颡鱼”耦合养殖技术[J]. 湖北农业科学 (8):1854-1856.
张洪, 袁泉, 梁荣明, 2011. 红田鱼无公害稻田养殖试验研究[J]. 现代农业科技 (10): 325-326.
张厚贤, 1996. 稻田中养好黄鳝的经验[J]. 科学养鱼 (9):21, 19.
张剑, 胡亮亮, 任伟征, 等, 2017. 稻鱼系统中田鱼对资源的利用及对水稻生长的影响[J]. 应用生态学报, 28(1):299−307.

张亮, 林宁, 杜茜, 等, 2015. 农作物秸秆高温堆肥生产有机肥及肥效研究[J]. 贵州农业科学 (7):91−96.

张绍权, 张明, 王宇, 2018. 水稻宽窄行栽培技术的研究与推广应用. [J]. 北方水稻, 48(1): 37−38.

张显良, 2017. 大力发展稻渔综合种养助推渔业转方式调结构. [J]. 中国水产 (5):118−123.

张晓平, 沈银凤, 李杏美, 等, 2014. 虾—稻—虾套种蕹菜生态高效种养技术[J]. 现代农业科技 (3):280, 282.

张扬宗, 谭玉钧, 欧阳海, 1989. 中国池塘养鱼学[M]. 北京: 科学出版社.

张耀贺, 1994. 稻蟹混养效益倍增[J]. 盐碱地利用 (4):38−40.

张永江, 王日霞, 2010. 稻渔共作收益倍增[J]. 农家致富 (10):8−9.

张玉章, 刘会卷, 2016. 沼稻鳅共作技术[J]. 中国农技推广, 32(6):33−34.

张忠孝, 吴宗文, 2003. 开发生态经济 发展稻田养殖[J]. 水利渔业 (2):60−61.

张宗炳, 1988. 农药对农田生态系统的影响(1)[J]. 生态学杂志 (3):25−29.

张伟权, 于琳江, 1993. 对虾养殖中的水环境保护剂（Ⅰ）[J].海洋科学 (02):1−4.

赵连胜, 马振英, 1994. 试论稻田养鱼的生态经济效益[J]. 渔业经济研究 (1):15−19.

赵小平, 2015. 酵素菌生物肥在稻田养鱼中的有效应用[J]. 科学咨询（科技・管理）(12):60−62.

赵旭, 于凤泉, 田春晖, 2018. 稻田养蟹对防除稻田杂草的效果[J]. 辽宁农业科学 (2):68−80.

中国淡水养鱼经验总结委员会编. 1961. 中国淡水鱼类养殖学（第2版）[M]. 北京: 科学出版社.

中国农业百科全书水产业卷编辑委员会. 1994. 中国农业百科全书：水产业卷[M]. 北京: 中国农业出版社.

中国农业科学院, 中国水产科学研究院, 1990. 稻田养鱼技术新进展[M]. 北京: 中国农业出版社.

中华人民共和国农业部渔业局, 全国水产技术推广总站, 2013. 渔业主导品种和主推技术[M]. 北京: 中国农业出版社.

中华人民共和国农业部, 1988. 稻萍鱼综合丰产技术[M]. 北京: 中国农业出版社.

周爱珠, 刘才高, 徐刚勇, 等, 2014. 稻、鳖共生高效生态种养模式探讨[J]. 中国稻米 (3):73−74.

周华书, 张成文, 2001. 畦面培育蚯蚓、水沟养黄鳝的养殖技术研究[J]. 渔业致富指南

(2):45-45.
周建忠, 何志亮, 2007. 黄颡鱼稻田生态高效养殖技术[J]. 渔业致富指南 (1):55-56.
周江伟, 刘贵斌, 黄璜, 2017. 传统农业文化遗产稻田养鱼进步与创新体系研究[J]. 湖南农业科学 (9):105-109.
周磊, 2017. 小龙虾稻田生态繁殖技术[J]. 农技服务, 34(8):140.
周丕东, 潘永荣, 吴佺新, 等, 2006. 现代农业技术及其推广的文化反思——基于对贵州侗族传统稻田养鱼影响的实证分析[J]. 贵州农业科学 (4):109-111+115.
周志金, 沈乃峰, 采克俊, 等, 2014. 浙北地区黄颡鱼苗种繁育的几种方法[J]. 科学养鱼 (12):16-17.
朱洪启, 2007. 地方性知识的变迁与保护——以浙江青田龙现村传统稻田养鱼体系的保护为例[J]. 广西民族大学学报（哲学社会科学版）, 29(04):22-27.
朱炳全, 2000. 稻田养蛙防治害虫的研究初报[J]. 中国生物防治杂志 (4):186-187.
朱清海, 李毓鹏, 徐春河, 1994. 稻—萍—蟹立体农业的效益[J]. 生态学杂志 (5):1-4.
朱云生, 黄志明, 2009. 池塘化宽沟式稻田泥鳅高产高效试验[J]. 科学养鱼 (5):29.
邹叶茂, 郭忠成, 周巍然, 2015. 稻田生态养鳖技术[M]. 北京: 化学工业出版社.
邹叶茂, 张崇秀, 2015. 小龙虾稻田综合养殖技术[M]. 北京: 化学工业出版社.